JN027944

ベントスの多様性に学ぶ

海岸動物の 生態学入門

日本ベントス学会 編

KAIBUNDO

(a) ウミニナが高密度に分布する干潟と上部のヨシ原（1，2，8，9，10章）。コメツキガニと砂団子も見える。(b) 干潟での定量調査の採集物（8章）。(c) 干潟の表層で堆積物食を行うミナミコメツキガニ（撮影：遠藤雅大氏）（1，9章）。(d) ウミニナは堆積物食とともに懸濁物食も行う（1，8，10章）。珪藻を含む茶色い海水が数時間で透明に（撮影協力：成田正司氏，久保園遥氏）。

(e) 岩礁とタイドプール（1，8章）。カモメ類は海岸生態系における重要な上位捕食者である。(f) イガイ類が優占する岩礁潮間帯（7，9章）。右端に野外実験の区画が見える。(g) ひしめくムラサキインコガイ（7章）。(h) ひたすら連なるアメフラシの連鎖交尾（4章）。(i) 大小の子を体壁に付着させて保育するコモチイソギンチャク（撮影：篠原沙和子氏）（4章）。(j) ホンヤドカリの交尾前ガードペア（3章）。

目　次

はじめに

　ようこそ，『海岸動物の生態学入門』へ。本書は，「海岸のベントスをおもな題材として生態学を学ぶ」本です。ベントスって何？　という疑問には第 1 章でお答えしますが，英語で benthos，日本語では底生生物といい，岩にくっついたり泥に潜ったりと，水の底で生活しているすべての動植物を指しています。benthic（底生的）な生活，それはまさに「地に足をつけた」生きかたといえるでしょう。あれ？　いま，「何だか泥臭くて地味な生き物だな」と思いました？　いやいや，地に足をつけた生活をしていると環境からの影響を直接受けることが多く，生息環境に応じて生活も形態もさまざま，派手なのから地味なのまで，ベントスは実に多様性に富んでいます。

　本書は，日本ベントス学会の創立 30 周年を記念した出版物であり，学会に所属する中堅研究者が企画立案と編集を担当しました。大学院で生態学を学び，研究者となって，時に教壇に立つことになった私たちは，大学の新入生向け教科書にベントスがほとんど登場しないことに寂しい思いをしてきました。確かに，生態学のさまざまな理論は森林を中心とした陸上生態系での研究によって構築されてきましたし，我々人類が陸上生物である以上，海に暮らすものの生活を理解するのはなかなか難しい面もあります。しかし，忘れてはいませんか？　生命が海で誕生したことを。生物と生物，生物と環境の間に起こる多くの事象は，海のなかにあるはずです。そこで本書では，できる限りベントスの事例をもって動物生態学の基礎的な理論を解説するようにしました。専門課程の大学生なら自力で，新入生は教員の助けを借りれば理解できる内容を目指しています。

　生態学は，生物と環境との関わりを研究する分野です。生物の暮らしを観察し，記載して，そのなかにパターンを見つけ，パターンをつくりだす法則を環境との相互作用によって説明しようとします。生物と聞いて最初に思い浮かべるのは「個体」だと思いますが，私たちの体のなかでは，細胞が組織を形成し，組織が器官を形成することで個体が成り立っています。このような入れ子の構造を階層構造といいますが，生態学ではとくに，個体より大きな階層（個体群，群集，生態系）に着目します。同じ地域に生息する同種個体の集まりである個体群には，個体数や密度，性比などの，個体にはない性質が備わります。

さらに，同じ地域に生息する複数種の集まりである群集，その群集とそれをとりまく大気や水，太陽光などの環境をあわせたシステムである生態系というように，階層が変われば，種間関係や種多様性，物質循環やエネルギーの流れといった別の性質が見えてきます。

また，注目する階層によって，環境という用語の意味も違ってきます。環境には，温度や塩分のような物理・化学的要因もありますが，配偶相手や競争相手，あるいは親子など，他の生物も含まれます。同種の他個体との関わり合いは，個体群内で見られる環境要因です。餌となる生物や捕食者もまた，種間あるいは個体群間で見られる生物的環境要因といえるでしょう。

本書では，最初にベントスと海洋環境について紹介した後で，個体のふるまいを規定する種とそれを生み出す進化のしくみ，個体の一生を扱う生活史，個体群，群集，生態系と，階層に応じて章を進めていき，最後に，利用や保全といった人間生活との関わりについても考えます。章を進める上でどうしても必要な用語や基礎知識を Box に，章の内容に関わるトピックスや先進的な研究結果をコラムとしてまとめました。コラムには，日本ベントス学会の若手研究者が自らの最新研究をわかりやすく紹介しているものもあります。生物たちの振る舞いとその意味をハカセが解説するマンガもお楽しみください。

また，生態学を初めて学ぶ方のために，各章の重要事項をまとめたクイズを準備しました。http://www.kaibundo.jp/benthos/quiz.pdf からダウンロードできますので，復習にご活用ください。

本書を読まれたみなさんが，海岸に生きる動物たちの生き様やそれを決めている法則を解き明かす研究の仲間に加わってくださったら，こんなにうれしいことはありません。

最後に，原稿の改訂にぎりぎりまで付き合ってくださった海文堂出版の岩本登志雄さん，素晴らしい表紙と扉を描いてくださったきのしたちひろさんに，編集委員一同，心からお礼を申しあげます。また，本書は，日本ベントス学会の会員を中心に多くの方々のご協力のもとに完成しました。巻末にお名前を付して感謝の言葉とします。

編集委員を代表して　山本智子

浜辺の環境とベントス

　「浜辺」という言葉から，みなさんは何をイメージするだろうか。白い砂浜が延び，青い海が水平線まで見わたせ，陸の方向にはマツの防風林があり，砂浜にはたくさんの貝殻が打ち上げられている……。多くの人は，このような風景を想像するかもしれない（図 1.1）。日本の，外洋に面した開放的な海岸線沿いには，このような砂浜海岸が発達することが多い。しかし，多様な自然に恵まれた日本の海岸には，砂浜だけではなく，磯，泥深い干潟，密生するマングローブ林，河口域に発達するヨシ原など，さまざまな種類の「浜辺」があり（加藤 1999），そこにはそれぞれの場所に特徴的な海の生き物たちが暮らしている（図 9.1）。親潮が流れる北の海にはコンブ類の海中林が発達するし，透明度の高い奄美や沖縄の海にはサンゴ礁が発達する。本章では，海岸の環境や生息場所の特性を概観しながら，そこに暮らすさまざまな生き物たちのなかで，とくに砂や泥，岩，海藻や漂流物などの基底の表面やその内部に暮らすものたち（底生生物／ベントス）に注目して，その生態を概説する。

図 1.1　白砂青松の浜辺　（a）高知県土佐清水市大岐の浜，（b）京都府宮津市天橋立。

1.1 海の環境

生命は海で生まれた　生物の起源は原始地球の海にあると考えられている。最初の生物は，30億年以上前に原始地球の海のなかで誕生し，たくさんの偶然の積み重ねによる進化や絶滅を繰り返し，一部の生物は陸上という環境へと適応・進出した。長いその道のりの1つは，いままさに本書を手に取っている私たちヒトにもつながっている。

　母なる海の水は，とても塩辛い。1kgの海水中には，塩化ナトリウムをはじめとしておよそ35gもの溶存物質が溶け込んでいる。海水1kg中に溶存している物質の総量（g）を**塩分**（絶対塩分）と呼び，この割合を千分率で表すと35‰（パーミル）となる。しかし，絶対塩分を正確に測定することはたいへん難しいため，現在ではセンサーで測定した海水の電気伝導度から塩分を導出している（実用塩分）。実用塩分には単位を付けず，たとえば，35‰ではなく，35と表記する（気象庁1999）。海水の塩分は，河川水の流入や氷の融解による希釈，蒸発散による濃縮などによって海域毎に変化するが，そのイオン組成は世界中でほぼ均一であり，塩化ナトリウム（Na^+とCl^-）がその約8割を占めている。海のなかに暮らす生き物はすべて，このように塩辛い水のなかで餌を食べ，成長し，繁殖して次世代を残している。体液の浸透圧よりも高い濃度の水溶液中で生き延びるために，海産生物は**浸透圧調節**などの生理的特性を有することによって，海水という環境に適応している。

　海底の深度区分　本書は潮間帯や比較的浅い潮下帯に生息する海岸動物を主な対象としているが，深い海についても少し説明しておく。図1.2に海底の深度区分を示した。潮が引いた際に海面上に現れる範囲を**潮間帯**と呼び，干潟やマングローブ林，塩性湿地といった生息場所は，いずれも潮間帯やその上部の**潮上帯**付近に成立している（第9章参照）。本書で登場する生物の多くは潮間帯に密接な関わりを持って生きている。

　大潮の干潮時にも海面上に現れない場所を**潮下帯**と呼ぶ（亜潮間帯と呼ばれることもある）。潮下帯の範囲は，大潮時の低潮線から光合成植物の生息できる下限，もしくは**大陸棚**の下縁までとされる。大陸棚は，大陸の周辺部に発達した大陸斜面の上端まで続く傾斜の緩やかな棚状の海域である。1958年に採択された国連の「大陸棚に関する条約」では，水深200mまでの海底，もしくは水深200m以上であっても天然資源の開発が可能な範囲の海底を大陸棚と

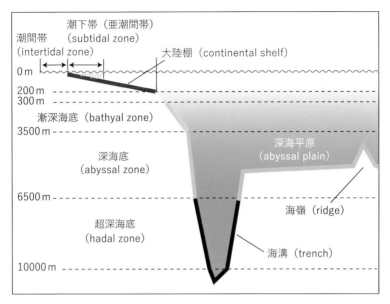

図 1.2　海底の深度区分（UNESCO 2009 を基に作成）

定義している。大陸棚沿岸部の光がよく届く海域は生物の生産性や現存量も大きく，サンゴ礁，海中林（藻場），海草藻場といった多様な生息場が存在する。日本の沿岸では，水深 10〜30 m よりも浅い海域に大型藻類（海藻）が生育することが多い（三重県 2014）。

　水深 300〜3500 m の海底を**漸深海底**と呼び（UNESCO 2009 の深度区分），水深 3500〜6500 m の海底を**深海底**と呼ぶ。さらに深い場所，海溝のように 6500〜10000 m を超える海底を**超深海底**と呼ぶ。マントルが地中深くから湧き上がって新しいプレートが生まれる場所を**海嶺**（海底の山脈）と呼び，プレートが沈み込む深い谷である**海溝**との間には，なだらかで平坦な**深海平原**が広がっている。漸深海底以深の生物生産は，海洋の表層から沈降してくる有機物粒子に依存している（Watling et al. 2013）。しかし，場所によっては海底から硫化水素やメタンが湧出し，化学エネルギーを利用して有機物を合成する細菌を起点とする生態系（コラム 9.3）が成立している。

　潮の満ち引き　海には，潮の満ち引き（潮汐：海水面の周期的な上下運動）がある（図 1.3）。潮汐は，主に月と太陽が地球にもたらす**起潮力**（引力と遠心力）の作用によって生じる。地球は 1 日に 1 回，自転しているため，多くの場

図1.3 有明海の干満　船は熊本大学合津マリンステーション（熊本県上天草市）の採集調査船「ドルフィンⅡ世号」。（撮影：逸見泰久氏）

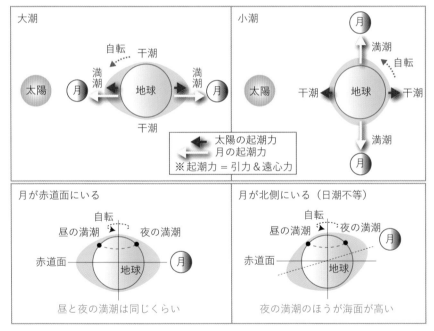

図 1.4　大潮時と小潮時における地球・月・太陽の位置関係（上）と，日潮不等（一日の満潮同士・干潮同士の間の潮位の違い）が生じる仕組み（下）（気象庁のホームページ（https://www.data.jma.go.jp/gmd/kaiyou/db/tide/knowledge/index.html）および国立天文台のホームページ（https://eco.mtk.nao.ac.jp/koyomi/wiki/C4ACBCAE2FC6FCC4ACC9D4C5F9.html）の概念図を参考に作成）

Box 1.1　潮位変動幅の地域差

　ある海域の潮位変動幅は，月と太陽の起潮力だけではなく，湾の形状や大きさにも影響を受ける。日本の太平洋岸における大潮時の潮位変動幅は 2 m ほどであるが，半閉鎖的で大洋との水の出入りが限定的である日本海の潮位変動幅は数十cm であり，その周期も太平洋岸とは異なっている。また，有明海では潮位の最大変動幅が 5 m に達するが，これは外海の潮汐による海水の動き（潮汐振動）と有明海内部で生じている海水の動き（固有振動）の周期が近く，共振が生じて潮位変動が増幅されるからである。潮汐の大きさや最干潮の時刻は地域によって異なり，日本海や瀬戸内海，有明海のように出入り口の小さな閉鎖的な海域ではとくに変則的である。野外での調査計画を立てる場合，このような地域差や季節差に注意を払う必要がある。

　潮位変動幅は，潮間帯の面積を決める要因となる。日本海側に干潟はほとんど発達せず，有明海には広大な干潟が出現する。太平洋岸や有明海では，満潮時に大きな川の河口域を海水が数 km 上流まで遡ることがある（感潮河川）。潮位変動幅の大きい地域では，淡水と海水が混じり合う汽水域もよく発達する（第 9 章参照）。干出時間（潮位）や塩分環境は，ベントスの生息を規定する環境要因として重要であり，潮汐変動の地域性はそこに成立するベントス群集の特徴にも大きく反映されている。

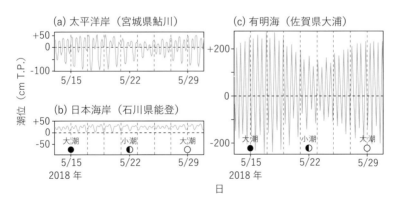

太平洋岸（a），日本海岸（b），有明海（c）における春の大潮（新月）～小潮（上弦）～大潮（満月）における潮位変動（気象庁が公開している天文潮位（http://www.data.jma.go.jp/gmd/kaiyou/db/tide/suisan/index.php）を基に作成）　T.P. は東京湾平均海面（Tokyo Peil）を表す。T.P.＝0 m は過去の一定期間における東京湾海面の平均値であり，これを基準として全国の標高を表している。

所では干潮〜満潮〜干潮〜満潮のサイクルを毎日繰り返すことになる（1日2回潮）。月は地球の周りを約29.5日かけて一回りするため，月の南中時刻は毎日約50分ずつ遅れていく。そのため，干潮・満潮の時刻も毎日50分ずつ遅くなる。満潮時と干潮時の潮位や，それらの差も海域によって異なり，同じ海岸においても日々変化していく（Box 1.1）。たとえば，メキシコ湾のように干潮と満潮が1日に1回ずつしか起こらない海域もある（1日1回潮）。

　2週間に1度，月と太陽と地球が一直線上に並ぶ満月・新月の前後には，月と太陽の起潮力が加算されるため，潮位の変動幅が最も大きくなる（図1.4 上）。これを**大潮**という。満月と新月のちょうど中間，上弦・下弦の月の前後には潮位の変動幅が最も小さくなり，これを**小潮**という。日本の太平洋岸では，大潮時には海面が2 mほど上下する。一方，日本海の潮位変動幅は数十cmしかない（Box 1.1）。通常，満潮と干潮は1日に2回ずつ起こる。日本の太平洋岸では，春の大潮は日中の干潮で潮がよく引くが，秋〜冬は夜中の干潮で潮がよく引き，日中はほとんど引かなくなる。このような，1日に2回ずつ訪れる干潮同士・満潮同士の間で見られる潮位の差を**日潮不等**という。この現象は，地球と月の公転面がずれていることによって生じる（図1.4 下）。春になると，日中に潮がよく引くようになるため，干潟での潮干狩りは古くから春の訪れを告げる大切な娯楽イベントの1つとされてきた。しかし，潮間帯をフィールドとする研究者は，場合によっては冬でも現場に出てデータを取らなければいけない。その場合には，厳重な寒さ対策をした上で，潮がよく引いた夜の海岸に出かけて行くこととなる（トラブル防止のため，関係機関への連絡は必須である）。このような苦労は，ひとえに日潮不等によるものである。

1.2　海洋生物の生活様式の類型

　水生生物は主な生活の場によって，プランクトン（浮遊生物），ニューストン（水表生物），ネクトン（遊泳生物），ベントス（底生生物）の4つに区分される（図1.5）。プランクトンとネクトンは水柱に生息する生物の総称で，遊泳能力の有無で区別されている。ニューストンは水の表面張力によって，水面上または水面直下で生活する生物の総称である。本書の主役であるベントスは水底に生息する生物の総称である（菊池2003）。ベントスには，底生無脊椎動物に加え，ハゼやカレイなどの底生魚類と，アマモなどの海草や，コンブ，ワカメ

図1.5 海洋生物の生活様式の類型　水柱に浮かぶプランクトン（クラゲやカイアシ類），遊泳するネクトン（フグ），水面に位置するニューストン（アサガオガイ）を除く，海底にすむ多様な動植物がベントスである。（イラスト：邉見由美氏）

などの海藻のような底生植物も含まれている。さらに，サンゴの茂みの片隅でうたた寝しているウミガメのことをベントスと言っても，誰かに怒られることはない。また，プランクトンとベントスの両方の性質を持つもの，ネクトンとベントスの両方の性質を持つものもあるため，ある生物を4つの類型区分のどれか1つに収める必要はない。底生魚類やウミガメはベントスでもありネクトンでもある。本書では主に底生無脊椎動物に焦点を当てて，海岸動物の生態学を解説する。そのため，とくに断りのないときには，ベントスを底生無脊椎動物の意味で用いる。

1.3　ベントスの多様性

　分類群の多様性　ベントスという言葉はあまり聞き慣れないかもしれないが，海洋生物のなかで，ベントスがありふれた生活形であることは，ほとんどの動物門がベントス性の種を含むことからもわかる（表1.1）。これだけの多様な動物門のなかで，底生性の種を含まないのは，寄生・共生性の種のみを含むグループである。たとえばタコの腎臓内で生活するニハイチュウ類（菱形動

表 1.1　現生の動物門と記載種数および生活様式の類型　近年，星口動物とユムシ動物は環形動物に含められ，扁形動物門から無腸動物門が分離された。さらに，脊索動物門は，頭索動物門，尾索動物門と脊椎動物門に分かれたが，この表では，便宜上，動物門は Brusca & Brusca（2003）に準じ，種数は林（2006）に準じた。

門		記載種の概数	生息域			生活型*		
			水圏		陸圏	底生	浮遊・遊泳	寄生・共生
			海域	陸水域				
海綿動物	Porifera	5500	○	○		○		
平板動物	Placozoa	1	○			○		
一胚葉動物	Monoblastozoa	1	○			○		
菱形動物	Rhombozoa	70	○					○
直泳動物	Orthonectida	20	○					○
刺胞動物	Cnidaria	10000	○	○		○	○	
有櫛動物	Ctenophora	100	○			○	○	
扁形動物	Platyhelminthes	20000	○	○	○	○	○	○
紐形動物	Nemertea	900	○	○	○	○	○	○
輪形動物	Rotifera	1800	○	○		○	○	
腹毛動物	Gastrotricha	450	○	○		○	○	
動吻動物	Kinorhyncha	150	○			○		
線形動物	Nematoda	25000	○	○	○	○		○
類線形動物	Nematomorpha	320	○	○	○		○	○
鉤頭動物	Acanthocephala	1100	○	○	○	○		○
内肛動物	Entoprocta	150	○	○		○		○
顎口動物	Gnathostomulida	80	○			○		
鰓曳動物	Priapulida	16	○			○		
胴甲動物	Loricifera	10	○			○		
有輪動物	Cycliophora	1	○					○
星口動物	Sipuncula	320	○			○		
ユムシ動物	Echiura	135	○			○		
環形動物	Annelida	16500	○	○	○	○	○	
有爪動物	Onychophora	110			○	○		
緩歩動物	Tardigrada	800	○	○	○	○		
節足動物	Arthropoda	>1000000	○	○	○	○	○	○
軟体動物	Mollusca	100000	○	○	○	○	○	○
箒虫動物	Phoronida	20	○			○		
外肛動物	Ectoprocta	4500	○	○		○		
腕足動物	Brachiopoda	335	○			○		
棘皮動物	Echinodermata	7000	○			○		○
毛顎動物	Chaetognatha	100	○			○	○	
半索動物	Hemichordata	85	○			○		
脊索動物	Chordata	50000	○	○	○	○	○	

＊一部の特殊な例外を除く

物）やアカザエビの口器に付着共生するパンドラムシ（有輪動物）などであるが，その宿主がベントスであることから考えると，これらの動物もベントスと呼んで差し支えないだろう。

　一方，陸上にしか出現しない動物門として有爪動物があり，熱帯林の地表にすむカギムシ類が知られている。しかし，このグループでも，化石種として海産種も知られていることから，かつては海産ベントスを含んでいたものと考えられる。そもそも，陸上の生態系であれば，すべての生物は地表，地中や樹上に生息している。そのため，陸上のすべての生物がベントスのような暮らしをしているとも言える。鳥類や一部の飛翔性昆虫などは，一時的にネクトンのような行動を見せるものの，つねに飛翔しているわけではない。ますますベントスが身近に感じられるだろう。

　食性の多様性　ベントスは，水という粘性の高い物質中で生息しているため，陸上に暮らす動物とはかなり異なる食性が発達している。海水中には，植物プランクトンや動物プランクトン，分解中の有機物の破片（デトリタス）などが漂って（懸濁して）おり，ベントスは餌に取り囲まれて暮らしていることになる。この餌を食べる動物を**懸濁物食者**と呼ぶ。

　懸濁物食者の代表は，アサリなどの二枚貝類（軟体動物）である。二枚貝は，

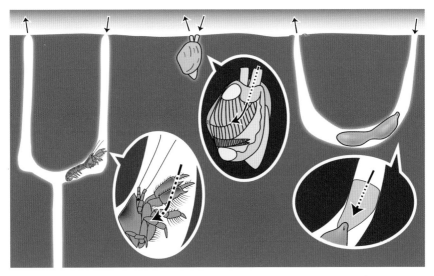

図1.6　懸濁物食のベントスと濾過の様子　左から，アナジャコ（胸脚の剛毛で濾過），アサリ（鰓の繊毛で濾過），ユムシ（粘液網で濾過）。（イラスト：邉見由美氏）

図 1.7　懸濁物食のベントス　（a）クロイソカイメン（海綿動物門），（b）イバラカンザシ（環形動物門多毛類），（c）オオヘビガイ（軟体動物門巻貝類），（d）ムラサキインコガイ（軟体動物門二枚貝類）とカメノテ（節足動物門甲殻類）。

水管から殻内に引き込んだ海水を，鰓に生えた繊毛の働きで濾過する（図 1.6）。他にも，キサゴ類などの巻貝類（軟体動物），カイメン類（海綿動物），ホヤ類（尾索動物）も，体内に海水を引き入れ濾過を行う懸濁物食者である。身体の外に濾過器を有するベントスとしては，蔓脚（まんきゃく）を使うフジツボ類，顎脚（がっきゃく）を使うカニダマシ類，触角に生えた剛毛を使うカンザシヤドカリなどの甲殻類（節足動物）のほか，鰓冠（さいかん）を濾過器とする管棲ゴカイ類（環形動物），腕の羽枝を使うウミシダ類（棘皮動物）などがある（図 1.7）。巻貝類のオオヘビガイなどのように，体外に粘液網を放って懸濁物を濾過または付着させて，のちに網を回収する方法を用いるベントスも知られる（図 1.7）。堆積物中に巣穴や棲管を構築して，海水を引き入れるものには，アナジャコ類（甲殻類），ユムシやツバサゴカイ類（環形動物）が知られている。いずれも巣穴や棲管が U 字状となっており，胸脚に生えた剛毛や粘液網を用いて濾過を行っている（図 1.6）。

　堆積物中のデトリタスや底生性の微細藻類を食べる動物を**堆積物食者**と呼ぶ。干潟の表面で採餌するコメツキガニなどのカニ類はハサミ脚で砂泥を口に運んだ後，顎脚を用いてデトリタスや微細藻類を選択的に摂取し，残りの砂泥

図 1.8　地表で採餌する堆積物食のベントス　（a）コメツキガニ，（b）サナダユムシと考えられるベントス（大城ほか 2020 を基に作成）。40 cm の口吻で，矢印は巣穴口。

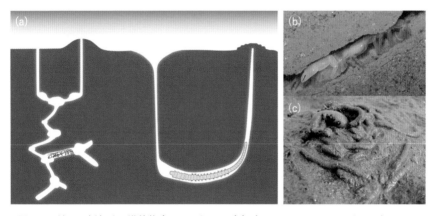

図 1.9　地下で採餌する堆積物食のベントス　（a）左はハルマンスナモグリ，右はタマシキゴカイの巣穴（イラスト：邉見由美氏）。ハルマンスナモグリは水流により，タマシキゴカイは脱糞により砂泥を排出する。（b）ニホンスナモグリ，（c）タマシキゴカイ。

を砂団子として捨てる（図 1.8 a）。ニッコウガイ類（二枚貝類）やウミニナ類（巻貝類），サナダユムシ（図 1.8 b）やタテジマユムシなどのユムシ類も表層の選択的堆積物食者として知られる。一方，表層の堆積物を丸呑みしてデトリタスを消化吸収後，大量の砂泥を糞として排出するものに，トラフナマコなどのナマコ類（棘皮動物）が知られる。ニホンスナモグリ（甲殻類）やタマシキゴカイ（環形動物）は巣穴を掘って下層で堆積物食を行うが，実際に食べているのは表層の砂が滑り落ちてきたものだとされる。ニホンスナモグリは選択的な摂取，タマシキゴカイは丸呑み式である。ニホンスナモグリは水流によって，

タマシキゴカイは糞として，表層に不要な砂泥を排出するため，いずれも巣穴口に砂山を生じる（図1.9）。ウミニナ類やアナジャコ類では，状況に応じて懸濁物食と堆積物食を併用することもある（口絵d）。

　また，デトリタスになる前の動物の遺体を食べるのが**腐肉食**であり，ムシロガイ類（巻貝類）やヤドカリ類（甲殻類）などが知られる。第5章で解説されるように，もちろん海藻を食べるウニの仲間やサンゴを襲って食べるオニヒトデ，さらにエビのエラ蓋のなかにすんで吸血するエビヤドリムシ類（甲殻類）のように，**植食**や**肉食**，**寄生**によって栄養を摂取するベントスも多数いる。ベントスを主とする生態系は，懸濁物食者の存在と堆積物食者の多様性が，陸上とは異なるポイントでもあり，食物網の構造や物質循環が複雑化していると言える（第8章参照）。

　すみ場所と形態　ベントスには多くの動物門が含まれていることからわかるように，その形態もまた，動物門の数だけ多様である。あまりにも多様であるため，ベントスに共通の形態的な特徴をあげることは難しい。それぞれの動物門で，あるいはすみ場所に応じて，基質に接するための体の仕組みを有している。一方，ネクトンは，遊泳時の水の抵抗を減らすために流線型となる例が異なる動物門から知られており，たとえばマグロもサメもイルカも流線型の体型をしていることは，収斂進化の事例として著名である。また，プランクトンでは，異なる動物門に共通して突起や棘が生ずる傾向があり，捕食回避とともに，水の抵抗を高めて海底に沈みにくくする機能があるものと考えられている。

　ベントスが生息する海底は，その基質の性質から**ハードボトム**（固い基質）と**ソフトボトム**（軟らかい基質）に二分される（西村・山本 1974）。前者は岩礁域の岩の上などで生活する**表在ベントス**が卓越し，岩盤に吸着または固着する形態を有するものが多い。後者は，砂泥質の堆積物底などで生活する**内在ベントス**が卓越し，砂に潜ったり巣穴を掘ったりするために適した形態を有するものが多い。なお，一般に，砂は粒径が 0.063 mm から 2 mm までのサイズの鉱物粒子であり，これより小さい粒子は泥，大きい粒子は礫（れき）と呼ばれている（Box 9.2 参照）。大きな礫（巨礫）からなる浜辺は転石海岸とも呼ばれ，ハードボトムでありながら，やや異なる環境となる。また，藻類である海藻（おもにハードボトムに生育）や種子植物である海草（おもにソフトボトムに生育）の体の上にも，さまざまなベントスが生息する（9.5節）。

　岩礁域では岩の隙間や岩陰，海藻など，さまざまな微環境が存在するため，

多様なベントスが生息している。なかでも基質に固着して移動しない動物がたくさん見られるが，これは陸上動物には少ない海洋ベントスの特徴である。固着性ベントスは，海綿動物や刺胞動物から，環形動物，軟体動物，節足動物，尾索動物にいたるまで，広く多様な動物門で認められる。すなわち，動物の歴史のなかで，固着性生活が何度も進化したことがわかる。

たとえば，オオヘビガイ類（図 1.7 c）は巻貝類であるにもかかわらず，岩に固着して生活している変わりだねである。海洋ベントスに固着性動物が多い理由は，海水中に植物プランクトンやデトリタスなど，さまざまな餌が浮遊しているからに他ならない。懸濁物食を採用することによって，わざわざ動き回ることもなく，岩に固着しているだけで生きていくことができる。基質にしっかりと固着して動かない生態は，波により岩盤から剥がされてしまうことの危険性を回避する上でも適応的である。波浪への適応としては，カサガイ類のように，巨大な足で岩盤に吸着するとともに，笠型（平たい円錐形）の貝殻によって波浪の影響を受けにくくするという方法もある。また，カニ類など多くの甲殻類は岩の隙間や転石下に身を潜める。ウニ類では，岩盤を尖った口器を用いて掘削し，自身が収まる窪みを形成するものもいる。

　ところで，サンゴやヒドロ虫類，コケムシ類や群体ボヤのように**群体性**の動物がいることも，陸上動物には見られない海洋ベントスの特徴である（4.2 節

図1.10　群体性のベントス　フサコケムシ（外肛動物門）とその個虫。

も参照）。群体とは，分裂や出芽といった無性生殖でできた個体（個虫）が分離せずに集合して生活することであり，固着性の群体をつくるベントスはミドリイシ類（刺胞動物，造礁サンゴの仲間）やコケムシ類（外肛動物），群体ボヤ（尾索動物）のように，一見すると動物とは思えないものもある（図1.10）。群体を形成する個虫は通常，同じ形態をしており，同じ機能を持っているが，なかには個虫間に機能分化が起きている例もある。たとえば，あるコケムシでは，群体の辺縁部に，他の群体と接した場合に付着基質をめぐって争うための攻撃的な器官を有する個虫が見られる。このように，群体が単なる個虫の集まりではなく，まるで1つの個体のようになっていることもある。

　砂泥底にすむ生物は，魚類や大型甲殻類などの捕食者から身を隠すために，砂泥に潜ったり巣穴を掘ったりするベントスが多い。ソフトボトムのベントスの代表は二枚貝類である。二枚貝は堆積物に潜り身を隠しながらも，水管だけを堆積物表面に延ばして，懸濁物食を行う。ユムシやツバサゴカイなどの環形動物やアナジャコなどの甲殻類では，堆積物中に巣穴を掘ってすみ，水流を起こして巣穴内に海水を引き入れ，懸濁物食を行う。ベントスの巣穴形態はある程度，食性を反映しており，懸濁物食者には効率的に海水を循環させるためのU字の形が見られることが多い（図1.6，図8.9）。

　砂泥底にすむベントスのなかには，基質の粒子サイズよりも小さく，砂の隙間にすむ，きわめて小型のベントスも含まれる。これらは，主として0.5 mmのふるいを通過するサイズであり，より大きいベントス（マクロベントス）と

便宜的に区別するためにメイオベントスと呼ばれる。ソコミジンコ類（甲殻類）や自由性の線虫類（線形動物）が多く，この 2 グループの比率を コペポーダ/ネマトーダ比 として，堆積物環境の指標に使用することもある。また，腹毛動物や動吻動物，顎口動物，胴甲動物などは，メイオベントスのみが知られている。ちなみに，バクテリアや原生生物，単細胞藻類のうち小型のものはマイクロベントスと呼び，マクロベントスのなかでもとくに大型の甲殻類や棘皮動物などをメガロベントスと呼ぶこともある。

1.4 泳ぐベントス

普段は底生生活を送っているベントスが，一時的または定期的に水柱へ泳ぎ出ることもある。たとえば，ワタリガニ類は歩脚の一部がオールのような形になっており，捕食性のベントスとして水底で活動するとともに，しばしば泳いで移動している。また，小型甲殻類のクーマ類は，昼は堆積物底でベントスとして暮らし，夜には群泳してプランクトン（またはネクトン）として活動する。さらに，ゴカイ類（環形動物）は，普段は堆積物中で暮らしているが，繁殖期には体の一部または全体が水柱へ泳ぎ出して，生殖群泳を行う種もいる（4.3

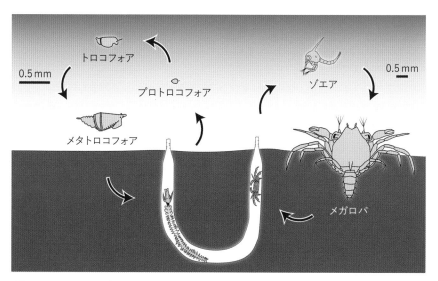

図 1.11　ベントスの生活環　ツバサゴカイとオオヨコナガピンノ。（イラスト：遉見由美氏）
（幼生は Irvine et al. 1999 と Matsuo 1998 を基に作図）

節，図 4.4 も参照）。

　多くのベントスは，発育段階の初期に浮遊幼生となるため，プランクトンとしての生活も過ごしている。たとえばカニ類では，受精卵はメスの腹肢に接着しており，しばらくの期間，母親に保護されている（抱卵という）。孵化した個体はゾエア幼生として浮遊し，植物プランクトンなどを食べて成長した後，メガロパ幼生となる。この幼生は，適切な着底場所を探すための幼生期であり，泳ぐことも底質を歩くことも可能である（図 1.11）。同じ甲殻類でも，フジツボ類やフクロムシ類は，プランクトンのカイアシ類と同様，ノープリウス幼生を経る。他のベントスでもさまざまな形態をした浮遊幼生が知られる（図 1.12）。また，逆に，プランクトンの代表でもある刺胞動物のクラゲ類の多くは，発育段階の初期に底生性のポリプとなるため，ベントスとしての生活も過ごしている。生活史における浮遊幼生の役割については，4.5 節にて詳述する。

コラム 1.1　泳ぐユムシの謎（阿部博和）

　ある真冬の夜，定期調査のために宮城県石巻市にある佐須浜（さすはま）に赴くと，見慣れない生物が大量に海岸線に打ち上げられていることに気がついた。艶やかな薄ピンク色，環状に配列したたくましい剛毛の金色の輝き，その特徴的な形態からユムシであることがすぐにわかった。その日，海のなかでは，数十匹に及ぶユムシの大群が泳いでいた（Abe et al. 2014）。ユムシの全長は 10 cm 前後，大きいものでは 20 cm を超えていた。これほどの大きさの生物が大量に泳いでいるのだから目を疑うような光景である。さらに，奇妙な泳ぎかたがその異様さに拍車をかける。とても泳げそうな体つきには見えないが，螺旋を描くように体を左右交互にくねらせながら不恰好に泳いでいたのだ（図参照）。打ち上げられていたユムシを海水に戻すと泳ぎだしたことから，これらはおそらく遊泳したまま引き潮に取り残されてしまったものであろう。あまり泳ぎが得意とはいえないユムシにとって，遊泳行動には生息不適地への移動や捕食などのさまざまなリスクがつきまとうはずである。それなのに，いったいなぜ彼らは泳いでいたのだろうか？

　ユムシの遊泳や打ち上げについては日本各地で記録が残されている。古くは幕末の時代，北海道の知床半島では冬の時化の後に浜に打ち上がったユムシを食用にしていたという（西川 1995）。現在でも，北海道の石狩湾では冬の時化のときにユムシが大量に打ち上がり，これを「ルッツ」と呼んで拾って食したり，釣りエサとして利用したりするようである（田島 2013）。昭和の初期には，12 月頃に愛知県の知多で大量のユムシが浮出して海苔養殖用の粗朶（そだ）に絡まり養殖業者がその除去

に悩まされたという話や，毎年 11 月から 3 月頃に鳥取県の美保関で浮出するユムシをたも網ですくいとる風習があるという話も残っている（石川 1938）。このようなユムシの浮出は，時化の波浪によって海底が攪乱されてユムシが海面に漂流することで起こると思われているようである。しかしあの夜，海は至って静寂を奏でていた。ユムシは決して漂流していたのではなく，自発的に泳いでいたのだ。そればかりか，ユムシは海底の堆積物中の数十 cm〜1 m にもなる U 字状の深い巣穴に生息しているのである。時化といえども，それほどまでに深く海底がえぐれるような攪乱はそうそう起こることではないだろう。どうやら，何らかの理由で泳ぎ出したユムシが，時化のときに浜辺に打ち上がったと考えたほうが筋が通りそうである。

　ユムシを水槽で飼育すると，しばしば夜中に遊出し，とくに生殖時期（10 月〜3 月）に頻繁にこの現象が観察されるという興味深い報告がある（佐藤 1943）。注目に値するのは，上述の打ち上げや遊泳の記録がユムシの生殖期にあたる冬季に集中しているということである。ユムシの遊泳行動は佐須浜では 2012 年と 2013 年に，佐須浜近くの万石浦でも 2015 年に観察されているが，いずれも 1 年で最も水温が低下する時期である 1 月の 22 時以降の時間に集中していることは興味深い。佐須浜で遊泳行動が見られたとき，ユムシのトロコフォア幼生が多数採集されたことから，産卵の時期であったことは間違いないだろう。しかし，配偶子を持っている個体は確認できず，少数ながらも成熟サイズに満たないと思われる小型個体の遊泳も確認された。残念ながら，ユムシが産卵のために遊泳することを示す直接的な証拠は得られぬまま現在に至っている。果たして，ユムシも一部の他の海産環形動物と同様に生殖群泳を行うのであろうか？　この謎が解明される日を待ち遠しく思う。

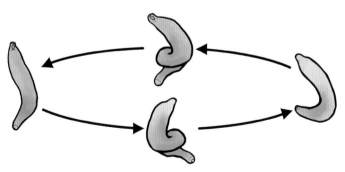

ユムシ（*Urechis unicinctus*）の遊泳時の動き

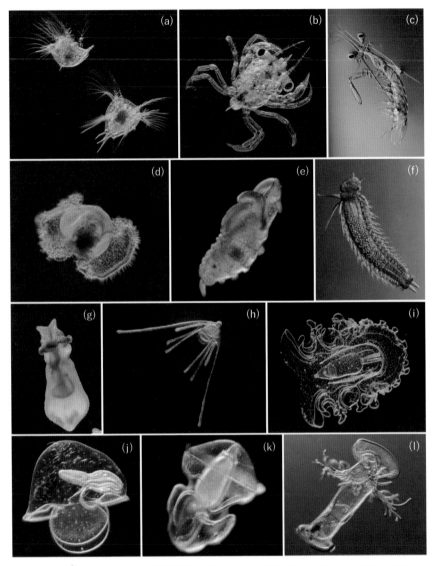

図 1.12　さまざまなベントスの浮遊幼生　(a) フジツボ類（ノープリウス幼生）, (b) カニ類（メガロパ幼生）, (c) シャコ類（アリマ幼生）, (d) 巻貝類（ヴェリジャー幼生）, (e) ゴカイ類（メタトロコフォア幼生）, (f) ゴカイ類（ネクトキータ幼生）, (g) ホシムシ類（ペラゴスフェラ幼生）, (h) クモヒトデ類（プルテウス幼生）, (i) ナマコ類（オーリクラリア幼生）, (j) ヒモムシ類（ピリディウム幼生）, (k) ギボシムシ類（トルナリア幼生）, (l) ホウキムシ類（アクチノトロカ幼生）。(撮影：下出信次氏)

進化と種の多様性

　南の島に行く。波打ち際に貝殻が落ちている。巻貝の殻だけを集めてみても，大きな貝，小さな貝，丸いもの，尖ったもの，突起の生えたもの，つやつやと光沢の美しいもの，色とりどり，あるいは地味なもの，実に多様だ（図

図 2.1　南の島のさまざまな巻貝

2.1)。一方で，よく似ているけれど，少しだけ違う形をした貝や，模様はぜんぜん違うのに形はそっくりな貝など，いったい何種類あるのかわからない。

　そこに見られる多様性は，環境との関わりや偶然の積み重ねによって，数億年もの時間をかけて形づくられたものだ。この，時間の経過と共に生物の特性が多様化する，あるいは変化する過程を**進化**という。本章では，進化がどのように多様な種を形成してきたかについて，海岸ベントス，とくに貝類を題材にして紹介したい。

2.1　種とは

　海岸のベントスには極めて多くの**種**が含まれる。種は，互いに交配し，繁殖能力のある子孫を産み出すことができる個体の集まりで，他の集団とは交配しないものを指す。この**生殖隔離**の有無により認識される種を**生物学的種**という。たとえば，ヒトとニホンザルは，その外見が異なるだけでなく，互いに交配できないので別種である。一方，アジア系，アフリカ系，ヨーロッパ系などヒトの「人種」は，肌の色や顔つきなどの特徴が異なるが，いかなる組み合わせでも子孫をつくることができる点で，すべて生物学的な同種である。個体の外観は，雄と雌，あるいは大人と子ども（成体と幼体）のような成長段階の差によっても大きく異なる。当然ながら，これらの差を種の識別に用いることはできない。生物の個体を種に**分類**する作業を**同定**というが，この同定に適した特徴を見極めるのは，実はたいへん難しいことが多い。

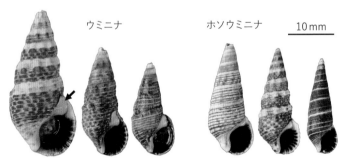

図 2.2　ウミニナ *Batillaria multiformis* (Lischke, 1869) とホソウミニナ *Batillaria attramentaria* (Sowerby, 1855)　前者は後者に比べて殻口のこぶ状隆起（矢印）がより発達する。

Box 2.1　和名と学名

「ウミニナ」は和名と呼ばれる種の呼称であるが，同じ種を *Batillaria multiformis*（Lischke, 1869）と表記することもでき，これは国際的に通用する学名である。このうち，*Batillaria* を属名，*multiformis* を種小名と呼び，Lischke はこの種を新種として記載した命名者である。1869 はこの記載論文が出版された年で，記載年という。命名者と記載年を省略し *Batillaria multiformis* と 2 語で記してもよい。このことから，学名の表記法は二名法と呼ばれ，18 世紀半ばにリンネが体系づけて以来，すべての生物種に対して用いられている。属名と種名は斜体で示し，属名の頭文字を大文字で始める。また，同属の複数種を論じる際など，属名が明らかである場合には，*B. multiformis* のような略記法も多く用いられる。これらは国際動物命名規約により定められている。

　和名と学名は，個々の種を定義する仕組みにおいて根本的に異なっている。和名「ウミニナ」は，概念上の種そのものを指し，基準となる個体が存在しない。よって簡便ではあるが定義の厳密さを欠き，何をどの和名で呼ぶかは慣用に従うことになる。一方，学名の種小名は，タイプ標本（模式標本）と呼ばれる実際の標本に基づいて定められる。たとえば，Sowerby によるホソウミニナ（*B. attramentaria*）の記載論文に図示されている貝殻は，現在もタイプ標本としてロンドン自然史博物館に保管されており，ホソウミニナという概念上の種と学名をひも付ける基準となっている（Prozorova et al. 2012）。

　二名法は，属名が種の類縁関係を示す点で，利便性の高い仕組みである。現生種を扱う分類学者の多くは，個々の属が単系統群（本文参照）であるべきだと考える。よって，*multiformis* という種小名を初めて目にする者でも，*Batillaria* 属の他種についての知識から，その形態や生態を想像できるかもしれない。なお，*Cerithium attramentarium* Sowerby, 1855 と *Batillaria attramentaria*（Sowerby, 1855）が同一物を指す呼び名であることに注意する必要がある。これは，前者の名で記載されたホソウミニナが，のちの研究により *Cerithium*（カニモリガイ属）とは遠縁であると判明し，ウミニナ属に移された経緯を反映している。命名者と記載年がカッコに入っているのは，「種の記載時とは違う属との組み合わせで表記しているよ」という目印である。また，学名に用いられるラテン語では，フランス語やドイツ語などと同じく名詞が性を持つため，種小名が形容詞である場合に語尾が変化しうる。ホソウミニナの場合，*Cerithium* は中性，*Batillaria* は女性名詞であるから，形容詞である種小名がそれぞれ *-um*，*-a* と変化している。

　図 2.2 の左側に示した巻貝の一種であるウミニナは，日本本土の干潟に普通に見られる種で，個体により異なる模様の殻を持つ。これらの個体は，模様の差にかかわらず，互いに交配し子どもを産み出す同種である。一方，同じく日

本の干潟に生息するホソウミニナ（図 2.2 右）は，ウミニナとよく似た形・模様の殻を持つが，ウミニナとは交配しないと考えられている。つまり両者は生殖的に隔離された別種である。さて私たちは，とある動物 2 個体を見たとき，その交配可能性をどのように認識しうるだろう。多数の個体の組み合わせについて，野外あるいは実験室内で交配を観察し，子どもができるか，またその子どもの子孫に繁殖能力があるかを確認するのは，たいへん難しい。そこで私たちは多くの場合，間接的な証拠を積み上げることで種を認識しようとする。

　ウミニナとホソウミニナの**分布**は地理的に重複する。また，成体が同じ干潟で混じって生息することもある。これら地理的，生態的に重複した分布を，それぞれ同所分布，同地分布というが，ともかく 2 種の個体は互いに遭遇しうる状況にある。しかしながら，ウミニナとホソウミニナの DNA 塩基配列は大きく異なる（Kojima et al. 2001）。また，2 種は初期発生の特徴においても異なり，前者はつねに変態前の浮遊幼生として，後者は変態を済ませた稚貝として孵化することが知られている（Furota et al. 2002）（4.4 節参照）。さらに，2 種の地理的・生態的分布は，その範囲こそ重複するものの，ウミニナがより高い潮位帯を好む傾向がある（Adachi & Wada 1998）。このように，生物学的特徴を多角的に把握した上で，あらためて両種の形態を比較してみると，ウミニナ成体の貝殻は，ホソウミニナに比べて（名前のとおりに）やや太いだけでなく，殻口のこぶ状隆起が強く発達する傾向があるのに気づく。この隆起の大きさは，両種の遺伝的な差を反映しており，野外での個体の同定にあたって有用な**分類形質**である。**分類学**の重要な役割の 1 つは，生殖隔離の概念に基づいて種を認識し，そののちに個々の種の形態や生態に見られる特徴を記載し，個体の同定を可能にすることである。

　図 2.3 に示すのは，ウミニナとホソウミニナを含む，ウミニナ属の**系統樹**である。系統樹とは，進化の結果により生じた個体間あるいは個体群間，種間，分類群間の類縁関係に関する仮説（**系統仮説**）を，枝分かれした樹木の形で示した図のことで，木の根元を系統樹に含まれる個体すべての**共通祖先**とみなす。図 2.3 の系統樹では，枝の末端の葉にあたる部分に個々の**現生種**（いま存在している種）が並んでおり，このうちウミニナはリュウキュウウミニナという種と先端の小枝を共有している。これは，ウミニナにとって最も近縁な，直近に分化した現生種がリュウキュウウミニナであることを示す。この最も近縁な種を**姉妹種**という。また，互いに最近縁な関係にあるこれら 2 種を合わせて

単系統群（クレード，clade）と呼ぶことができる。単系統群とは，ある祖先種から生じたすべての個体を含むまとまりを指す。たとえば，ウミニナとリュウ

Box 2.2　高次分類階級と単系統性

　門，綱，目，科など上位の分類階級においても，系統樹構築による単系統群の認識がその枠組みの基本となる。図は，DNA 塩基配列の大規模比較により構築された環形動物門（Annelida）の分子系統樹である（Weigert et al. 2014）。同系統樹が示すように，広義のゴカイ類に対して旧来用いられていた「多毛綱（Polychaeta）」は非単系統群であり，適切な分類群名とはみなせない。このような，非単系統群ではあるが形態的にまとめて認知しやすいグループは，魚類（fishes）などと同様に，多毛類（polychaetes）という一般名詞の形で呼んでおくのがよい。

　なお，個々の綱，目，科，属の枠の大きさ（どのくらい多くの種，あるいはどのくらい古い分岐が各階級に対応するか）は，分類学研究者の主観により決まっている。すなわち，これら属以上の分類階級は，個々の種あるいは単系統群の系統的位置を認識しやすくするための単なるラベルである。図の環形動物門の例では，多毛類の示す祖先状態から派生したホシムシ類，ユムシ類，ハオリムシ類，ミミズ類，ヒル類に対して，旧来，星口動物門，ユムシ動物門，有鬚動物門，貧毛綱，ヒル綱の名前があてられてきた。うち前 3 者は，門のなかに門を含める形となるので当然認められない。貧毛類，ヒル類についても，それらが系統樹の末端に位置していることを考えると，独立の綱として扱うのは不適切である。近い将来，大幅に改訂された環形動物門の分類体系が提唱されるであろう。

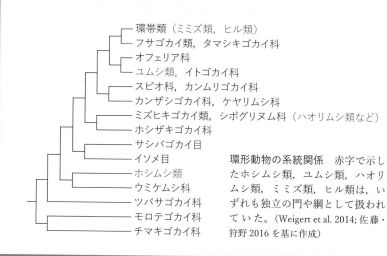

環形動物の系統関係　赤字で示したホシムシ類，ユムシ類，ハオリムシ類，ミミズ類，ヒル類は，いずれも独立の門や綱として扱われていた。（Weigert et al. 2014; 佐藤・狩野 2016 を基に作成）

キュウウミニナからなる単系統群と，この単系統群にとって最も近縁な系統
（姉妹群）であるホソウミニナをまとめた計3種も，やはり単系統群である。
個々の単系統群や種に見られる特性はどのように進化するのか，また新たな種
はどのように生じるのか，以下で述べることとする。

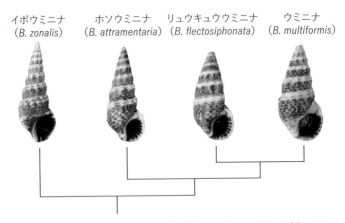

イボウミニナ　　　　ホソウミニナ　　リュウキュウウミニナ　　　ウミニナ
（B. zonalis）　（B. attramentaria）（B. flectosiphonata）　（B. multiformis）

図 2.3　日本産ウミニナ属 4 種の系統樹　ミトコンドリア遺伝子の
塩基配列に基づいて作成。

2.2　種分化と種数

　種分化　種，すなわち遺伝的な交流のある個体の集団から，何らかの原因で
その交流が切り離された集団が生じ，新たな種に分かれることがある。これを
種分化という。多くの種分化は，元の種の集団が物理的な障壁により複数の集
団に隔てられること，つまり地理的隔離を受けることにより始まる。その後，
各集団が遺伝的浮動や自然選択（3.2 節参照）によって異なった形態や生態を
持つようになり，さらには生殖的に隔離された別種となる。最終的には，障壁
がなくなって地理的分布が重なるケースも多い。この地理的隔離に起因する種
分化を異所的種分化という。また，集団間の地理的隔離が完全でないケースを
側所的種分化というが，これを異所的種分化の一型とみなすことも多い（Butlin
et al. 2008）。海岸動物の多くの種は，この広い意味での異所的種分化により生じ
たと考えられている。

　海洋における狭義の異所的種分化，すなわち集団が完全に分断された状態で種が分化する状況として，プレートテクトニクスや氷期の海水準低下などに起因する，陸地による分断があげられる。最も有名な例は中米にあるパナマ地峡（図 2.4）で，約 300 万年前に海峡部分が陸橋になり，太平洋と大西洋を分断した（O'Dea et al. 2016）。現在，陸橋の南北，すなわち太平洋東岸とカリブ海には，この陸化により種分化した多数の姉妹種ペアが分布している。ただし，このように一見，完全に分断された状況であっても，鳥の足に付着して，あるいは消化管内で生きたまま運ばれ，反対側の海岸で新規個体群を形成した干潟巻貝の例が報じられている（Miura et al. 2012）。

　陸による分断がなくとも，距離に起因する異所的種分化が生じうる。たとえば太平洋は，その西側には島が多く，島と島の間の距離が比較的小さい。これに対し東側は，北半球ではハワイからアメリカ西岸まで，南半球ではフランス領ポリネシアからガラパゴス諸島まで，島が存在しない（図 2.5）。この東太平洋障壁（East Pacific Barrier）と呼ばれる海域が浅海種の分散を妨げ，アメリカ大陸西岸に独自のベントス相をもたらしている（Baums et al. 2012; Bowen et al. 2013）。

　これらに対し，**同所的種分化**では，集団が地理的に同じ範囲に分布しつつも生殖隔離が

図 2.4　陸による分断と異所的種分化　約 300 万年前にパナマ地峡が陸化，太平洋と大西洋を分断する障壁となった。矢印は卓越した海流の方向。（Robertson et al. 2009 を基に作成）

生じる。植物の倍数化のように，一世代で他の個体と生殖的に隔離されるような変異が生じるケースでは，同所的種分化の成立を理解しやすい。海洋動物では，寄生性の巻貝であるクチムラサキサンゴヤドリという巻貝が，宿主であるサンゴの種に応じた遺伝的分化を示す例があり（Simmonds et al. 2020），このよう

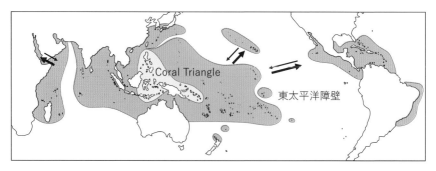

図 2.5　距離による分断と側所的種分化　Coral Triangle とその周辺海域から，稀に他海域へ個体が移動し，そこで分化した種が元の海域に戻ることで種の総数が増加する。(Bowen et al. 2013 を基に作成)

な生態的隔離が同所的種分化につながる可能性が指摘されている（Krug 2011）。一方，同所的種分化の概念には，①生態や形態に異所的な差異が蓄積されたのち，②種内集団の分布が拡大・重複，③同所に分布しつつも生殖隔離が強化され完全な種分化に至る，といった例を含める場合が多い。したがって，異所的・側所的・同所的種分化の厳密な区別は難しい（Butlin et al. 2008）。

　なお，ある種の分布辺縁で集団が分化する場合（**周辺種分化**），分化当初の祖先集団が小さいために，その遺伝的な偏りとその後の遺伝的浮動が種分化を促進する（3.2 節参照）。これを**創始者効果**という。周辺種分化の過程では，新しく生じた種の個体が単系統群，その元となる祖先種の個体は側系統群となることが多いが（コラム 2.1），後者も時間の経過とともに遺伝的浮動によってしだいに単一系統にまとまっていく。これを lineage sorting という。

コラム 2.1　種は単系統と限らない

　周辺種分化によって生じたとされるベントス種の 1 つに，チャイロキヌタという貝がある。本種はタカラガイ科に属する岩礁性の巻貝で，日本本土の太平洋岸，房総半島から九州にまで分布する。一方，祖先種のカミスジダカラは，インド・西太平洋の広い範囲に分布し，ミトコンドリア遺伝子に基づく系統樹上では側系統群となる（下図）。このような側系統群中の単系統群からなる「若い種」は，タカラガイ科の全種数のうち 7 ％ を占めるという（Meyer & Paulay 2005）。

　遺伝的多様性の高い祖先種からごく最近に種分化したような例，あるいは生殖隔離が不完全な状態で交雑により遺伝子浸透が生じるようなケースでは，ミトコンドリア系統樹上で多系統群となる種すら存在する（Bernal et al. 2017）。

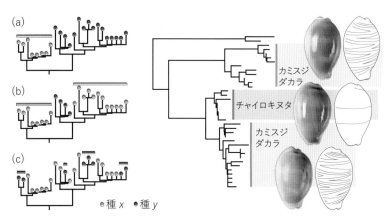

●種 *x*　●種 *y*

　単系統，側系統と多系統の種　大半の種は単系統群（a）であるが，側系統の種（b）も多く，多系統の種（c）も稀に存在する。周辺種分化によりチャイロキヌタが生じたことで，祖先種カミスジダカラは側系統群となった。（Meyer & Paulay 2005 を基に作成）

種数　現在，地球上におよそ 1000 万の生物種が生息すると推定されており，うち新種として記載され名前のついたものが約 120 万種，残りは名無しの未記載種である（Gaston & Spicer 2004; Mora et al. 2011）。熱帯雨林の甲虫や深海の線虫を対象とした種数の見積もりには計 1 億種との推定値もあったが，近年の研究ではそのような極端な値は否定されている（Lambshead & Boucher 2003; Hamilton et al. 2010）。ある地域ないし群集に生息する種の総数を**種の豊富さ**と呼び，ここでの 1000 万は地球全体の生物種の豊富さを指す。そのうち，海洋に生息するのは 70 万から 220 万種，うち既記載種が 20 万から 23 万種であるという（Mora et al. 2011; Appeltans et al. 2012）。見積もり値にこれほどの幅があり，またこれほど多くの種が未記載のまま残されているのには，いくつか理由がある。もちろん，種数が膨大すぎる一方で分類学研究者の人数が少ないこと，また深海などで調査・採集の容易でないことが主な要因ではあるが，種ごとの個体数の偏りもまた大きな影響を与えていると考えられる。

図 2.6 は，フランス領ニューカレドニアに設定された調査区（潮間帯〜水深 120 m）において採集・同定された 12 万 7652 個体の軟体動物について，種ごとの個体数を対数軸で示したグラフである（Bouchet et al. 2002）。総計 2738 種が認められたが，うち 48 ％（1315 種）は各 5 個体あるいはそれ未満しか含まれ

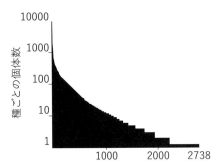

図 2.6　個体数は種ごとに大きく異なる ニューカレドニア Koumac の海岸で得られた貝類 2738 種（計 12 万 7652 個体）を個体数の順に並べたグラフ。少数の普通種と，多数の稀種からなっている。（Bouchet et al. 2002 を基に作成）

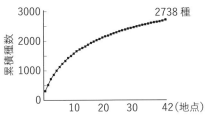

図 2.7　累積種数曲線　Koumac の各採集地で得られた貝類の累積種数。最後の 42 地点目でも増大し続けており，総種数の把握には調査努力量が足りていないことがわかる。（Bouchet et al. 2002 を基に作成）

ておらず，20 %（542 種）は 1 個体のみの種（singleton）であったという。このような，極めて個体数の少ない稀種が種数の大半を占める状況は，さまざまな分類群あるいは環境で普遍的に見られ，種の豊富さの把握を困難なものとしている。上記ニューカレドニアの調査の例で，仮に 100 倍の個体を採集・同定すれば，少なくとも数百，あるいは 1000 以上の稀種が追加されるだろうが，結局，全部で何種いるのかはわからないままである。一方で，このような調査努力量と出現した種数の関係を累積曲線で表せば，そこにすむ種数の大まかな見積もりが得られる（図 2.7）。ここでいう調査努力量は，個体数だけでなく，方形枠数，地点数，延べ時間などに置き換えて考えてもよい（Mora et al. 2011）。

コラム 2.2　小さな種

　同じニューカレドニアの貝の研究で興味深いのが，各種の成体サイズの頻度分布図である（右図）。大半の種が殻長 1 cm 以下，3 分の 1 は 4 mm 以下であり，よって野外での採集・同定が容易でないことがわかる。サザエやハマグリあるいはウミニナなど，普段私たちが目にしている種は，軟体動物門のなかで例外的に大きな巨人クラスの種であるといえる。動物種の体サイズ頻度分布は，小型種が多い，もしくは正規分布するなど，分類群や地域によって傾向が一定でないが（Bakker & Kelt 2000），そもそもの平均サイズが小さい海岸の無脊椎動物に関していえば，微小種，小型種の把握が全体の多様性認識に重要であることは間違いない。

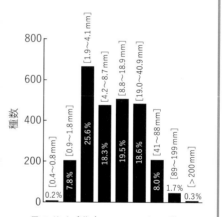

貝のサイズ分布　ニューカレドニア Koumac の海岸で得られた貝類 2581 種の成体殻長。（Bouchet et al. 2002 を基に作成）

2.3　生物地理

　過去から現在に至る地形，海流，水温の特性は，種分化プロセスのみならず，個々のベントス種の地理的分布範囲や種内の遺伝的構造を規定する。よって，各海域の種多様性を決定する主要因でもある。現在，海岸ベントスの種の豊富さが世界で最も高いのは西太平洋の熱帯域で（Tittensor et al. 2010），とくにフィリピン，インドネシア，ニューギニアを含む Coral Triangle と呼ばれる海域に多様性の中心がある（図 2.8）。温度と種多様性の間には明らかな相関関係があり，現在の地球において多様性は赤道付近で最も高く，高緯度に向けて低下する。これは，高温環境ほど世代時間が短く，また突然変異の生じる確率自体も上がるので，低緯度ほど進化速度が上がり，種分化が生じやすいためであると説明されている（Jablonski et al. 2006; Mittelbach et al. 2007）。一方，化石記録によれば，地球全体の気温が極めて高かったジュラ紀から白亜紀（約 2 億〜6600 万年前）において，多様性の極大は中緯度にあったといい，温度が高すぎても多様性は低下するのかもしれない（Mannion et al. 2014）。Coral Triangle の高い多様性は，同海域が極めて古くから存在すること，多くの島からなる複雑な地形を持つこと，海水準変動による陸化と海流の流路変動にともなって多数の分断イ

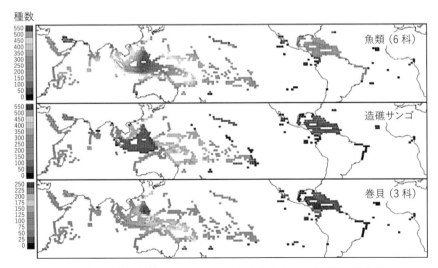

図 2.8　海岸動物の種数　Coral Triangle を中心とする西太平洋の熱帯域に多様性の中心がある。（Roberts et al. 2002 を基に作成）

ベントが生じてきたことなどが，複合的に作用して形成されたと考えられている（Mora et al. 2003; Carpenter et al. 2011）。

　日本沿岸の多様性と海流　日本は，その国土の大きさの割に，驚くほど多くの海岸ベントス種を擁する（Fujikura et al. 2010）。最大の要因は，島々が南北に長く分布し，沖縄や奄美，小笠原諸島などの南方において，黒潮による高水温と Coral Triangle からの多様性要素の北上が見られることである。上述のように，海岸ベントスの種数は低緯度で Coral Triangle に近いほど多い傾向にあるが，この傾向は日本の沿岸でも明らかで，黒潮の上流に最大の多様性がある。一方，北海道や東北地方では，親潮がカムチャツカ半島・千島列島海域から低水温水塊と浮遊幼生を輸送することにより，南日本とはまったく異なる北方系の種が分布している。さらに，黒潮の下流域にあたる本州沿岸は，熱帯・亜熱帯性種にとって分布の辺縁であり，冬期の低水温など祖先種の分布中心とは異なる選択圧を持つ環境として，周辺種分化すなわち固有種創出の舞台となってきた（コラム 2.1）。

　なお，多数の生物種の地理的分布パターンを参照して区分けされた地域を**生物地理区**という。屋久島・種子島と奄美大島の間には陸上の生物相に大きなギャップが見られ，この境には渡瀬線（わたせせん）という名がつけられている（図2.9）。渡瀬線の南北はそれぞれ東洋区（Indomalayan realm）と旧北区（Palearctic realm）と呼ばれる生物地理区に含まれる。海洋生物を対象としてもさまざまな区分け（海洋生物地理区）が提唱されているが，ここでも渡瀬線を境として，南側が Coral Triangle と同じ海洋生物地理区に含められ，日本の他の海域と区別されることが多い（Spalding et al. 2007）。

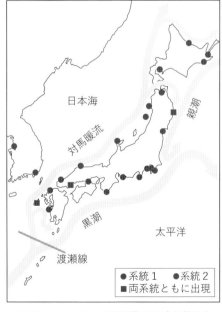

図 2.9　ホソウミニナ地域集団の遺伝的分化
黒潮と対馬暖流に沿った 2 系統に分化している。ミトコンドリア遺伝子の塩基配列に基づく。（Kojima et al. 2004 を基に作成）

九州，四国，本州の沿岸におけるベントスの分布にも，海流が極めて大きな役割を果たしている。黒潮は，九州の南で対馬暖流と分岐し，九州東岸，四国，紀伊半島，房総半島の沖を経て離岸する。したがって，太平洋岸での南方性種の分布は，紀伊半島あるいは房総半島をその北限とする例が多い。一方，対馬暖流は，九州西岸の東シナ海を北上し，対馬海峡を経て日本海に至る。東シナ海北部・日本海における海岸ベントス種の分布種数も，対馬暖流の下流に向けて減少していく。

　海流分散と幼生の生態　黒潮と対馬暖流の流路は，種内地域個体群の遺伝的分化にも大きな影響を与えている。たとえば，サザエ，ホソウミニナ，ヤマトシジミなどの貝類，アゴハゼ，キヌバリ，チャガラなどの魚類では，九州を境に，太平洋クレードと日本海クレードの大きな 2 つに分化している（Kojima et al. 1997, 2004; Akihito et al. 2008; Hirase & Ikeda 2014; Yamada et al. 2014）。これらの例のうち，サザエを除くすべての種では，日本海クレードが津軽海峡を越える対馬暖流の支流によって太平洋岸に達し，三陸海岸を南下している（図 2.9）。

　海岸ベントス集団の遺伝的分化を理解するにあたっては，幼生の発生様式の把握も同じく重要である。たとえば，2.1 節で紹介したウミニナでは，ホソウミニナとは異なり，太平洋・日本海間での遺伝的差異が検出されない（Kojima et al. 2003）。長期の浮遊幼生期を持つ種は，直達発生の種（変態後に孵化する種）に比べて個体群間の遺伝的分化に乏しい。上記の太平洋・日本海間の個体群分化は，いずれも浮遊幼生期が短いか，あるいは直達発生を行う種に見られるものである。この傾向は，個々の種の分布にも表れる。近縁なベントス種間の比較において，幼生期の長さと地理的分布域の大きさは正の相関を示す（Collin 2001）。

　貝類は，付加成長により大きくなる殻を持つ点で，このような初期発生と分布の関係を検討するのに適した分類群である。変態前の殻（原殻）が成長後も摩耗せずに殻頂部に保存されている場合，その形態によって，①プランクトン栄養型の浮遊発生と，②それ以外の発生様式（卵黄栄養型，直達発生型）を識別できる（図 2.10）（発生様式の分類については 4.4 節参照）。すなわち，貝殻を観察することで，その個体がかつて①幼生として長期間浮遊したか，あるいは②短時間で着底もしくはまったく浮遊しなかったかを推定できる（Shuto 1974; Jablonski & Lutz 1983）。この原殻形態を用いた分散能の推定手法は，絶滅種や稀少種についての研究など，実際の発生観察が困難な状況でとくに有用である。た

とえば，巻貝化石の検討によって，幼生期の長さが，当時の地理的分布範囲の大きさのみならず，**種の寿命**，すなわち種が生じて絶滅するまでの地質時間にも相関することがわかっている（Hansen 1978; Jablonski & Hunt 2006）。ヨーロッパにおける新生代化石の例では，プランクトン栄養型の浮遊発生を行う種の存続時間（中央値）は 980 万年，非プランクトン栄養発生の種では 280 万年であったという（Gili & Martinell 1994）。これは，個体の分散能の高さが，①地域集団間の遺伝的分化を妨げ（2.2 節），種分化率を下げるとともに，②地理的により広い範囲にわたるメタ個体群（6.3 節）の形成に寄与し，局所的な環境変動による種の絶滅率を下げることを示唆する。

図 2.10　**貝殻を用いた初期発生様式の推定**　変態前の殻（矢印）は，(a) 巻き数が多く彫刻が明瞭な型と，(b) 巻きの少ない平滑な型に分類でき，前者がプランクトン栄養型の浮遊発生である。アヤボラ幼生の浮遊期は 4 年半にもなり，ベントス中で最長とされる（Strathmann & Strathmann 2007）。

2.4　適応進化

　同じ海岸にすむ複数種について形態や生態を比較してみると，それぞれの種が異なったニッチ（5.2 節参照）において自然選択を受け，適応的性質を得るに至ったと思われる例が多い。たとえば岩礁には，カサガイ類（図 2.11）やフジツボ類など，強い波にもさらわれないように岩盤にがっちりと付着するための工夫を持つ種が多く，そのなかでも潮間帯上部には，乾燥や温度変化に対する耐性の高い種が分布している。潮間帯下部では，捕食者から身を守るための丈夫な外骨格や，素早い動きなどが獲得されやすい（Vermeij 1987, 1993）。このような，個体の生存および繁殖に有利な性質が選択的に保存される過程を**適応進化**という。

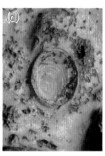

図 2.11 笠貝に見られる収斂進化　波当たりの強い岩礁では，足の付着面が大きく，岩に強く吸着できる笠型の殻が複数回獲得されている（a，b：平行あるいは収斂進化）。ただし，笠型が有利な状況は他にもあり，たとえば岩の下の狭い隙間にも複数系統の笠貝が生息する（c，d）。多くの場合，ある形質が獲得されるに至った経緯（選択圧）の特定は容易でない（Ponder & Lindberg 1997）。

　適応放散と収斂　適応進化のうち，単一祖先が多数の異なるニッチを占めるように著しく多様に適応する状況を**適応放散**という。陸上の動物の例としてはオーストラリアの有袋類やガラパゴスフィンチが有名であるが（Darwin 1859; Grant & Grant 2008; Mazel et al. 2017），海岸動物としては捕食性の巻貝であるイモガイ類の進化がこれにあてはまるかもしれない。イモガイ類（図 2.1 i, j）は，系統によって異なる成分の毒を持ち，これを用いてゴカイ類，貝類，魚類などの特定の分類群を捕食することで新生代に急速な多様化を成し遂げたと考えられている（Puillandre et al. 2014）。

　一方，適応放散の語は，種分化がさらに急激に生じる場合に限って使われることも多い。アフリカのビクトリア湖に生息するカワスズメ科魚類はその代表的な例で，わずか 10 万年の間に異なる形態・生態型を持つ多数の別種に分化したとされる（Verheyen et al. 2003）。海洋では，地球規模の環境変動にともなう**大量絶滅**によってニッチをめぐる競争が緩和され，個々の系統で急激な多様化が起こったとされる例がある。中生代の示準化石として有名なアンモナイト類は，古生代と中生代の境（P/T 境界，約 2 億 5000 万年前）に起きた史上最大の生物絶滅ののちに爆発的に分化し，わずか 200 万年で P/T 境界以前よりも高い多様性を持つに至ったという（Brayard et al. 2009）。

　複数の系統で単一のニッチに適応した進化が生じた場合，似た形質状態が各々の系統で独立に獲得されることがある。これを**収斂進化**あるいは**平行進化**という。このうち収斂は，遠縁の系統で，異なる遺伝的背景のもとに似た形

質が獲得された状況，たとえば鳥と昆虫の羽の類似を指す用語である。これに対し平行進化は，比較的近縁な系統間で，同じ遺伝的メカニズムによって適応的な形質変化が起こる状況を意味しており，たとえば巻貝類における岩礁での笠型の殻の進化がこれにあてはまるとされる（Branch & Branch 1981）。図 2.11 に示した 4 種の殻は，巻いた殻を持つ祖先からそれぞれ独立に獲得されたものである（Ponder & Lindberg 1997）。しかしながら，魚と頭足類（イカ，タコ）のレンズ眼のように，系統的に大きく離れていながら，ある程度まで同じ遺伝的メカニズムによって似た形質を獲得しているようなケースもある（Yoshida & Ogura 2011; Nilsson 2013）。これら 2 つの概念を厳密に区別することは不可能であり，まとめて収斂進化と呼ぶのがふさわしいかもしれない（Arendt & Reznick 2008）。

　複数の種がある形質を共有する際，それが共通な祖先に由来する場合，**相同な形質**という。他方，上で述べた鳥と昆虫の羽のように起源が異なる場合，**相似形質**と称する。しかしここでも，魚と頭足類の眼のように，2 種に見られる共有形質が相同と相似のいずれにもみなされる可能性がある。

　化石に見る軍拡競争　貝類をはじめとして，海岸動物は化石記録が豊富であり，数億年の地質年代にわたる生物進化を考える上で重要な役割を果たしてきた。上記の P/T 境界，また中生代と新生代の境である K/T 境界（6600 万年前）に見られる大量絶滅は，隕石の衝突などの外的・非生物要因により生じたと考えられている。一方，生物間相互作用による大進化の著名な例として，中生代の海洋変革（**Mesozoic Marine Revolution**）（Vermeij 1977）が挙げられる。古生代の浅海では，ウミユリ類や腕足動物（図 2.12）に代表される固着性の懸濁物食者が栄えており，また貝類にしても，海底の表面に生息する懸濁物食者，堆積物食者，藻類食者（1.3 節参照）が中心であった。ところが，中生代ジュラ紀，およそ 2 億年前から，カニや大型の魚など，外骨格を壊すタイプの捕食者が増え，固着性懸濁物食者の系統の多くは絶滅した。一方，動きの素早い種や，砂泥に潜る埋在性の種，あるいは岩の隙間や他の生物に隠れすむ種の割合が増加し，また貝類では，破壊型の捕食に対抗して，厚く壊れにくい殻が一般的となった。これに対し，捕食者の側もより大きく強力なハサミや歯を獲得するといった大規模な**共進化**，すなわち進化的**軍拡競争**が生じ，沿岸動物の生態や形態は大きく変わっていった（Vermeij 1977, 1987）。

図 2.12　古生代オルドビス紀の化石（a～k）と現生腕足類（l～o）　化石はいずれもスウェーデン Boda 石灰岩産，4 億 5000 万年前。巻貝（a～e）など現在と共通の分類群が見られる一方，三葉虫綱（f）や棘皮動物門のウミリンゴ綱（g）など絶滅した系統も多い。ミドリシャミセン（l）やカサシャミセン類（m）など現生腕足類の各系統は当時すでに分化していた（h～k）。

　図 2.13 に示すのは，軍拡競争がもたらした巻貝の殻の進化史である。古生代に一般的であった，巻きが緩く，臍孔の大きく開いた殻（図 2.12 a, b）は，その構造上，容易に破壊されてしまうため，捕食者の増加にともない少なくなっていった。一方，殻口が狭く，殻口外唇部が厚い殻は，カニの捕食を回避する上で効果的であり，中生代以降に一般的となった。

　ここで，本章の最初に示した南の島の貝殻をもう一度見てみよう（図 2.1）。魚の捕食から身を守るには，飲み込まれたり，かじられたりしないよう，魚の

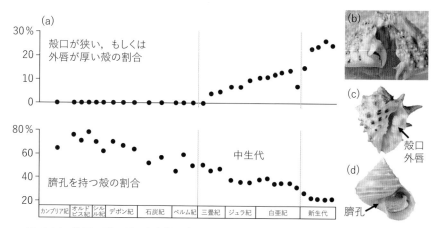

図 2.13　巻貝の形に見る中生代の海洋変革　(a) 捕食者の増加にともない，物理的破壊に強い殻の割合が増えた（亜科数の集計による）(Vermeij 1987 を基に作成)。(b) 貝殻を割ることに特化したカラッパの鉗脚（はさみ）。(c) 殻口外唇が肥厚した新生代型の貝。(d) 臍孔が開いた強度の低い古生代型の殻。

口より大きく丈夫な殻を持つことが望ましい。トゲトゲやいぼのある貝殻（a〜c）は，捕食を回避する適応進化の結果であることが多いとされる（Vermeij 1987）。また，タカラガイ類（k）の丸くてつかみどころのない殻も，カニによる捕食を避ける効果がある。もちろん，捕食圧だけが貝殻の形を決める訳ではない。たとえば，塔型の殻（o）は比較的壊れやすいが，この種は砂に潜って暮らすために捕食者に見つかりにくく，また細長い殻の形は砂中を掘り進むうえで適応的である（Vermeij 1993）。同様に，そろばん玉型，豆型の殻を持つ種も，素早く泳いだり（p），海草の色に紛れたり（l）して，殻の強度に頼らずに身を守っている。いずれにせよ，ここに見られる形態や生態の多様性は，選択（適応）と偶然（中立）による進化の賜物である。

　系統の避難所　Coral Triangle を中心とした熱帯の浅海環境は，このような捕食者と被食者のせめぎ合いが最も苛烈な環境である。一方，北極や南極，日本沿岸でいえば北海道などの高緯度域では，捕食者の数や種類が少なく，よって貝殻も薄く割れやすいものが多い。深海や海底の洞窟内も，同様に捕食者が少なく（Gage & Tyler 1991; Kase & Hayami 1992），無防備な種の多い環境である（図 2.14）。これらの環境には，ウミユリや腕足類，オウムガイ，シーラカンスなど，古生代に栄えた系統が，かつての形態や生態を大きく変えずに生息してお

図 2.14　深海，超深海の巻貝　千島・カムチャツカ海溝の水深 5102 〜 9584 m より採集 (Fukumori et al. 2019 より)。＊印は海洋最深部（超深海帯下部，＞8000 m）の種。捕食者の少ない環境では，彫刻が弱く薄質で壊れやすい殻を持つ種が一般的である。

り，「生きている化石」などと呼ばれている（図 2.12 参照）。

　環境間に見られる捕食圧の差は，主に基礎生産と温度の観点から説明されている。深海は，光合成由来の有機物に乏しいため，一般に動物の生息密度が低い。捕食者にとっては，獲物の探索や素早い捕食に必要なだけの栄養を得るのが難しい，過酷な環境といえる (Vermeij 1987; Gage & Tyler 1991)。これに対し，浅海域は基礎生産が高く（8.3 節），つまりは被食者と捕食者の双方にとって餌が豊富にある環境である。また，低い水温下では変温動物の反応速度が遅くなり，さらには水の粘性も高いため，素早い動きが難しくなる。20 °C と 0 °C の海水では，粘度が約 2 倍，ホタテガイ類における筋肉の反応速度は約 4 倍異なる (Vermeij 1993; Bailey et al. 2005)。高水温中では，捕食者が素早く移動・攻撃することで，餌を発見・捕食する率が高まるうえに，生態や形態の進化速度も高いので（2.3 節），捕食・被食者間の軍拡競争が激化するものと考えられる。中生代の海洋変革自体も，ジュラ紀から白亜紀にかけての超温暖化と基礎生産上昇に起因するとの説が有力である (Vermeij 1987; Allmon & Martin 2014)。

種内変異と種内関係

　第2章では進化がどのようにして多様な種を形成してきたか，そしてウミニナとホソウミニナという近縁種にも明瞭な種間変異があることを紹介した。このような種間変異は，共通の祖先から現生種へと進化してくる過程で生じたものである。その進化には，同一種内の個体間で性質が異なること，すなわち**種内変異**が深く関わっている。本章では，まず種内変異と小進化のつながりを説明した後で，そのつながりを前提としながら種内関係について説明する。さらに，種内関係を理論的に考える上で重要なゲーム理論と，種内関係における情報のやりとりについて解説する。

3.1　種内変異

　個体間変異　生物が持つ多少とも遺伝的な性質を**形質**という。また，形態や行動，生活史のように，生物の外見に現れる形質を**表現型**ともいう。

　表現型は複数の遺伝子で決まることが一般的だが，1つの遺伝子だけで決まる表現型もある。たとえば人間の耳垢には乾性耳垢と湿性耳垢の2種類があり，また，キイロショウジョウバエの採餌行動には，広範囲を探索する「放浪型」と，狭い範囲を探索する「滞在型」の2種類があるが，これらは1つの遺伝子座にある2つの対立遺伝子で決まる（Osborne et al. 1997; Yoshiura et al. 2006）。

　環境要因（例：波当たり，温度，餌，捕食者）が表現型に影響を及ぼすことも多い。表現型が環境要因に応じて変化することを**表現型可塑性**という。北海道に生息するエゾアカガエルのオタマジャクシは，捕食者であるエゾサンショウウオのオタマジャクシからの刺激を感知すると，頭部を膨張させて丸のみされることを防ぎ，一方，エゾサンショウウオのオタマジャクシでは顎が肥大化

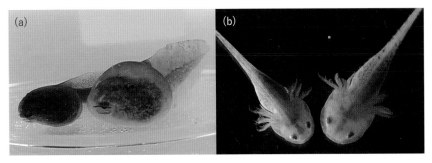

図 3.1　表現型可塑性の例　エゾサンショウウオのオタマジャクシはエゾアカガエルのオタマジャクシを丸のみして捕食する。そのため，(a) エゾアカガエルは，捕食者の刺激を感知すると，捕食者不在条件（左）よりも頭部を膨張させる。一方，(b) エゾサンショウウオは，オタマジャクシを捕食する前（左）と比べて顎を肥大化させる。（撮影：岸田治氏）

する（Kishida et al. 2006）（図 3.1）。成長速度や摂餌行動など，生活史や行動が表現型可塑性を示す生物は非常に多い。

　表現型可塑性の有無や度合いは遺伝的に決まっている。たとえば，エゾサンショウウオがいない奥尻島から採集されたエゾアカガエルを飼育条件下で交配して産まれたオタマジャクシの頭部は，エゾサンショウウオの刺激を感知しても，北海道本島のオタマジャクシほど大きくは膨らまない（Kishida et al. 2007）。このような表現型可塑性の度合いは，2 つの表現型を結ぶ線分の傾きとして表現できる（図 3.2）。

　以上のように，同一種であっても遺伝子や環境の違いによって，体の大きさや成長速度，行動など，多くの表現型が個体ごとに異なる。これを**個体間変異**という。

　個体群間変異　個体群間で形質の頻度や平均値，さらに個体間変異の程度が異なるとい

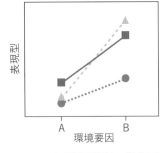

図 3.2　表現型可塑性の概念図　点の形状（○，△，□）と表現型（例：オタマジャクシの頭の大きさ）の違いは，その表現型の遺伝的変異を意味する。遺伝的に同じ個体でも，環境要因（ここでは A，B の 2 種類）に応じて発現する表現型が変化する。その変化の程度も遺伝的に異なる（実線や点線の傾きの違い）。

う種内変異もある。タマキビでは高緯度の個体群ほど平均的な低温耐性が高い（Chiba et al. 2016）。ホソウミニナには貝殻の色彩多型があり，暗色の個体もいれ

ば，白っぽい個体や縞模様の個体もいる。そして暗色個体の頻度は高緯度の個体群で高い（Miura et al. 2007）。なお，陸産貝類に見られる貝殻の色彩や形態の個体群間変異は，進化生物学の歴史のなかで，遺伝的浮動と自然淘汰（3.2 節参照）の重要性を議論する際に格好の研究対象となった経緯もあり，国内外で極めて詳しく研究されている（千葉 2017）。

　北米に生息する肉食性巻貝のミゾチヂミボラでは，捕食行動に遺伝的な個体群間変異がある。カリフォルニア州の個体群はカリフォルニアイガイを高頻度で捕食するが，オレゴン州やワシントン州の個体群の個体は，このイガイをほとんど捕食しない。卵から同じ飼育条件下で育てた個体でも，個体群間変異の傾向は変わらない（Sanford et al. 2003）。

　このような遺伝的な個体群間変異は，個体群ごとで起こった進化の結果として生じたと考えられる。

3.2　小進化

　小進化のメカニズム　1 つの個体群における遺伝子頻度の世代間変化を小進化と呼ぶ。小進化は，非常に多くの生物の個体群で，毎世代のように起こっている。カブトガニのように現世の外部形態が化石とあまり変わらない生物でも，さまざまな形質で小進化が起こり続けている（Faurby et al. 2011）。

　小進化のおもなメカニズムは，突然変異，遺伝子流動，遺伝的浮動，自然淘汰（自然選択）である。これらのうち，**突然変異**とは，基本的に塩基配列の複製ミスである。突然変異の多くは有害であり，速やかに個体群からなくなる。

　一部の個体が個体群から出ていったり，逆に他の個体群から個体が入ってくること（移出入）による小進化を**遺伝子流動**という。遺伝子流動は，新たな対立遺伝子の出現や，その個体群に存在していた対立遺伝子の頻度変化をもたらす。ある個体群 A から個体が移出し，別の個体群 B で子孫を残すとしよう。A では，移出した個体の持つ対立遺伝子の頻度が少し下がる。B では，移入した個体の持つ対立遺伝子が増えるか，もしその対立遺伝子が B になければ，新たな対立遺伝子が生じることになる。

　ある形質で偶然生じる頻度変化が，**遺伝的浮動**である。遺伝的浮動の作用は個体群サイズ（個体数）に強い影響を受ける。人間の耳垢のような形質で，各個体が 2 種類（A または B）のどちらかを持つが，それらは生存や繁殖には無

関係だとしよう。そして，生まれてから繁殖するまで生存する見込みを 0.5，繁殖した場合は 2 個体の子を産み死亡するという無性生殖の生物を想定する。生存する見込みが 0.5 でも，個体数が有限の場合には，実際の生存率が 0.5 にならないことも多い。そのため，たとえば，ある世代で A の 5 個体と B の 5 個体しかいない小さな個体群では，A の個体が偶然すべて死亡して，次世代では B の個体しかいなくなることも 0.5^5 の確率で起こる。このように，個体数が無限に多い個体群であれば頻度変化がまったく生じない条件でも，個体数が少ないときほど，個体群内の形質の頻度は確率的な世代間変化を示し，どちらかが消失してしまう可能性が高くなる（図 3.3）。

　自然淘汰（自然選択）と適応　ある個体群において，形質の個体間変異があり，その変異に応じて**適応度**が異なるとき，**自然淘汰**が作用する。適応度には

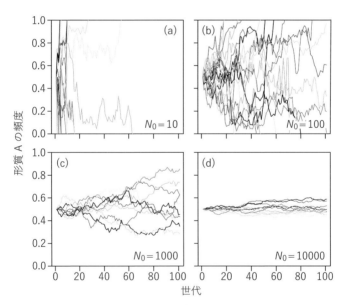

図 3.3　遺伝的浮動による小進化と個体群サイズの関係を調べたシミュレーション　色が異なる折れ線は，それぞれ 1 回のシミュレーションを意味する。N_0 は初期個体数であり，このときの形質 A と B の個体の割合（頻度）は等しく 0.5 である。どちらの形質の個体も繁殖するまでの生存見込みは 0.5，繁殖した場合の子の数は 2 である。(a) や (b) のように個体数が少ない個体群ほど，形質 A の頻度は偶然（確率的に）大きく変動し，片方の形質が個体群から消失する（y 軸の値が 0 または 1 になる）ことが多くなる。初期個体群が大きくなるほど小進化の規模は小さくなるが，それでも遺伝的浮動による小進化はたいてい起こっている（折れ線の傾きが 0 ではない）(c, d)。

さまざまな定義があるが「生まれたばかりの個体が次世代に残す子の数の期待値」という定義が最も単純だろう。たとえば，一生に 1 度だけ繁殖する生物では

$$適応度 ＝（誕生してから繁殖するまでの生存率）×（子の数の平均）$$

と定義できる。ここで注意すべきなのは，適応度は，同じ個体群の同じ世代で，形質の異なる個体が次世代で頻度を増やすのか，それとも減らすのかに影響を与える相対的な数値であるという点である。たとえば，ある世代 t から次の世代 $t+1$ で個体数が 2 倍に増えた個体群では平均適応度が 2 なので，世代 t で 適応度 ＝ 1 だった形質の頻度は世代 $t+1$ で下がることになる。しかし，個体数が半分に減った個体群（平均適応度 ＝ 0.5）では，適応度 ＝ 1 だった形質の頻度は上がることになる。

　自然淘汰による小進化が蓄積した結果，生物は環境に適応する。適応度と適

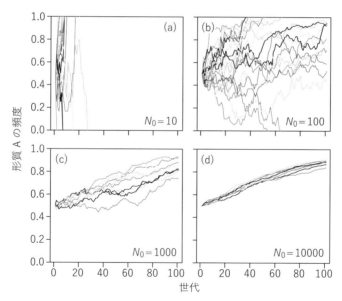

図 3.4　自然淘汰と遺伝的浮動による小進化と個体数の関係を調べたシミュレーション　図 3.3 と同様に，N_0 は個体群全体の初期個体数であり，このときの形質 A と B の個体の割合（頻度）は 0.5 である。ただし，形質 A の個体の生存率を 0.51，B を 0.5 として，生存率が 1% 異なる自然淘汰を想定している。色が異なる折れ線は，それぞれ 1 回のシミュレーションを意味する。

応は1字しか違わないが，適応度は適応の度合いではない。適応度が自然淘汰
による進化の原因となる構成要素の1つであるのに対して，**適応**は，進化の結
果として「生物が環境にうまく合っている」現象を指す。

　小進化における自然淘汰の作用は，他のメカニズムによって乱される。ま
ず，遺伝子流動は自然淘汰の作用に影響を及ぼす。たとえば，乾燥しやすい場
所の個体群で乾燥耐性の低い個体が死亡しても，乾燥しにくい場所から乾燥耐
性の低い個体が多数移入すれば，乾燥耐性を高める小進化（適応）は妨げられ
る。しかし乾燥しやすい場所の個体群から乾燥耐性の低い個体が移出するなら
ば，遺伝子流動は自然淘汰の作用を強める。また，遺伝的浮動と自然淘汰の相
対的重要性は，個体群サイズによって決まる。小さな個体群ほど遺伝的浮動の
作用が強く，自然淘汰は大きな個体群ほど安定して作用する（図3.4）。

　現実の世界では環境が変動するため，ある形質を持つ個体の適応度は，場所
ごとや世代ごとに変化する。ガラパゴス諸島のダフネ島にいるダーウィンフィ
ンチという小鳥では，30年以上に及ぶ野外調査の結果，くちばしの形や体の大
きさなどの表現型が進化し続けていることがわかっている（Grant & Grant 2002）。
たとえば，厳しい干ばつのあった年には，堅い種子も割ることのできる厚いく
ちばしを持つ個体の生存率が高く，翌年には，くちばしの厚みの平均値が大き
く増加した。しかし，他の年では，薄いくちばしを持つ個体の適応度のほうが
高い年も多かった。このように，自然淘汰は方向性や強度を変えながら作用し
続けている。

　さまざまな自然淘汰　自然淘汰は，環境要因の種類や，対象としている形質
と適応度の関係，そして適応度の捉えかたによってさまざまな類別がなされて
いる。代表的な例として，形質の値と適応度が，右肩上がりあるいは右肩下が
りの関係にある場合（**方向淘汰**）と，中間的な値を最大値とする山型の関係に
ある場合（**安定淘汰**），そして中間的な値を最小値とする谷型の関係にある場
合（**分断淘汰**）という類別がある（図3.5）。

　種内関係に特化した自然淘汰もいくつかある（3.3節参照）。**性淘汰**は，**配偶
成功度**（異性個体との交尾回数や受精率によって評価される数値）に注目した
自然淘汰である。生存に不利な派手な体色などの装飾的な表現型や，角や大
顎，鋏脚などの武器として用いられる表現型が，おもにオスで進化したのは，
それらの形質が配偶成功度を上げる機能を果たし，性淘汰が強く作用したから
だと考えられている。**血縁淘汰**は，対象個体の適応度を下げて周囲の個体の適

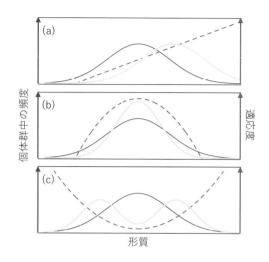

- – – – ある世代の適応度
- ―― ある世代の頻度組成
- ―― 次の世代の頻度組成

図 3.5　自然淘汰の類別例　青と水色の曲線は，ある世代と次の世代における形質の頻度組成を表す。形質の値と適応度の関係（茶色の線）によって，ある世代で適応度が高い形質ほど，次の世代における頻度が高くなる。(a) 方向淘汰：形質の値に対して適応度が直線的に増加あるいは減少する。(b) 安定淘汰：中間的な形質の適応度が高い。(c) 分断淘汰：中間的な形質の適応度が低い。

応度を上げる利他行動が進化した理由として有力な自然淘汰であり，対象個体と血縁関係にある他個体に及ぼす影響を加味した**包括適応度**を，適応度の拡張版として用いる。さらに，対象形質を示す個体の頻度が個体群内で高くなるほど適応度が増加する**正の頻度依存淘汰**と，逆に適応度が低下する**負の頻度依存淘汰**は，コミュニケーションなどの研究で用いられるゲーム理論で重要な役割を果たす自然淘汰である（3.4 節参照）。なお，これらのさまざまな自然淘汰は，自然淘汰の一側面を類別しているだけなので，ある形質に作用した自然淘汰による進化を「その形質には，性淘汰が負の頻度依存淘汰として作用した」などと，複数の類別を用いて表現することもできる。

　人間活動に起因する**人為淘汰**は，近年最も注目されている強力な自然淘汰である。人為淘汰は「自然」ではないから自然淘汰ではないという意見もあるが，人為淘汰も，人間が関与する以外は，通常の自然淘汰とまったく同じ仕組みで作用する。たとえば「大きな個体を漁獲する」などの漁獲方法は，長期間安定して作用し続ける人為淘汰となる。スイショウガイ科の巻貝ソデボラでは，先史時代から続く漁獲によって，成熟するサイズの小型化が進化し続けてきたと考えられている（O'Dea et al. 2014）。トウゴロウイワシ科の一種 *Menidia menidia* では，漁獲を模した人為淘汰が実験的に検証されている（Conover & Munch 2002）。この実験では 1 つの水槽を実験個体群とみなして飼育を続け，毎世代，各水槽の個体を体長順に小型個体から，あるいは大型個体から取り除き，全体の 10 ％だけ（上位 10 ％あるいは下位 10 ％）を残して繁殖させるという人為淘汰

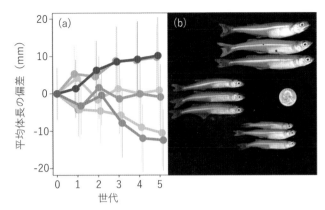

図 3.6　漁業を模した人為淘汰実験　体長の小さい個体から順に 90% の個体を除
　　去し，大きい個体だけで繁殖させた場合と（青，水色，写真ではコインより上の
　　3 個体），逆に大きい個体から順に除去し，小さい個体だけで繁殖させた場合は（赤，
　　オレンジ，写真ではコインより下の 3 個体），ランダムに除去したコントロール
　　群（緑，薄緑，コインの左隣の 3 個体）に比べて，5 世代で明確な進化を遂げた。
　　左図の点は各実験個体群の平均値から 0 世代めのコントロール群の平均値を引い
　　た偏差であり，エラーバーは標準偏差である（Therkildsen et al. 2019 より）。

をかけ続けた。すると，わずか 5 世代で実験個体群の平均体長が大きく変化し
た（図 3.6）。

　適応度に影響を与える環境要因は，非生物的要因（例：天候，地形，音，化
学物質）と生物的要因（同種個体，他種の生物）に大別できる。これ以降は，
同種個体の影響，つまり種内関係について説明する。

3.3　種内関係

　種内関係の種類　ある個体（以下，自分と呼ぶ）と別の個体（相手）の適応
度に着目すると，種内関係は，自分と相手の適応度がどちらも減る関係（競争，
対立），どちらも増える関係（協力），自分の適応度が増えて相手の適応度が減
る関係（捕食，寄生，だまし），そして自分の適応度が減り相手の適応度が増
える関係（被食，被寄生，利他）という 4 種類に大別できる。なかでも最も一
般的な種内関係は競争である。

　競争　餌，生息場所，配偶相手，あるいはエネルギーや時間など，それを利
用することによって生物の適応度を上げることができるものを**資源**という。資

源をめぐる競争は，その勝敗によらず生物の時間や体力を消耗させるため，競争がない場合に比べると，自分と相手の繁殖成功度（卵・子の数）あるいは生存率を低下させる。その結果，競争は個体群の成長率も低下させる（6.1 節）。

　資源をめぐる早い者勝ちの競争を**消費型競争**という。たとえば，海岸に生息する巻貝ヨーロッパタマキビは，岩に付着した藻類をおもな餌としているが，誰が餌を食べるかは早い者勝ちであり，他個体から餌を奪ったり，他個体を排除するなわばりを形成することはしない。そのため高密度になるほど消費型競争が強くなる。実際に，野外に設置したカゴのなかにヨーロッパタマキビを 4 段階の密度条件で入れて，6 週間後の成長量を調べたところ，その成長量は高密度条件ほど低かった（Petraitis 2002）。

　消費型競争では，資源を早く発見し利用できる形質を持つ個体ほど高い適応度を期待できる。淡水域に生

息する等脚類ミズムシ科の一種 *Asellus aquaticus* では，低密度のとき，長い触角を持つオスほど早く配偶相手となるメスを発見して確保できる（交尾前ガード）。一方，高密度のときはメスの発見が容易になるが，他のオスとメスの奪い合いになる機会が増えるため，触角の長さよりも体の大きさのほうがメスを確保する上で重要となる。このミズムシで，オスのほうが触角が長く体が大きいという性差が見られるのは，メスをめぐる**オス間競争**によって，これらの形

質に性淘汰が作用した結果だと考えられる（Bertin & Cézilly 2005）。

　複数個体間で直接的な奪い合いになる競争を**干渉型競争**という。その例として，巻貝の貝殻を背負って生活しているヤドカリの貝殻闘争を紹介する。貝殻は捕食者や乾燥，塩分変化などから身を守るシェルターとして機能するが，徐々に大きな貝殻へと引っ越しを繰り返さなければ，ヤドカリは成長し続けることができない。そのため，ヤドカリは新たな貝殻をめぐって競争する。この競争には早く貝殻を見つける消費型競争も含まれるが，別のヤドカリから貝殻を奪おうとする干渉型競争が有名であり，貝殻闘争と名付けられている（Elwood & Neil 1992）。ヤドカリでは，メスをめぐる干渉型のオス間競争（闘争）も知られている。繁殖期のオスは交尾・産卵間近なメスと出合うと，その貝殻をつかんで持ち歩く交尾前ガード行動を示す。ガード中のオスが他のオスと出合うと闘争が始まり，大型個体やハサミが長い個体ほど勝率が高い（Yasuda et al. 2011）（コラム 3.1）。

　干潟のスナガニ類では，巣穴を中心としたなわばりをめぐる干渉型競争がよく知られている。たとえばチゴガニは，自分のなわばりに近づいてくる他個体にダッシュして追い払ったり，ハサミで威嚇したり，組み合うなどして闘争する。相対的に大きな個体が闘争に勝つ傾向があり，大型個体ほど広いなわばりを持つことができる（Wada 1993）。チゴガニでは，なわばりを防衛する手段は闘争だけではなく，近隣個体の巣穴をふさいだり（Wada 1987），巣穴の横に泥の山（バリケード）を築く行動も知られている（Wada 1984）。

　競争以外の種内関係　カニ類では，競争とは別に協力やだましと考えられる行動も知られている。ヒメヤマトオサガニは，自分のなわばりと隣接したなわばりを持つ個体の体を掃除することによって，なわばりを維持する（Fujishima & Wada 2013）。また，スナガニ科の一種 *Austruca mjoebergi* では，小型個体のなわばりに新たな個体が侵入してきたとき，小型個体のなわばり防衛に近隣の大型個体が加勢することがある（Backwell & Jennions 2004; Milner et al. 2010）。一方，チゴガニのオスは，求愛行動の代わりに，捕食者が接近したかのような行動でメスを驚かせてオスの巣穴に誘導することが報告されている（Kasatani et al. 2012）（図3.7）。配偶時にオスがメスをだましているかのように解釈できる例は他の動物でも知られており，後述する性的対立の例といえる。

　ハチやアリのような真社会性の生物は，種内関係が高度に発展した生物として有名である。真社会性生物では，不妊個体（ワーカー，兵隊）が繁殖個体に

対して利他行動を示す。これと類似した現象が，サンゴ礁のカイメンに集団（コロニー）を形成して生息するユウレイツノテッポウエビなどで知られている。このエビのコロニーで繁殖を行うメスは 1 個体だけであり，他の個体がコロニーの防衛や採餌などを行う（Duffy 1996）。また，寄生性の扁形動物である二生吸虫は，巻貝に感染している間に無性生殖で増えるが，その際に兵隊型と繁殖型に分かれて，兵隊型が他種の侵入を防ぎ，繁殖型がセルカリア幼生を生産するという分業を行

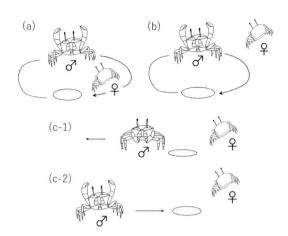

図 3.7　チゴガニのオスによるだまし戦術の例　チゴガニではメスがオスの巣穴に一緒に入り，オスが巣穴を閉じると，つがいが形成されたことになる。オスはメスが近づいてきたときに，ハサミを高く掲げてメスの周りを急旋回したり（a）（b），いったん巣穴から遠ざかってから（c-1）急にハサミを掲げて巣穴方向に突進する（c-2）という奇妙な行動を見せることがある。これは，メスに外敵が来たように見せかけて自分の巣穴に誘導していると考えられる。メスが驚いてオスの巣穴に入って，そのままつがいが成立することもあるが，メスが再び巣穴から出て，去ってしまうこともある。（Kasatani et al. 2012 より）

うことが複数種で確認されている（Miura 2012）。このような社会システムは，血縁淘汰によって進化したと考えられている。

　配偶関係は，最も一般的な種内関係である。雌雄は将来の子孫を共有する点では協力関係にあるため，協力行動を示す種もいる。たとえばテッポウエビ属の一種 *Alpheus angulatus* では，雌雄が同じ巣穴に暮らしているとき，おもにメスが巣穴の構築作業を行い，オスが同種の侵入者から巣穴を防衛する（Mathews 2002）。しかし，このような雌雄の協力関係が見られる生物は少ない。

　一般にオスでは多くのメスと複数回交尾することによって繁殖成功度（受精卵数や子の数）が増える可能性が高いが，メスでは，交尾回数が増えても繁殖成功度は増えず，かえって怪我や病気のリスクが高まる。このように，多くの生物では，オスとして適応度を上げる形質と，メスとして適応度を上げる形質は一致しないため，雌雄は対立関係にあることが多い。これを**性的対**

立という。マルエラワレカラやヘラムシ属の一種 *Idotea baltica* では，交尾前ガードの開始タイミングをめぐる性的対立が知られている（Takeshita et al. 2011; Jormalainen & Merilaita 1995）。マルエラワレカラのオスは，交尾間近なメスを丸めて持ち歩く交尾前ガード行動を示す。オスが多いときほど，メスをめぐる競争が激しくなるため，オスは早めにメスをガードする。しかし，メスにとっては，オスが多いほど配偶相手が不在となるリスクが低下するため，早めにガードされても利益は少ない。むしろ，ガードされている時間が長いほど，メスは餌を食べることができないために成長速度が低下し，産むことのできる子の数も減少してしまう（Takeshita et al. 2011）。*I. baltica* では，オスが交尾前ガードを開始する際にメスが激しく抵抗するため，雌雄の相対的な強さに応じてガードの開始タイミングが決まると考えられている（Jormalainen & Merilaita 1995）。巻貝のヒメエゾボラでは交尾時間をめぐる性的対立が実証されている。オスの交尾行動に対して，メスはオスの生殖器に噛み付くなどの拒絶行動を示す（Miranda et al. 2008）。このようなメスの拒絶行動を実験的に阻害すると，交尾時間は長くなる（Lombardo & Goshima 2010）。

コラム 3.1　経験がヤドカリのオス間闘争に及ぼす影響（石原（安田）千晶）

　多くの人は，うれしいことがあると次の行動もポジティブに，嫌なことがあるとネガティブになる。動物も経験によって行動が変わる。この行動変化は過去の出来事を記憶しているからこそ起こると考えられるが，私の研究対象であるヤドカリには，記憶を司る海馬どころか脳すらもない（脳神経節と呼ばれる神経の集まりを持つ）。ところがヤドカリでも，ある種の経験が次の行動に影響する（Hazlett 1969; Gherardi & Tiedemann 2004）。私は共同研究者と共に，ヤドカリのメスをめぐるオス間闘争を題材として，オスの経験が次の闘争行動や闘争の結果に及ぼす影響を調べている。

　私たちが検証した 1 つ目の経験は「交尾経験」である（Yasuda et al. 2015）。メスをガードしていたオスは，そのメスと交尾してメスが産卵すると，そのメスを放す。しかし，オスはすぐに次のメスをガードできるため，オスは 1 度交尾を完了しても次の配偶行動に対する活性を維持し続けていると言える。そこで，ヨモギホンヤドカリを用いて交尾経験が次のオス間闘争に与える影響を検証したところ，交尾済みのオスは，交尾前に実験的にメスと引き離されたオスよりも，ガード中の他のオスからメスを奪って勝利する確率が高かった（図 1）。この結果は，交尾経験がある種の成功体験として，オスのその後の闘争行動をより活性化させたのだと解釈できる。

　2 つ目の経験は「敗北経験」である（Yasuda et al. 2014）。私たちは，テナガホンヤドカリのオスが，闘争後に，単なる「その闘争での負け」ではなく「誰に負けた

か」という特定の相手に関する経験を現在の闘争行動に反映させることを明らかにした。まず，野外でメスをガード中だったオスをメスから引き離して単独にし，その単独オスをガードペアと遭遇させて，相手のオスからメスを奪うことができなかった（闘争に負けた）経験を与えた。1 時間後に，単独オスを再びペアと遭遇させて行動を観察したところ，先ほどとは別のペアと遭遇した単独オスは，前回と同じくらい活発に闘争したが，前回負けた相手と遭遇した場合は，ほとんどメスを奪おうとしなかった（図 2）。この結果から，本種のオスが過去の経験に基づいた合理的な

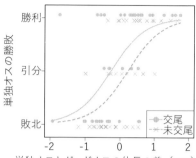

図 1　ヨモギホンヤドカリにおける単独オスの交尾経験の影響　交尾済みのオスのほうが未交尾のオスよりも次の闘争の勝率が高かった。

行動決定を行うことが垣間見える。勝てる見込みのない相手を個体識別して選択的に回避する行動は，時間やエネルギーを無駄にしない適応的な反応だと言えるだろう。

　甲殻類の個体識別能力を実証した研究は意外と多く（Caldwell 1979; Gherardi et al. 2010; Jiménez-Morales et al. 2018），ホンヤドカリ属の一種 *Pagurus bernhardus* では，1960 年代に，他個体を識別できることが報告されていた（Hazlett 1969）。しかし，ヤドカリの記憶能力に関する研究はまだまだ少なく，オス間闘争を介した個体識別能力も，私たちが世界で初めて実証したものである。

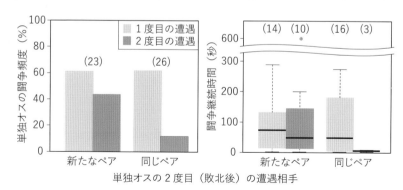

図 2　テナガホンヤドカリにおける単独オスの敗北経験と闘争相手の影響　左は単独オスの闘争頻度。敗北後に再び同じペアと遭遇した単独オスは，多くが闘争を避けた。右は闘争継続時間。太線は中央値，●は外れ値を示す。単独オスは 1 度負けた相手からは数秒で撤退した。いずれもカッコ内の数値は例数。

3.4 ゲーム理論

ゲーム理論の基礎 摂餌行動や配偶行動などの一連の行動様式が，多少とも遺伝的に決定されている場合，その行動様式全体を**戦略**という。そして，対象個体（自分）の適応度が，自分の戦略以外に，他個体（相手）の戦略による影響も受けるとき，長期的に存続する形質を解析する数学的理論が**ゲーム理論**である。後述するように，ゲーム理論によって予測されるのは，自然淘汰による進化で達成される平衡状態である。

たとえば，ある個体群に 2 つの戦略 A，B のいずれかを示す個体がいるとする。この個体群で，ほぼすべての個体が戦略 A をとっている状況で，戦略 A をとる個体の適応度が戦略 B の適応度を上回る場合，戦略 B は頻度を増やすことができない。このとき戦略 A を**進化的に安定な戦略**（ESS：Evolutionarily Stable Strategy の略称）という。ただし，これは戦略 A の適応度が戦略 B よりもつねに高いという意味ではない。どちらの戦略も ESS になりうる場合もある。また，どちらの戦略も ESS ではない場合も多い。

1 つの個体群で複数の戦略の適応度がほぼ等しくなり，ある割合（頻度）で共存している状態を**進化的に安定な状態**（これも ESS：Evolutionarily Stable State の略称）という。例として，カイメンのなかにすむ等脚類ツノオウミセミ属の一種 *Paracerceis sculpta* のオスが挙げられる。最も大型の α オスは，カイメンのなかに配偶相手となる多数のメスを守るハーレムを形成する。α オスはカイメンの入り口に定位して他のオスからハーレムを防衛するが，中型の β オスはメスに擬態してカイメンに侵入し，小型の γ オスは素早い動きで α オスをかわしてカイメンに入り込み，それぞれメスとの配偶機会を得ようとする。また，これらの三型は表現型可塑性ではなく遺伝的に決定されることがわかっている。つまり，これらの三型は，各戦略の遺伝子を持つ個体の平均的な適応度が等しい進化的に安定な状態となっている（Shuster & Wade 1991）。

各個体が複数の行動を使い分けた結果として，どの行動でも平均的な適応度が等しく，個体群全体における各戦略の頻度が安定状態となっているケースもある。各個体が複数の行動様式を使い分ける場合，各行動様式を**戦術**という。身近な例で言えば，ジャンケンはグー戦術，チョキ戦術，パー戦術を使い分けるゲームである。これらの戦術をどのように使い分けるか（戦略）は人によって異なるが，全体では各戦術の頻度が $\frac{1}{3}$ で安定な状態となっている。

　ここまでは戦略や戦術が類別できる形質を想定して説明してきたが，体長や行動持続時間のような連続的な変異を示す形質もゲーム理論で解析できる。たとえば，オスがメスを交尾前ガードし始めるタイミングや，捕食者に襲われて岩の隙間などに逃げ込んだ個体が，再びそこから出てくるタイミングが相対的に有利か不利かは，他個体のタイミングによって決まる。これらの行動の進化的に安定な状態を探る数理モデルもある（Yamamura & Jormalainen 1996）。

　負の頻度依存淘汰による ESS：性比を例に　性は各個体が示す繁殖戦略とみなすことができる。性別は，生物の個体群に見られる最も一般的な二型であり，配偶子以外にも形態，行動，生活史などに多くの性差がある。ほとんどの場合，オス戦略とメス戦略は，片方だけでは適応度が 0 となってしまうため，進化的に安定な戦略ではない。そして，この繁殖戦略の二型が進化的に維持されていることから，両者が進化的に安定な状態となっていることがうかがえる。実際，多くの動物の個体群で，生まれてくる子の性比はほぼ 1：1 で安定である。しかし，なぜ性比は 1：1 なのだろうか。

　たとえばスクミリンゴガイでも，個体群全体で見ると稚貝の性比は 1：1 である。しかしメスが産みつけた卵塊のなかには，オスの稚貝ばかり孵化する卵塊も，あるいはメスばかり孵化する卵塊もある（Yusa & Suzuki 2003）（図 3.8 a）。卵塊から生まれる稚貝の性比は，その両親が同じであれば，別々に産み出された卵塊でもほぼ一定であり（図 3.8 b, c），その後の研究によって，両親が持つ遺伝子によって子（稚貝）の性比がほぼ決まることがわかっている（Yusa 2007; Yusa & Kumagai 2018）。このような条件で全体の性比が 1：1 で維持されているのは，子の性比という形質に負の頻度依存淘汰が作用して進化的に安定な平衡状態となっているからである。

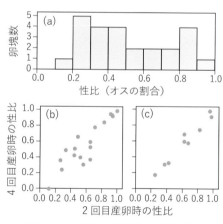

図 3.8　**スクミリンゴガイの卵塊の性比**
（a）野外調査で採集された卵塊からふ化した稚貝の性比。（b）飼育実験で，各つがいから生まれた 2 個目の卵塊と 4 個目の卵塊の性比。性比はつがいごとにほぼ一定である。1998 年の結果。（c）1999 年の結果。（Yusa & Suzuki 2003 を基に作成）

Box 3.1　タカ・ハトゲーム

　タカ・ハトゲームは，資源をめぐる 2 個体の闘争を想定したゲーム理論の数理モデルである。タカ，ハトは実際の生物ではなく，タカ派，ハト派といった意味合いであり，闘争時の戦略（タカ戦略とハト戦略）を意味する。

　闘争行動は，ディスプレイ（力の誇示，にらみ合いなど），エスカレート（殴り合い，取っ組み合いなど），リトリート（退却）の 3 種類あり，タカ戦略の個体は必ずエスカレートを示し，自分が負傷するか，相手がリトリートするまで闘争を続ける。ハト戦略の個体はディスプレイを示すが，相手もディスプレイをした場合は資源を同等に分け合い，相手がエスカレートした場合は必ずリトリートする。そのため，ハト戦略の個体が闘争で負傷することはない。

　これらを適応度の数式として表現してみよう。まず，この闘争以外では，すべての個体が同じ適応度だと想定する。タカ戦略の個体が資源をすべて得られれば適応度が V だけ上がる。一方，傷つき負ければ適応度が C だけ下がる。タカ戦略の個体が負傷して勝つことは想定せず，勝敗の確率は $\frac{1}{2}$ である。ハト戦略の個体同士の闘争では適応度は $\frac{V}{2}$ 上がり，タカ戦略の個体との闘争では必ず負けるが負傷しないので，適応度の増減はない。なお，V，C は正の定数である。

　ここまでの説明をまとめて，タカ戦略あるいはハト戦略の個体が，それぞれ自分と同じ戦略あるいは違う戦略の個体と 1 回闘争したときの適応度の平均変化量を右の表に示す。

　次に各戦略の頻度を想定する。このゲームでは，個体数が無限大と想定された個体群で，ランダムに出合った 2 個体が闘争する。その個体群におけるタカ戦略の頻度が p（$0 \leq p \leq 1$），ハト戦略の頻度

ある個体（自分）が相手と 1 回闘争したときの適応度の平均変化量

	相手の戦略	
自分の戦略	タカ戦略	ハト戦略
タカ戦略	$\dfrac{V-C}{2}$	V
ハト戦略	0	$\dfrac{V}{2}$

が $1-p$ である。そして，各戦略の平均適応度に応じて，p の値は世代ごとに変動する。

　各戦略の相手との闘争頻度を考慮すると，闘争後のタカ戦略の適応度の平均変化量 W_{H} とハト戦略の平均変化量 W_{D} は，それぞれ

$$W_{\mathrm{H}} = p \times \frac{V-C}{2} + (1-p) \times V, \qquad W_{\mathrm{D}} = p \times 0 + (1-p) \times \frac{V}{2}$$

となる。V，C は定数であるため，右辺の変数は p だけである。どちらの式も p の 1 次関数なので，$p=0$ あるいは $p=1$ のときの適応度を求めて，簡単に図示できる（次図）。ここで，p が世代ごとに変動するという視点が重要である。つまり W_{H} と W_{D} のうち，適応度の高い戦略が次世代で頻度を増やし，その結果として p

は世代ごとに変動していく。なお，
ハト戦略の適応度はハト戦略の頻
度が上がるほど高くなり，タカ戦
略の適応度はタカ戦略の頻度が上
がるほど低くなる。

$V > C$ のとき，タカ戦略の適応
度は p がどんな値のときでもハト
戦略よりも高い（図 a）。そのため，
この個体群のほぼすべての個体が
タカ戦略であるとき，その個体群で
ハト戦略が増えることはできない。
つまり，タカ戦略が進化的に安定
な戦略である。

$V < C$ のとき，タカ戦略の直線
とハト戦略の直線は $0 < p < 1$ で
交点を持つ（図 b）。$p < \dfrac{V}{C}$ のとき
はタカ戦略の適応度がハト戦略よ
りも高いので，世代を経るごとに p
が増加する。しかし $p < \dfrac{V}{C}$ のとき
はハト戦略のほうが適応度が高く
なるため，世代を経るごとに p は
減少する。そのため，個体群内の
タカ戦略の頻度は $p = \dfrac{V}{C}$ に収束して進化的に安定な状態となる。

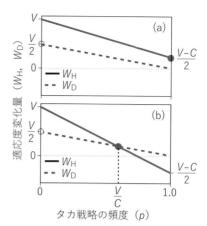

タカ戦略の頻度 p と，タカ戦略（W_H）およびハト戦略（W_D）の適応度変化量の関係　(a) $V > C$ の場合。タカ戦略の適応度はつねにハト戦略を上回り，タカ戦略が ESS である。(b) $V < C$ の場合。●で安定な平衡状態となり，2 つの戦略が共存する。どちらの場合でも，○で記したハト戦略のみの状態のほうが安定平衡状態よりも適応度が高い。

　このタカ・ハトゲームで個体群全体の平均適応度が最大となるのはどんな戦略
か考えてみよう。V と C の大小関係にかかわらず，個体群の全個体がハト戦略で
あるとき平均適応度は最大となる。ところが，ハト戦略は進化的に安定な戦略で
はない。このように，生物は必ずしも個体群全体の平均適応度が高くなる方向に
進化するわけではない。ハト戦略は他個体を傷つけない行動様式であり，いわば
種の繁栄や存続に適した戦略だが，そもそも，生物が種の繁栄や存続のために行動
するという考えかたが誤りなのである。

　実際の動物の闘争は，ハト戦略同士の闘争のように，互いに傷つかずに決着す
る闘争が多い。これは動物がタカ戦略やハト戦略よりも複雑な戦略を持っている
からだと考えられている。たとえば 2 つの戦術を使い分ける評価戦略が挙げられ
る。評価戦略の最も単純な例では，動物が相手の闘争能力を評価して，相手が自
分より強い場合はハト戦術，自分より弱い場合はタカ戦術を使い分ける。この評
価戦略をタカ・ハトゲームに加えると，V と C の大小に関係なく，評価戦略が進化
的に安定な戦略となる（メイナード-スミス 1985）（コラム 3.1 も参照）。

　もっと詳しく説明するために，まず「ある世代として生まれた子の性比」が，2：1でメスに偏った個体群を想定しよう。さらに生存率の性差がないと仮定すると，この状況は過去の世代で「子の性比がメスに偏る遺伝子」を持つ個体が多かったことを意味する。このとき生まれた子が親になると，1個体のオスは平均的に2個体のメスの配偶子を受精できる。つまり，オスの平均適応度はメスの平均適応度の2倍となる。「子の性比がオスに偏る遺伝子」を持つ個体は，その個体の子がオスとなることが多いために，「子の性比がメスに偏る遺伝子」を持つ個体よりも，子の平均適応度が高くなる。その結果，世代を経るごとにオスの割合が増えていき，ある時点で性比は逆転してオスに偏ることになる。すると今度は，メスの平均適応度のほうが高くなり，「子の性比がメスに偏る遺伝子」を持つ個体の適応度のほうが高くなる。そうなると，逆に，世代を経るごとにメスの割合が増える。結局，子の性比は1：1で進化的に安定な状態となる。また，このシナリオでは，子の性比が個体群全体で1：1のときならば，子の性比がどの値の個体でも適応度が等しい。実際にスクミリンゴガイでは，卵塊の性比についてさまざまな戦略が共存している（図3.8）。

　なお，性比が1：1の状態は，個体群の全個体の平均適応度が最大化された状態ではない。個体群の性比がメスに偏っているほうが全体的には子の数が増えるため，平均適応度も高くなる。ゲーム理論が想定される進化では，全個体の平均適応度は最大化されないことが多い。

　負の頻度依存淘汰によって進化的に安定な状態になっている例は他にもある。キイロショウジョウバエの二型では（3.1節），「放浪型」が新たな餌場を移動しながら学習することを容易にする短期記憶に優れているのに対して，「滞在型」は長期記憶に優れている（Mery et al. 2007）。餌をめぐる消費型競争は，同じ型の個体間のほうが異型の個体間よりも強いので，同型の頻度が低いときほど適応度は高くなる（Fitzpatrick et al. 2007）。また，タンガニーカ湖に生息する鱗食性のカワスズメ科魚類の一種 *Perissodus microlepis* は，口の向きが左右非対称に

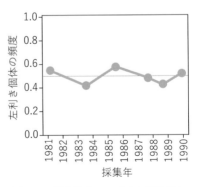

図 3.9　鱗食性カワスズメの個体群における利き口の頻度（Hori 1993 を基に作成）

なっていて，右向きの個体は相手の左側から鱗を狙い，左向きの魚は右側から襲う（Hori 1993）。鱗を食われる魚は，よく襲われるほうを警戒するので，個体群中で頻度の高い利き口のほうが適応度が低い。その結果として，利き口の頻度は 50 ％ を中心として周期的な年変動を繰り返している（図 3.9）。

　条件付き戦略　1 つの個体群で複数の戦術がつねに存在していても，進化的に安定な状態とは限らない。とくに優劣関係にある個体間では，劣位個体が優位個体とは異なる戦術を用いる場合がある。その戦術は，優位個体と同じ戦術を用いることと比べれば適応度の増加が期待できる戦術である。このように，自らの条件に応じて戦術を切り替える戦略を**条件付き戦略**という。

　アメリカカブトガニのオスは 2 つの戦術を使い分ける条件付き戦略を示す（Brockmann 2002）。まず，一部のオスは自ら泳いで配偶相手となるメスを探索する。メスが産卵のために沖合から浜辺へ泳いでくるので，メスを発見したオスは水中でメスを背後から，鉤爪状の把握器となった歩脚でつかんで，メスと一緒に浜辺へと泳ぎ，そしてメスの産卵に同調して放精する（ガード戦術）。一方，浜辺でメスを待ち受けて，メスが産卵する際に周囲で放精して受精を試みるオスもいる（サテライト戦術）。メ

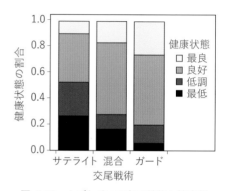

図 3.10　カブトガニの交尾戦術と健康状態の関係　サテライト戦術をする個体には健康状態の悪い個体が多く，ガード戦術をする個体には健康状態が良い個体が多い。（Brockman 2002 を基に作成）

スはほぼ必ずガードされているので，ガード戦術に比べると，サテライト戦術のオスによる受精率は低い。このようなオスの戦術は遺伝的に決まっているわけではなく，自分の健康状態（遊泳力や，把握器の破損など）によって決まると考えられている（図 3.10）。

　アオリイカのオスでも条件付き戦略が知られている（Wada et al. 2005）。オスはメスをめぐって闘争し，この闘争で優位な大型オスはメスとペアとなり，輸卵管の開口部に精子を渡すガード戦術を示す。小型オスは，メスとペアになることはできないが，代わりにメスの口の周りに精子を渡すスニーキング戦術を示す。

58

コラム 3.2　複数の求愛シグナルを駆使したシオマネキ類の配偶行動（竹下文雄）

　シオマネキ類は干潟に生息する甲殻類であり，オスは片方のハサミが大型化している。繁殖期になるとメスは巣穴を離れ，配偶相手の探索を開始する。この探索メスに対し，オスは複数のシグナルを用いて求愛し，自身の巣穴へ誘引する。求愛がうまくいくと巣穴内で交尾が生じる。この交尾様式は地下交尾と呼ばれる。

　地下交尾においてオスが利用する第一の求愛シグナルは，巣穴の入口付近に作成する構造物である（図1）。巣穴を離れたメスは，捕食者に襲われたときの逃避場所として，同種他個体の巣穴に強い選好性を示す。オスがつくる構造物は，メスに巣穴を見つけやすくさせる。つまり構造物は，逃避場所としての巣穴の機能を利用した，オスのトラップと考えられている（Christy 1995）。

　2つ目の求愛シグナルは，大鉗脚を用いたウェービングと呼ばれる行動ディスプレイである（図1）。オスは，たとえメスが近くにいなくてもウェービングを行うが，メスに気がつくとウェービングの強度を高め，メスを巣穴に誘引する。オキナワハクセンシオマネキでは高くウェービングを行うオスほどメスに好まれ（Murai & Backwell 2006），また *Austruca mjoebergi* では単位時間あたりのウェービング回数が多いオスほどメスに好まれる（Reaney 2009）。

図1　ウェービングを行うハクセンシオマネキの
オスと巣穴入口の構造物（矢印）

　シオマネキ類の求愛シグナルに関する研究は，従来，これら2つのシグナルを対象としたものが大部分を占めていた。しかしメスがこれらのシグナルに誘引されてオスの巣穴を訪問したとしても，必ずしもペアが成立するわけではない。メスは訪問後，オスの巣穴を退出し，再び配偶相手の探索を続けるケースもある。こういったケースから，メスは巣穴入口や内部においても何らかのオスの形質を評

価していることが示唆される。そこで私たちはオスが巣穴内部から発する求愛音に着目した（Takeshita & Murai 2016）。じつはシオマネキ類が音を利用してコミュニケーションを行うことは古くから知られていた（たとえば Salmon & Atsaides 1968）。私たちが研究対象としたハクセンシオマネキでは，地上でのオスのウェービングによりメスがオスに誘引されると，先にオスが巣穴内部に移動し，メスはその後を追って巣穴を訪れる。そのときにオスは巣穴内部から求愛音を発する（図 2）。求愛音に対するメスの選好性を検証する野外実験を行った結果，巣穴入口で立ち止まったメスは，オスの単位時間あたりの発音回数が多い場合に，巣穴の内部へと移動することが判明した（Takeshita & Murai 2016）。

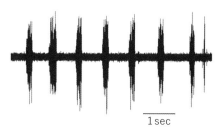

1 sec

図 2　ハクセンシオマネキのオスの求愛音の波形（Takeshita & Murai 2016 を基に作成）

　巣穴内部に移動した後も，メスはオスの他の形質を評価しているかもしれない。シオマネキ類のいくつかの種では，メスがオスの巣穴の構造を評価していることが示唆されており（Backwell & Passmore 1996），巣穴の構造は卵の孵化タイミングに関連する可能性がある（deRivera 2005）。

　これらの研究は，シオマネキ類がその配偶プロセスのなかで複数の異なる求愛シグナルを段階的に利用することを意味している。さらに，オスは繁殖期になると体色が鮮やかに変化することなどから（Takeshita 2019），他のオスの形質もメスの選好性に影響する可能性がある。

　近年では，シグナルの発見・識別効率が動物それぞれの感覚様式や取り巻く物理・社会環境によって異なることが，シグナルの進化において重要だと考えられている（Rowe 1999）。たとえば，ハクセンシオマネキでは，メスが配偶者選択のためにオスの巣穴内部を訪問する際に，近隣オスが訪問中のオスに対するメスの評価を妨害することが示唆されている（Takeshita & Murai 2019）。オスの求愛シグナルとメスによる選好性の進化を総合的に理解するためには，各環境でのシグナルの機能とメスの評価をより包括的に捉えていく必要があるだろう。

3.5 情報のやりとり

　キューとシグナル　個体間相互作用では，情報の発信と受信が重要な役割を果たす。受信者が受信（感知）して，自身の適応度を上げるために利用（反応）する情報を**キュー**という（Maynard-Smith & Harper 2003）。たとえば，捕食者と被食者は互いを探知するために，姿や匂い，音などのキューを利用する。一方，発信者が，受信者の反応を操作して，自身の適応度を上げるために発信している情報を**シグナル**という。資源をめぐる闘争をする動物は，相手に関するキューを集め，さらに相手から発信されるシグナルも利用して，自分の行動を決めていると考えられる。甲殻類が闘争前にハサミを振り上げたり，にらみ合いをする時間には，キューやシグナルの発信・受信と，それに基づいた行動を決定するための時間という意味合いがあるのかもしれない。なお，シグナルのなかには，砂地や海藻に似せた体色（擬態）のように，受信者に虚偽の情報を与えるものもあれば，警告色のように受信者に正直な情報を伝えるシグナルもある。ミナミザリガニ科の一種 *Cherax dispar* では，オスのハサミの大きさは強さに関する偽のシグナルだが（Wilson et al. 2007），メスのハサミの大きさは強さに関する正直なシグナルだと考えられている（Bywater et al. 2008）。

　水生動物は一般に，水中の化学物質に対する知覚に優れており，それらをキューやシグナルとして利用している。生物由来の化学物質は，**フェロモン**（生物が生成・分泌する，同種他個体の行動変化を促す物質の総称），**アロモン**（生物が生成・分泌し，その生物にとって有益な反応を他種生物に促す物質の総称），**カイロモン**（生物が生成・分泌するが，他種生物にとって有益となる物質の総称）に大別される。なかでも性フェロモンは，自らが繁殖可能であることを同種他個体に発信し，積極的に異性個体をひきつけるシグナルとして有名である。実際，ワタリガニ科のアオガニでは，海草などで容易に接近できない場所にメスがいるとき，オスが遊泳脚を回転させて水流をつくり，自分の性フェロモンをメスに送る（Kamio et al. 2008）。また，クリガニでは，オスが約2週間にわたってメスを抱きかかえる交尾前ガードを示し，メスが脱皮すると交尾が行われるが，脱皮前のメスが入っていた水槽の海水，またはメスの尿をスポンジに含ませると，オスはスポンジを抱きかかえる（Kamio et al. 2002）。さらに，脱皮後のメスが入っていた水槽の海水をスポンジに含ませると，オスはそのスポンジに交尾する（図 3.11）。これらの例から，とくに甲殻類の配偶行動にお

いて性フェロモンが重要な役割を果たしていることがよくわかる。ただし，性的対立の例で紹介したように，メスが望んでいないにもかかわらず，オスがメスを発見するために感知している化学物質もあり，これはシグナルではなく，キューと考えるべきだろう。

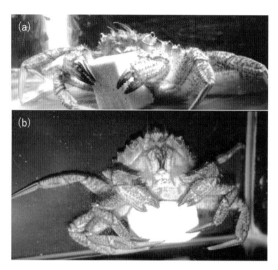

図 3.11　メスの性フェロモンに対するクリガニのオスの反応
（a）脱皮前のメスの性フェロモンに対する反応，（b）脱皮後のメスの性フェロモンに対する反応。(Kamio et al. 2002 より)

　配偶者選択　餌や生息場所，そして配偶者のような資源の質（資源を獲得することによる適応度増加量）に変異があり，各資源を発見する頻度が高く，そして獲得できる資源の量に上限があるとき，動物は資源を選択する。なかでも，配偶者選択では，選ばれる性の個体が明瞭なシグナルを発信していることが多い。求愛行動は異性個体が自分と交尾する方向へと誘導するシグナルである。また，一般的には求愛行動に含まれないが，オスが産卵場所をなわばりとして確保したり，メスの行動に影響を及ぼす構築物をつくる行動も，シグナルの発信とみなすことができる（コラム 3.2）。
　配偶者選択は，配偶機会をめぐるオス間競争と並ぶ性淘汰の主要メカニズムであり，動物が同種の他個体の情報を利用する代表的な行動でもある。スナガニ類では，オスが発信するさまざまなシグナルを利用してメスが配偶者を選択

する一連の配偶行動が，古くから，そして現在も活発に研究されている（コラム 3.2）。さらに近年では，メスをめぐって競争するオスが，配偶者選択も行っていることが，さまざまな分類群で明らかになってきている。甲殻類では多くの種でオスがメスを交尾前ガードすることが知られており，オスはメスをめぐって競争するが，同時にオスはどのメスをいつからガードするかという配偶者選択をしている。軟体動物の配偶者選択は甲殻類ほど知られていないが，いくつかの種で調べられていて，たとえばカスリウズラタマキビではオスが自分より少し大きいメスと交尾する配偶者選択が知られている（Ng & Williams 2014）。また，ヒメイカでは，メスは配偶相手を選別しないという点では配偶者選択を行っていないものの，オスがメスの頭部周辺に精莢を受け渡す交接が行われた後で，メスが体に付着した精子塊を交接相手のサイズに応じて取り外すことによって，メスの貯精器官への精子移送量を調節したり（Sato et al. 2014, 2016），受精の際に貯精器官から射出する精子の量をコントロールするなどのメスによる隠れた選択を行っている可能性が指摘されている（Iwata et al. 2019）。

ベントスの生活史

　生物が誕生して成長し，子孫を残して死ぬまでの一連の過程を，生態学では生活史と呼ぶ。ベントスの生活史には，陸上での常識にそぐわない変わった事象が実に多い。また，その生活史は遺伝的に近縁な種間や，同じ種の個体間でも大きく異なることがある。しかし，そのような風変わりな事象も適応という観点から考えると，納得のいく事象になることが多い。本章では，まず生活史の進化に対する基本的な考えかたを紹介し，次に進化的背景を意識しながらベントス生活史を概説していく。

4.1　生活史の進化

　ベントスの生活史は，哺乳類や鳥類などといった脊椎動物でよく知られている生活史と比べると驚くほど多様である。それぞれの事象を調べていくと，やがて「なぜそうなっているのか」という疑問が湧いてくるだろう。個々の事象を調べてそれぞれの"理由"を解き明かすことは，とても興味深い作業である。しかし，それら個々の事象に共通する"理由"まで見つけられたなら，その事象の魅力はぐっと増すことだろう。多様な生活史も基本的には自然淘汰の結果である。したがって，生活史の「なぜ」を考えるとき，適応度（3.2節）という物差しを使えば，そこに普遍的な"理由"を見つけやすくなる。

　自然淘汰は生存率と繁殖量にかかわるさまざまな**形質**で観察されるが，そのなかで生活史にかかわるものを取り上げて**生活史形質**と呼ぶことがある。とくに，出生時の体の大きさ，成長率，性成熟時の齢や体の大きさ，繁殖する時期や回数，卵の数や大きさ，寿命などはその代表例で，これらは生活史の進化を考える上で重要な要素である（Roff 1992; Stearns 1992）。

　自分が関心を持った生活史の事象のなかに普遍的な"理由"を探すとき，**最適化理論**は重要な視点を与えてくれる。その理論の根幹をなすメカニズムは**トレードオフ**であり，これは，何か利益を得ようとする際に，何らかの代償を払わなくてはならないという拮抗関係を意味する。生物は餌，時間，空間などさまざまなものを消費あるいは利用して生きている。とくに進化生態学では，限りある資源（3.3節）の下で，ある形質の変化によって適応度が増加するとき，つねに別の形質の変化による適応度の低下が伴う状況をトレードオフと定義する。異なる形質間にトレードオフがある場合，最も効率的な資源配分，すなわち適応度が最大化される配分が進化する。これを**最適化**と呼ぶ。

　最適化の具体的な説明をイメージから始めてみる。たとえば，1 kg のもち米を使って団子をつくるとき，どんな大きさの団子を何個つくるかは，人それぞれだろう。数を増やせば個々の団子は小さくなり，大きな団子なら少数しかつくれない。この団子の数と大きさの関係がトレードオフである。ここで，もち米を資源，団子の数と大きさを 2 つの形質として，卵の話に置き換えてみよう。適応度は子孫の数に関係するので，卵の数は多ければ多いほどよい。その一方で，卵の大きさも大きいほどよい。一般に，大きな卵から生まれる大きな幼生は捕食されるリスクが小さいし，餌を獲得する能力なども高いからである。大きな卵を無数に産めれば理想的だが，当然ながら卵生産に使用できるエネルギーや空間といった資源には限りがあるので，卵を大きくすれば，数は減る。したがって，このトレードオフの下で適応度が最大になる最適な卵数と卵

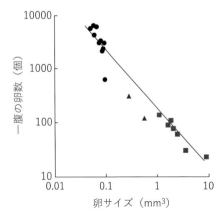

図 4.1　テナガエビ科 19 種における卵サイズと一腹卵数の関係　各プロットはそれぞれの種の卵形質を示している。メスの一腹の卵数は同種内でも体の大きさによって変わるため，体長 50 mm だった場合の値を仮定して標準化している。●, ▲, ■はそれぞれ過去の研究で小卵多産，中卵中産，大卵少産タイプとして分類されてきた種を意味している。卵サイズと卵数の間の回帰直線（実線）の傾きはほぼ -1.0（-45°）である。これはメスの体が同じ大きさだと仮定すれば，卵生産に使う資源が種を超えて一定であること，卵サイズと卵数の間にトレードオフがあることを示している。（益子 1992 を基に作成）

サイズ，つまり最適な形質が決まる。テナガエビ属の比較研究では，この 2 つの卵形質の拮抗関係が明確に示されている（図 4.1）。

　生活史におけるトレードオフは他にもさまざまな形質の間で仮定できる。たとえば，生物は誕生後に資源を消費して成長する。それは体が大きくなれば生存率が高まるし，配偶子（卵と精子）の生産量や配偶者の獲得率も高まるからである。しかし，成長ばかりしていては，いつまでたっても子孫は残せないの

で，ある時点で資源は繁殖にも配分されるようになる。子供のときに速かった成長速度が成体になると遅くなるのは，多くの動物で見られる傾向であり，ここに成長と成熟の間のトレードオフが仮定できる。タカラガイなどの巻貝（Vermeij & Signor 1992; Irie & Iwasa 2005）やズワイガニなどのカニ類（Saint-Marie et al. 1995; Yosho 2000）のなかには，性成熟を開始すると一切の成長が止まってしまう種がいる。**決定成長**と呼ばれるこの現象は極めて明確な成長と成熟の間のトレードオフである。このように最適化という概念があることで，生活史形質にかかわるさまざまなスケジュールや様相を考えやすくなる。

　では，最適な資源配分はどのようにして決まるのか？　それは，その種をとりまく物理的環境や生物的環境で決まる。たとえば，図 4.1 で示したテナガエビ属の例では，上流域に生息する種ほど大卵少産になる傾向がある（諸喜田 1979; 益子 1992）。エビ類の幼生にとって上流域は，餌となるプランクトンが少なく，

水量が変わりやすいなど不安定な環境なのだが，その環境に適応した一部の種にとっては，むしろそこは留まりたい場所になる。それらの幼生が上流域に留まるためには，幼生期を少しでも短縮したほうがよいので，幼生が卵内で速く大きく成長できるように栄養（卵黄）の増加，すなわち卵の大型化が進行したと考えられる（益子 1993, 2001）。このように最適化によって選ばれる最適な形質は，その生物が世代を超えて生息してきたそれぞれの環境によって変わり，多様な生息環境で進化してきた結果，生活史も多様になる。

　ただし，最適な生活史形質が 1 つに定まるとは限らない。たとえば，同じ個体群内ばかりか，同じ母親から産み出されても，ベントスの卵や子供の大きさは何倍もばらつくことがある。このような現象は，同じ環境下にいるにもかかわらず形質に変異があることを意味している。最適化では，通常，親が経験する環境は子孫も同じように経験することを前提としている。言い換えると，子孫が経験する環境が世代間でころころと変わりやすいのなら，ある環境で最適だった形質は別の環境では不適になるかもしれず，最悪の場合，残る子孫はいなくなる。それならば子孫の形質に変異を持たせて，少しでも全滅するリスクを分散しておいたほうがよいだろう。

　このリスク分散は，1 つの形質に賭けないという意味から，**両賭け戦略**と呼ばれる。さまざまなベントスを対象にした Marshall et al.（2008）の報告はこの理論を支持しており，同じ母親から産み出される子供の体サイズは，幼生期に海を漂う期間が長い種ほど大きくばらついていた。つまり，子供が長く海を漂う種ほど，たどり着いた先の環境が親の経験した環境と異なる可能性が高いので，さまざまな形質を残したほうがリスク分散になる。なお，両賭け戦略の進化は，適応度を最大化するという視点からは最適化理論に基づいたモデル（Levins 1968; 山内 2012 の第 3 章）で説明できるし，形質の変異を集団がとりうる戦略と考えればゲーム理論（3.4 節）でも説明できる（Sasaki & Ellner 1995; Ellner 1997）。生物にとって環境が安定的であるか否かも，生活史変異が生じる重要な要素となる。

　さて，ここまでは生活史の多様さを理解するための基本的な考えかたを紹介した。他にも重要な理論や概念はあり，とくにゲーム理論をはじめとする第 3 章の知識は，本章の理解に役立つ。まずは，これら必要最低限の道具があれば，ベントスの多様な生活史を体系的に理解できるだろう。以下では，進化的な背景を意識しながらベントスの生活史を紹介していく。

4.2 生殖

有性生殖 一般的な動物同様に，ベントスの多くはオスまたはメスという性を持った**雌雄異体**である。雌雄異体の動物では，メスは卵を，オスは精子を生産し，それら配偶子を受精させて子孫を残す。性があることに疑問を持つ人は少ないと思うが，実はこれは不思議なことなのである。あたりまえだが，メスは子を産めるのに対してオスは子を産めない。つまり，メスは娘だけを生産したほうが，子の半数を息子にしてしまうよりも，増殖速度は 2 倍速くなる。また，繁殖するために異性を探す必要もなく，受精によって自分の遺伝子セットが半分になることもない。つまり，無性生殖のほうが有性生殖よりもはるかに効率よく適応度を高めることができそうである。一見すると非効率な有性生殖がなぜここまで広まったのかは，進化生態学における未解決の難問と言われる。

現在のところ，有性生殖の大きなメリットは，子孫の遺伝的多様性が増加することや，有害遺伝子の蓄積が遅くなることにあると考えられている。たとえば，寄生者（ウイルスや寄生虫など）の侵入に対する宿主の抵抗能力の獲得は，有性生殖の進化を説明する有力な仮説の 1 つである。この仮説は，淡水性の巻貝コモチカワツボで詳しく研究されている（Lively 1992）。本種には有性生殖と無性生殖を行う遺伝的に異なる繁殖集団があり，有性生殖を行う集団のほうが吸虫の寄生に対する抵抗性が高く，寄生リスクが高い集団ほど性が維持される傾向にある。つまり，有性生殖によって対立遺伝子の多様な組み合わせが生まれ，結果的に寄生への抵抗力を持つ子孫が残ってきたと考えられる。

無性生殖 有性生殖が一般的であるものの，他の動物群と比較して無性生殖を行う種が多いことも，ベントス生活史の特徴である。無性生殖の最大のメリットは，異性を探すことなく確実に子孫を残せるがゆえ，有性生殖よりも速く増殖できることにある。前出の巻貝コモチカワツボの場合，無性生殖する集団は有性生殖の集団よりも増殖速度が速く，これは寄生リスクなどが低い環境では，むしろ無性生殖のほうが適応的であることを示唆している（Lively et al. 2004）。言い換えれば，有性生殖のメリットが大きくない場合は，無性生殖のほうが有利になる可能性が高く，ベントスではそのような状況が多いのかもしれない。

出芽は親の体の細胞から芽のように新しい個体（個虫）が伸び出す無性生殖

68

で，移動能力のない群体を形成する種に多く，とくにカイメン，サンゴ，コケムシ，ホヤなどで知られている。また，体の一部が分かれて増殖する**分裂**（図4.2）は，上記のグループの他に移動能力が比較的高いベントスでもしばしば見られる。スピオ科多毛類の分裂は特徴的で，前後に分裂して頭部または尾部が再生したり，体節の一部から新しい個体が分裂することもある。分裂でも，卵数と卵サイズの関係のように，大きく少数に分裂すべきか，小さく多数に分

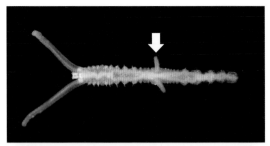

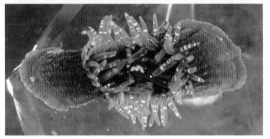

図 4.2　**分裂**　上：スピオ科 *Polydorella dawydoffi* の paratomy と呼ばれる分裂。体の中央付近（矢印）に新たな頭部が形成された後に 2 個体に分裂する（撮影：阿部博和氏）。下：ヒオドシイソギンチャクの縦分裂（撮影：柳研介氏）。

裂すべきかというトレードオフが仮定できる。たとえば，刺胞動物では，捕食リスクが低いような安定した環境では順調な成長発達が期待できるため，分裂個体は小型になりやすいと推察されている（Reitzel et al. 2011）。

　無性生殖には，交配することなくメスが子孫を残す**単為生殖**もある。これは多毛類や貧毛類，貝類，甲殻類などで知られるが，いずれの分類群においても極めて稀である（de Meeus et al. 2007）。ミステリークレイフィッシュとも呼ばれる *Procambarus fallax f. virginalis* は，1990 年代半ばに発見された単為生殖を行う淡水ザリガニで（Scholtz et al. 2003），本種は雌雄異体のスロウザリガニ（*P. fallax*）から数十年レベルのごく最近に分化したと推測されている（Vogt et al. 2015）。淡水二枚貝のマシジミやタイワンシジミなどで報告されている**雄性発生**はさらに特殊な例で，自身の卵と精子を使って自家受精した後，受精卵から卵由来の染色体のすべてを捨て，精子の染色体だけで個体発生が進行する（Komaru et al. 1998; Ishibashi et al. 2003）。なお，単為生殖や雄性発生を行う動物が外

来種としてひとたび他所に侵入すると，その増殖力の高さゆえに分布域を急速に拡大する傾向がある（Lee et al. 2005; Sousa et al. 2008; 西川ら 2017; Gutekunst et al. 2018）。

　ベントスでは，無性生殖と有性生殖を使い分けて増殖する種が多い。いくつかの刺胞動物では環境悪化に伴う有性生殖の抑制が報告されている（Fautin 2002）。サンゴではとくに研究が進んでおり，嵐などによって体が破壊されると，断片化した体の一部から速やかに増殖する種が多く知られる（日高 2011）。棘皮動物の分裂の多くも悪環境で起こりやすいという報告があるが（Mladenov 1996），季節的な分裂を行うヤツデヒトデなどはむしろ栄養状態が良いときに分裂する（Haramoto et al. 2007）。ベントスの無性生殖と有性生殖は，環境依存的な増殖手段であるはずだが，多くの場合，それらの使い分けの詳細は明らかになっていない。

4.3　受精

体外受精と体内受精
ベントスの有性生殖における最大の特徴は，多くの種が体外受精を行うことである。水中に卵と精子を同時に放ち，2 つの配偶子を確率的に出合わせる受精様式は，**放卵放精**と呼ばれる（図 4.3）。これは水が粘性を持った媒体であるからこそ成しうる

図 4.3　ホタテガイの放精

ものであり，陸上では失われた受精様式とも言える。

　放卵放精に比べると圧倒的に少ないが，**交尾**するベントスもいる。交尾で一般的なのは，オスが交接器を使ってメスの体内へ精子を送り込む体内受精であり，ベントスではとくにカニ類や巻貝で行われている。なかには，メスが交尾したオスの精子を貯精嚢に貯め，自身の繁殖条件が整うのを待って，貯めた精子で受精する種も少なくない。たとえば，ズワイガニ属のメスは，交尾後，1

年以上も貯精することができる（Paul 1984; 小林 1989）。体内受精は通常，オスの交接器をメスの生殖孔に挿入することで行われるが，ヒラムシやウミウシでは交尾相手の皮下に無作為にペニスを突き刺して授精させる種もいる（Michiels & Newman 1998; Schmitt et al. 2007）。

　ベントスでは，交尾することが体内受精でないこともある。ペニスや貯精嚢を持たないエビ類の交尾は成熟したメスの脱皮をきっかけにして行われることが多く，甲殻の固まっていない状態のメスの生殖孔付近に，オスは精子の詰まったカプセル（精包）を付着させ，メス体内から排出された卵と精子が体表あるいは体表近くで受精する（Chow 1982; Subramoniam 2017 の第 12 章）。

　放卵放精の同調性　交尾と比べると，放卵放精は大きなリスクを伴う受精様式である。自身のタイミングで卵を放出したところで，首尾よく他個体の精子に遭遇させられなければ，その配偶子放出は無駄になってしまう。ここで最も重要なことは，配偶子を放つタイミングである。配偶子放出が雌雄間で同調しなければ，受精率は著しく低下する。同所的に生息する個体によって一斉に放卵放精が行われる現象は，**同調産卵**と呼ばれる。同調産卵に関する先駆的報告は，神奈川県の三崎で 1937 年から 19 年間にわたって記録されたニッポンウミシダの例である。本種の産卵は概ね 10 月前半の小潮時に行われるが，いずれの年も産卵日は 1 日だけで，しかも時刻は午後 3 時頃から 1 時間程度に限られていたという（Dan & Kubota 1960）。同調産卵はもちろん同種間での受精が目的であるが，近縁種で一斉に行われる場合もあり，複数種のミドリイシ属のサンゴに見られる一斉産卵はその代表例である。これは単にそれぞれの種の応答による偶然の結果かもしれないが，配偶子を大量放出することで捕食リスクの軽減につながるといった適応的意義も考えられる。

　では，ベントスはどうやって放卵放精を同調させるのだろうか？　その手段の 1 つは，それぞれの個体が等しく経験する周期への応答である。陸上も含めた多くの生物の繁殖に関係する周期として，季節の繰り返しである**年周期**（1年）と昼夜の繰り返しである**日周期**（24 時間）がある。さらに海洋生物の場合，**月周期**（29.5 日）あるいは**半月周期**（14.8 日）が加わる。これら月の周期は夜の明暗を生み出すと同時に，月と地球と太陽の位置関係の変化から，**潮汐周期**（12.4 時間）をつくり出し，大潮や小潮などの潮位や潮流の変化を引き起こす（1.1 節）。また，これらの環境周期に加えて，**体内時計**で制御された**概日リズム**や**概潮汐リズム**などが作用している可能性も高い。複数ある周期性と

放卵放精の関係は複雑だが，和歌山県白浜に生息するヒザラガイでは詳細に調べられている（Yoshioka 1988; 吉岡 2016）。吉岡はまず，浮遊する受精卵を一年を通して採集し，本種の繁殖期を明らかにした。次にその繁殖期内で，毎日 2 回ある満潮をまたぐ数時間，30〜60 分という短い間隔での採集を計 20 日間繰り返し，さらに操作実験による検証も行った。その結果，本種の放卵放精は夏季（年周期）の満月または新月（半月周期）の明け方（日周期）で，かつ満潮時（潮汐周期）に起こることが明らかとなり，さらに体内時計の存在も示唆された。このような複数の周期へ応答した放卵放精は，多くのベントスで行われていることだろう。

　環境周期への応答手段も含まれるが，厳密に放卵放精を同調させるためには，直接的なきっかけや手掛かり（本章では以降，刺激と記す）が必要となる。温度や水流，塩分などはその典型であるが，刺激は単一要因ではなく，それぞれの条件も種ごとに大きく異なる。また物理環境以外では，環境中の精子濃度が刺激となって卵を放出するベントスも少なくない（Galtsoff 1938; Fujikura et al. 2007; Reuter & Levitan 2010; Caballes & Pratchett 2017）。水中で放出された配偶子はまたたく間に散逸してしまうが，とくに精子の薄まりやすさは受精率を低下させると考えられており（**精子制限**），このような精子への応答が進化した可能性がある。二枚貝やウニ類では，植物プランクトンの濃度が放卵放精の刺激となることもあり（Starr et al. 1990），これは，それを餌とする幼生の成長や生残を高めるための応答だと推察される。ただし，放卵放精の同調メカニズムに関する理解はまだ多くの疑問や異論を残しており，新知見は今後さらに増えていくだろう。

　雌雄間の距離　受精率には繁殖集団の密度，とくに雌雄間の距離も関係する。オオバフンウニ属の一種 *Strongylocentrotus franciscanus* を用いた実験では，成体の密度が低く，かつ雌雄の距離が離れるほど受精率が低下することが示されており（Levitan et al. 1992），他種でもこの結果を支持する報告は多い。また，距離を置いて生息していたベントスが繁殖時に

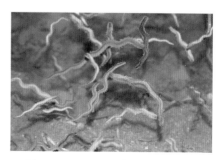

図 4.4　ヤマトカワゴカイの生殖群泳
（撮影：佐藤正典氏）

のみ集合することもあり，これは能動的に雌雄の密度を高める行動である。ヤマトカワゴカイなど砂泥中にすむ多毛類のなかには，繁殖時に一斉に水中に泳ぎ出して放卵放精を行う種がおり（Sato & Tsuchiya 1987）（図 4.4），生殖群泳とも呼ばれるこの行動はその典型である。

配偶子形質の進化　放卵放精における受精率の問題は，配偶子の形質にも進化をもたらすことがある。オオバフンウニ属の近縁 3 種では卵形質（サイズ）と精子形質（遊泳速度と遊泳時間）が両配偶子の遭遇確率に関係しており，遭遇確率の低い種では標的となる卵は大きくて，精子は遅いけれども長く泳げる傾向にあり，遭遇確率の高い種では逆の傾向が見られた（Levitan 1993）。つまり，それぞれの環境で受精率が高まるように配偶子形質が進化したと考えられる。卵サイズは種内でも変異することがあり，シラトリガイ属の一種 *Macoma balthica* では，成体密度が低い個体群ほど大きな卵を産む傾向にある（Luttikhuizen et al. 2011）。この現象は，薄い精子環境で受精率を上げるために卵の大型化が起きたという仮説で説明できる。精子制限など，放卵放精の環境に起因した配偶子形質の変異は，普遍的な現象かもしれない。

4.4　発生

浮遊発生　幼生の発生様式とそれに伴う分散様式もベントス生活史の多様性を特徴づける重要な要素である。大多数のベントスは**浮遊発生**を行い，底生生活を行う前の一時期を浮遊幼生として過ごす（1.4 節）。浮遊発生する幼生は**プランクトン栄養型**と**卵黄栄養型**に大別される。プランクトン栄養型の幼生は，浮遊中に餌を採りながら成長していく。それらの浮遊期間は一般的には数日から数週間であるが，1 年を超える長い浮遊幼生期を持つ種もいる。一方，卵黄栄養型の幼生は浮遊中に摂餌することはなく，ベントスとして着底するまでの期間の栄養を卵黄に依存している。卵黄栄養型の幼生はプランクトン栄養型よりも相対的に大きく（図 4.5），浮遊期間は短い傾向にあり，なかには数時間以内に着底する種もいる。

直達発生　浮遊幼生期を持たない発生様式もあり，これは**直達発生**と呼ばれる。これらの幼生は浮遊発生する幼生よりも大きく（図 4.5），親とほぼ同じ形態でふ化する。直達発生では，浮遊発生の期間に見られる成長および変態は，個々の卵のなかや，複数の卵を格納する卵嚢のなかで進行する（図 4.6）。直達

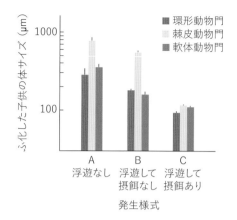

図 4.5　発生様式と子供の大きさ
ここでは，1000 種を超える環形動物，棘皮動物，軟体動物の発生様式と子供の体サイズを比較している。発生様式は A：直達発生を主とした浮遊しないタイプ，B：卵黄栄養発生を主とした浮遊するが摂餌しないタイプ，C：プランクトン栄養発生を主とした浮遊中に摂餌するタイプに分けて示されている。各棒グラフは，それぞれの平均値（±標準誤差）を示している。
(Marshall et al. 2012 を基に作成)

図 4.6　ヒメエゾボラ　ヒメエゾボラ (a) の卵塊 (b) は多数の卵囊 (c) の集まりで，それぞれの卵囊からは親とほぼ同形の稚貝 (d) がふ化する。

発生を行う巻貝のなかには栄養卵と呼ばれる胚発生しない卵を産む種もいる。北海道南部で調べられた巻貝ヒメエゾボラの例では，1 つの卵囊内に平均で 1111 個の卵が格納されていたが，ほとんどの場合，そこからふ化したのはわずか 1 個体であり，残りの卵は栄養卵としてふ化した個体の餌となっていた（藤永・中尾 1995）（図 4.6）。

　直達発生の 1 つだが，卵から誕生した幼生が，生殖巣や保育囊などの母親の体内器官で成長してから体外に出てくる発生様式は，**卵胎生**と呼ばれる。タニシ科やカワニナ科の巻貝はそれに該当し，受精卵は親の保育囊（育児囊）で発達し，親と同型の稚貝が母体から出てくる。子育てを親の体外で行う場合は**保育**と呼ばれ，卵胎生よりも多くの種で行われている。たとえば，甲殻類の端脚目ワレカラや等脚目ヘラムシなどは，メスの腹部にある保育囊（育房）で子育

てをする（青木 2003）。直達発生は浮遊発生と比べて親からの恩恵をより多く受けている発生様式と言え，とくに恩恵の程度が大きいものが，この卵胎生と保育である。

発生様式の変異　ベントスの発生様式は上記のように分けられないことも多く，さまざまな区分が提案されている（仲岡 2003; Nielsen 2018）。たとえば，棘皮動物，軟体動物，環形動物では，浮遊期間中の摂食の有無に関係なく着底し，変態できる種が多く知られる（Allen & Pernet 2007）。また，発生様式が同種内で変異することもあり，ウミウシ類やスピオ科多毛類などで詳しく調べられている（Knott & McHugh 2012）。とくに，ゴクラクミドリガイ属のウミウシのなかには，同種であるにもかかわらず形態的に異なるプランクトン栄養型と卵黄栄養型の 2 タイプの幼生が発生するペシロゴニー現象を示す種や，同じ一連の胚発生で発達するものの，異なる発育段階，つまり早めや遅めの発達状態で幼生がふ化する種もいる（Krug 2009）。このような発生様式に見られる多型現象の適応的意義は明確ではないが，少なくともゴクラクミドリガイ属の例では，将来の餌の利用可能性の程度に応じて変異が生じると推察されている（Krug 2009）。要するに，子孫が経験する環境が予測的でないときには発生様式をばらつかせ，いずれかのタイプの生残に期待するという両賭け戦略である可能性が高い。

4.5　幼生の分散から着底まで

分散　ベントスの浮遊幼生は，水中を漂いながら親元を離れるが，その移動には物理環境と幼生の行動が関係する（Queiroga & Blanton 2005; Cowen & Sponaugle 2009; Levinton 2017 の第 7 章; Pineda & Reyns 2018）。まず当然ながら，小さな幼生の分散には水の流れが強く影響する。水流は，海流などの大きな流れの他，潮汐，風，風がきっかけで起こる湧昇などによってでき，その流れかたは地形に応じて変化する。また，これら水流は海水の温度や密度の境界（フロント）をつくり出し，水の動きはさらに複雑になる。つまり，幼生が漂う環境は時空間的に不安定であり，幼生の輸送はその環境に大きく左右される。しかし，幼生は水流に運命のすべてを委ねているわけではない。幼生のほとんどは繊毛や付属肢などを使って遊泳でき，何らかの環境条件や成長段階に応じて垂直方向に移動（鉛直移動）することで，結果として流れに乗って水平方向に移動できたり，逆に移動せずにいられる（図 4.7）。

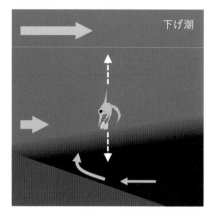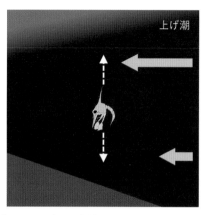

図 4.7　河口域の流れと浮遊幼生の鉛直移動のイメージ　沿岸域では，水深が深くな
るにつれ，海底との摩擦などが原因で流速は遅くなりやすい（太い矢印）。また，
河口域では河川水の影響で密度の低い（軽い）海水が表層を沖に向かって流れる。
この水塊が密度の高い（重い）海水と混合することで，底層では陸向きの流れが生
じる(左図の左向きの矢印)。下げ潮時は表層の沖側への流れの勢力が強まり(左図)，
一方，上げ潮時はその逆になるため（右図），下げ潮時に浮上した幼生は沖へ流さ
れやすく，上げ潮時に浮上した幼生は陸側へ戻されやすい。幼生が沈降した場合は，
その逆になる。ただし，実際の幼生の移動や水の流れは，水塊密度と潮汐流だけで
決まるわけではない（本文参照）。

　このような幼生の応答には，基本的には放卵放精の項（4.3 節）で示した環
境周期が関与している。河口域にすむカニでは，この応答と適応的意義がと
くに詳しく調べられており，それらカニ幼生は夜に表層へ浮上する種が多い
（Epifanio & Cohen 2016）。この夜間の浮上には，昼よりも捕食者に見つかりにく
くなる効果や，太陽光の紫外線による身体損傷を避ける効果がある（Morgan &
Christy 1996）。また，種によっては，浮上した幼生は引き潮に乗って河口域から
沖へ移動する。この潮汐を利用した移動によって，幼生は遠くまで分散できる
ようになる。さらに，河口域にはプランクトン食の小魚が多いので，沖への移
動は捕食リスクを軽減するためかもしれない（Morgan 1990）。幼生の鉛直移動は
何らかの環境からの刺激をきっかけに起こるが，放卵放精のタイミングと同様
に単純ではなく，また体内時計も関係する（Epifanio & Cohen 2016）。これらカニ
の例に限らず，多くのベントス幼生は，低い遊泳能力ながらも分布範囲を半能
動的に変えることができる。

　潮汐や海流などの流れを利用することで，ベントスは分布域を拡大できる。ただし，どんなに遠くまで浮遊したとしても，岩礁に生息する種は岩礁に，藻場に生息する種は藻場にたどり着かなければ生き残れない。そこで，多くの幼生は，成長段階に応じて行動を変えることで，好適な生息場所にたどり着く能力を持つ。また，適した場所への到達をより効率的にするために，何らかの回帰機構を持つ種も多い。とりわけ大規模な幼生回帰はイセエビで報告されている。イセエビの初期幼生（フィロソーマ）は成体が生息する沿岸の岩礁域から沖合に出て，黒潮本流およびその続流に乗っていったんは東方向へ流されるが，その後，黒潮の反流（再循環域）に乗って西方向へ戻り，成長した幼生（プエルルス）は再び黒潮本流に戻って沿岸の岩礁域に回帰する（Yoshimura et al. 1999; Sekiguchi & Inoue 2002; Chow et al. 2011）（図 4.8）。この大回遊はじつに 1 年も掛けて行われるが，幼生は海流に流されつつも自ら分布する水深を変えることで，海流の乗り換えを行っている可能性が高い（Miyake et al. 2015）。成長段階に応じてイセエビ幼生の走光性が変化することも明らかになっており（神保ら 2018），このような大回遊においてさえも幼生のわずかな行動が重要な役割を果たしていると考えられる。

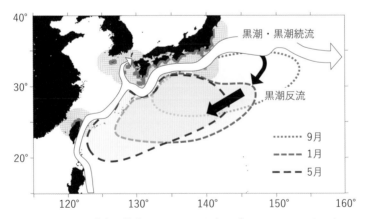

図 4.8　イセエビ幼生の輸送　Miyake et al.（2015）はコンピューター上で，日本近海のイセエビの分布域（灰色）から幼生を模した粒子を放ち，さまざまな条件を与えて粒子の動きのシミュレーションを行った。その結果，初夏に生まれた幼生は黒潮・黒潮続流に乗って東へ流されていくが（白矢印），分布水深を深く変えることで黒潮反流（黒矢印）に乗り換え，約 1 年後に回帰してきた。点線で囲まれた範囲は，9 月，翌年の 1 月，5 月に推定される幼生の分布域を示している。（Miyake et al. 2015 を基に作成）

滞留　広く移動する種がいる一方で，それらが好適な場所に戻るあるいは到達できる確率は決して高くない。そのようなリスクを抑えるほうが適応的な種では，むしろ流出しない応答が進化する。もちろん，沿岸域に留まり続けることにも捕食リスクの増加など，デメリットがある。ミナトオウギガニは，日周期への応答と概潮汐リズムにより，生まれた河口域に留まるが（Epifanio & Cohen 2016），沖に分散する種よりも幼生は大きく，かつ体に棘を持つことで捕食圧を軽減するよう適応している（Morgan & Christy 1996）。

着底　分散距離の長短にかかわらず，好適な場所の近くまでたどり着いた幼生は，最後に着底場所を選択することになる。その選択範囲は数 m から数 mm といったスケールだが，選んだ場所はその後の成長や生残に強く影響するため，着底メカニズムには多様な進化が起きており，詳細な研究が多数行われている（Pawlik 1992; Rodríguez et al. 1993; Steinberg et al. 2002; Kingsford et al. 2002; Fusetani 2004; Montgomery et al. 2006; Hadfield 2011）。

着底には，やや大きな範囲では水流や光，重力，音などが，小さな範囲では微細な水流や着底場所（基質）の表面の複雑性などといった物理的要因が影響する。繊維状の基質に選好性を示すホタテガイ幼生（10.2 節）のように，基質の形状も着底に影響することがある。

生物から発せられる化学物質を利用して着底する種も非常に多い。すでに着底している同種個体が発する物質に応答した着底は，広く知られた現象である。同種の成体が生息している事実は好適な環境の指標となり，また将来の繁殖確率も上がるためだと推測される。他の生物が発する化学物質を着底に利用することもあり，なかでも海藻への応答は広く知られる。たとえば，日本の代表的な水産有用種であるサザエ（Hayakawa et al. 2009）やアワビ類（Onitsuka et al. 2008; Takami & Kawamura 2018），ウニ類（Kitamura et al. 1993; Agatsuma et al. 2006）の着底は，紅藻のサンゴモ類から生じる物質で誘起される。また，岩や海藻などの基質上に形成されたヌルヌルとした微生物の集合体（バイオフィルム）によって着底が促進されたり抑制されることも，さまざまなベントス幼生で確かめられている。このような他生物を利用した着底の適応的意義は一概には言えないが，それ自体が良い餌や隠れ家であったり，あるいは間接的に適・不適の環境指標になっていると推察される。着底基質の選り好みの程度も種ごとに大きく異なるが，着底後に移動できないベントスほど，より厳密になる傾向にある。

　幼生が気に入った場所にたどり着けない場合は，浮遊期間を延長することもある。延長できる期間は多くの種では数日から数週間の範囲であるが，一部の種では数か月を超える（Scheltema 1971）。ただし，延長による選り好みの程度も条件によって変わることがある。浮遊中に餌を食べない卵黄栄養型の幼生の例では，同種でも栄養分を多く持つ大きな幼生は選り好みを続けるが，小さな幼生は妥協しやすくなる（Marshall & Keough 2003）。幼生は単純に刺激に応答して着底するわけではなく，さまざまな制約のなかで適応度を最大化する行動を選択している可能性が高い（Heyland et al. 2011）。

4.6　性システム

　同時的雌雄同体　性の決まりかたや雌雄性の現れかたといったベントスの性システムは，おそらく一般に認識されているよりもはるかに多様である。1つの繁殖期のなかで，1個体が成熟した卵と精子を同時に生産することを**同時的雌雄同体**と呼ぶ。これはサンゴや貝類，甲殻類など，さまざまな分類群で知られている。本州の磯でよく見かけるアメフラシもその一種である。アメフラシの交尾は前後に連なって行われるが，このとき，前の個体はメス役，後ろの個体はオス役として機能する（Yusa 1993）（図 4.9）。同時的雌雄同体なら自家受精すればよさそうなものだが，そのような種は少数派で，多くは他個体と生殖する。有性生殖の項（4.2 節）で説明したように，やはり異なる他個体との生殖にメリットが大きいのだろう。

図 4.9　アメフラシの交尾（イラスト：今井絵美氏）

　同時的雌雄同体の進化は，古くは低密度環境への適応であると考えられてきた（Tomlinson 1966）。密度の低い環境でようやく出合った 2 個体が，その出合いを無駄にすることなく子孫を残すためには，互いに卵と精子を持っていたほうが効率的である。これは直感的にわかりやすいのだが，同じ状況でも雌雄異体は多いので，この説明だけでは不十分である。最も有力な説明は，オス機能とメス機能のトレードオフ関係に注目したゲーム理論である（Charnov 1982 の第 14章）。この理論では，性機能に対して資源の投資を増やしていくと，はじめのうちは雌雄どちらでも適応度は増加していくが，やがて一方の性の機能を通して得られる適応度が頭打ちになる状況などを想定している。たとえば，繁殖集団が小さくて，オスとして授精させられる卵数に限りがある場合，いくら大量に精子を生産したところで見込める適応度には限界がある。ならば必要なだけの精子生産を行って，余った資源を卵生産に回したほうが無駄はないだろう。つまり，このような状況なら雌雄異体であるよりも両性の機能を同時に持っていたほうが有利になる。この理論は現在までに多くの同時的雌雄同体の種で支持されている（Schärer 2009; Leonard 2019）。

　隣接的雌雄同体　1 個体がまず一方の性で成熟した後に別の繁殖期で他方の性に性転換することを**隣接的雌雄同体**と呼ぶ。水産有用種のホッコクアカエビ（甘えび）などのタラバエビ属はオスからメスへ性転換し，漁獲対象となっているのは性転換後のメスである（Bergström 2000; Chiba 2007）。このように先にオスとして成熟する性転換は**雄性先熟**と呼ばれ，甲殻類の他，多毛類，貝類など多くの分類群で見られる。一方，メスからオスへ性転換する**雌性先熟**は魚類などでは比較的多いものの，ベントスでは極めてまれで，ごく一部の二枚貝類（Breton et al. 2019）やタナイス目などの甲殻類（角井 2016）でわずかに知られる程度である。

　隣接的雌雄同体の進化は，サイズアドバンテージモデルで明快に説明される（Box 4.1）。このモデルはさまざまな動物で広く受け入れられている一方で，これらの条件に合致している種がすべて性転換するというわけではない。たとえば，十脚目甲殻類では，スナホリガニ科の一部を除けば性転換するのはすべてエビ類であって，繁殖形質（交接器やハサミなど）に性的二型が進化したカニ類では性転換現象は知られていない（Chiba 2007）。形態変化に費やすエネルギーや時間のコストが大きく，性転換の進化における大きな制約になっていると考えられる。

Box 4.1　サイズアドバンテージモデル（Ghiselin 1969; Warner 1975）

雄性先熟（左図）：メスと比べ
て，オスの適応度は体サイズの
影響を受けにくい。卵は精子に
比べるとはるかに多くのエネル
ギーを必要とする大きな配偶子
なので，体が小さいと十分に生
産できない。それに対して精子
は少量のエネルギーでも大量生
産できるので，体が小さくても

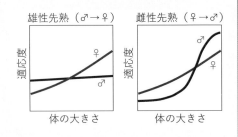

適応度を獲得できるチャンスが十分にある。つまり，体が小さいときは，わずか
なエネルギーで卵を少数つくるより，大量の精子をつくったほうが効率的である。
ただし，体が小さくても十分ということは，体が大きくなってもオスとしての適応
度はあまり増加しないとも言え，やがてメスとして獲得できる適応度よりも低く
なってしまう。このような状況では，雌雄の適応度が逆転する体サイズでオスか
らメスへ性転換すれば，その個体の生涯の適応度は最大になる。

　雌性先熟（右図）：メスと比べて，オスの適応度が体サイズの影響をより強く受
ける。このような状況は，1個体のオスが複数のメスと繁殖グループ（ハーレムな
ど）を形成するような配偶環境で起こる。体の小さなオスにはその繁殖グループ
を維持できず，ゆえに適応度の獲得は期待できないので，小さいうちはメスとして
過ごしたほうがよい。

　環境によって決まる性　遺伝的要因のみで性が決まる様式は**遺伝性決定**と呼
ばれ，これは広く認知されているだろう。一方で，生まれた後の環境に応じて
性が決まる動物も多く，**環境性決定**と呼ばれるこの様式は表現型可塑性（3.1
節）の一種である。フクロムシ類は寄生する甲殻類で，磯にすむカニの腹が不
自然に膨れている場合，それに寄生されていることが多い。フクロムシ類の
一部では，宿主（カニなど）に最初に寄生した着底幼生はメスになるが，宿主
に同種の先住者（メス）がいる場合，遅れて着底した幼生はオスになる（山口
2015）。つまり先住者の有無という環境に応答した性決定である。また，日長や
温度に応じた性決定もある。ヨコエビの一種 *Gammarus deubeni* のオスは繁殖
時にメスを抱え込む必要があり，大きなオスほど適応度が高い。したがって，
ふ化時の日長や水温を手掛かりとすることで，これから大きな成長を見込める
早い時期（日長が短く，水温の低い早春など）にふ化した個体はオスになり，

それが見込めない時期にふ化した個体はメスになる（McCabe & Dunn 1997; Dunn et al. 2005）。

　雌雄同体種でも同様の現象が見られる。オスからメスへ性転換するホッカイエビは毎年秋になると数万個体という規模の集団で繁殖するが，性転換する年齢・サイズは年ごとに変わり，メスとなる老齢の大型個体が少ない年は，通常ならオスとなる若齢の小型個体がメスへの性転換を早める（Chiba et al. 2013）。両性を持つ同時的雌雄同体の多毛類の一種 *Ophryotrocha diadema* は，繁殖集団に他個体（競争者）が多い場合は，オス機能へより多くエネルギーを配分し，競争者が少ない場合は逆にメス機能への配分を増やす（Lorenzi et al. 2005）。このように，雌雄同体種に見られる雌雄性の現れかたも環境によって決まることがある。

　性システムの境界　ここまで性システムを類型化してきたが，その境界はしばしばあいまいである。たとえば，鑑賞用として広く流通しているヒゲナガモエビ属のエビは，一度オスとして成熟した後に同時的雌雄同体になるし（Baeza 2019），カキ類には同一集団のなかに，オスからメスに性転換する個体と，メスからオスに性転換する個体の両方が存在する（コラム 4.1）。カメノテなどが含まれる有柄フジツボ類の例はさらに複雑である。それらのほとんどは同時的雌雄同体であるが，種によっては，極端に体の小さなオス（矮雄^{わいゆう}）が存在し，雌雄同体個体あるいは純粋なメスと繁殖する。矮雄の存在は繁殖集団の大きさと関係しており，集団が小さいと個体間の受精をめぐる競争の程度が弱くなるので，わずかな量の精子しかつくれないものの速やかに成熟できる矮雄が適応的になる（Yusa et al. 2012; Yusa 2019）。

　単純に類型化できないこのような性システムを，それぞれの動物門や綱といった高次の分類レベルから俯瞰すると，性システムの連続性が見えてくることがあり，同時的雌雄同体から隣接的雌雄同体，環境性決定を経て雌雄異体へというルート，あるいはその逆のルートで性システムが移行してきた可能性が推察されている（Leonard 2019）。性システムの進化を理解しようとする場合，メスかオスかという性も特別視せず，環境に応じて進化してきた生活史形質の 1 つと考えるべきだろう。多様な性システムを持つベントスは，そこでも素晴らしい研究対象となる。

82

コラム 4.1　カキ類の性転換（安岡法子）

　イタボガキ科カキ類は世界中に広く生息し，好んで食べられる水産物の1つである。したがって，食べ物としてのイメージが強いかもしれないが，カキにも雌雄があり，性転換することが古くから知られてきた。「カキの性転換」と聞いて，私たちが普段食べているカキは雌雄どちらなのだろうと思うかもしれないが，基本的には見た目で性はわからない。カキの雌雄は繁殖期である夏に，精子や卵を観察して判別する。

　私たちが普段よく食べるマガキで，実際に体サイズと雌雄の関係を野外で見てみると，大きい個体ほどメスが多かった。このことから，オスからメスに性転換するのではないかと推定できた。実際に性転換が起こっているのかを明らかにするために，カキに麻酔をかけて生かしたまま性判別をした個体を野外に設置し，約1年後の性の変化を調べてみた。すると，オスからメスに変わる個体だけでなく，少数派ではあるがメスからオスに変わる個体も存在することが明らかになった。マガキ以外にも，ケガキやオハグロガキで同様に調べてみると，やはりオスからメスに変わる個体とメスからオスに変わる個体がいることがわかった（Yasuoka & Yusa 2017）。これらの結果から，雄性先熟だと言われていたカキでも，実際はメスからオスに変わる個体も存在することが明らかになった。カキのような二枚貝類では，見た目で性がわからないので実験的に性転換を調べるのは少々面倒である。それゆえ，メスからオスへの性転換の報告例は限られているが，実験的に調べてみるとより多くの種で見つかるだろう。

　では，性転換にはいったい何が影響するのだろうか？　マガキは基本的に一度定着すると動くことはない。生息地の干潟では，マガキ同士がくっついて集団を形成している様子が観察できる。マガキは海水中に放卵放精することで繁殖を行う。動けないマガキにとって，周囲にどんな個体がいるかは繁殖に大きく影響すると考えられる。

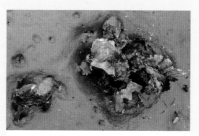

集団で生息するマガキ

　そこで，野外でマガキが集団もしくは単独でいるときの性転換の頻度を比較する実験を行った。すると，集団でいるとオスからメスへの性転換が起こりにくいことがわかった（Yasuoka & Yusa 2016）。このように他個体の存在で性転換が抑制されることは，交尾を行う動物では知られていたが，放卵放精する海産無脊椎動物ではマガキ以外に知られていない。マガキにとって，他の個体が近くにいる際にオスからメスへと性転換しないメリットはあるのだろうか。たとえば，オスはメスが近くにいると，メスが放つ卵を授精させやすいかもしれない。ただし，マガキが他の個体をどのように検知していて，どのようなメカニズムで性転換が抑制されるのかはよくわからない。さらに，メスからオスへの性転換がどういった状況で起こりやすいのかも，まだ明らかにできていない。カキ類の性転換についていろいろと研究を進めてきたが，まだまだ謎は多い。

ベントスを取り巻く種間関係

　北太平洋で起きたケルプの森（大型褐藻類の群落）の消失は漁業に原因があるという。と言っても，それはコンブの採取によるものではなく，魚の獲りすぎによる。どういうことだろうか？

　まず，過度の漁獲圧により魚類が減少して，その捕食者であるアシカやオットセイが減少した。すると，それらアシカやオットセイを捕食していたシャチはラッコをも捕食するようになり，ラッコが減少してしまった。その結果，ケルプの森でウニが増えた。ウニはラッコの大好物であるためだ。増えすぎたウ

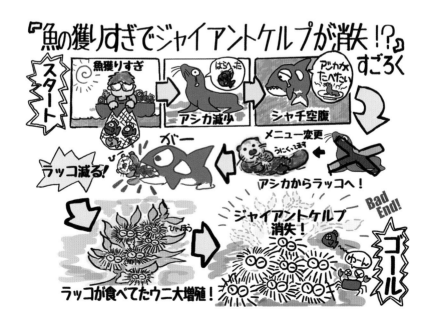

ニはケルプを猛烈な勢いで食べ，やがてはケルプの群落が消失したということ
である。ケルプの森を生息場所にしていた魚類や無脊椎動物はすみかを追われ
ることとなった（Estes 2016）。

　このように，生物の世界は「風が吹けば桶屋が儲かる」式の，単純には捉え
きれない関係から成り立っている。本章では，主に2種の間の種間関係を概説
する。種間関係の総体である群集については第7章で，捕食・被食関係に端を
発する食物連鎖・食物網に関しては第8章で，さまざまな海岸環境に発達する
生態系での特徴的な種間関係については第9章で述べる。さらに多くの種間関
係の事例については土屋（2003）も参照されたい。

5.1　種間関係のいろいろ

　3.3節では種内関係を利
害（適応度の増減）から4
つに分類した。2種間にお
いても，さまざまな関係を
利害の有無によって（利害
がないことも含めて）分類

表 5.1　利害から分類したさまざまな種間関係

		種 B にとって		
		プラス	0	マイナス
種 A に とって	プラス	相利	片利	捕食・寄生
	0	－	（中立）	片害
	マイナス	－	－	競争

すると，**相利**，**片利**，**捕食**，**寄生**，**片害**，**競争**の6つの関係を見いだすことがで
きる（表5.1）。個体レベルで考えると，この利害関係は適応度の増減であるこ
とから，海岸動物には種間関係を有利に展開する適応が進化する。つまり，種
間関係は，海岸動物のさまざまな形態，行動，生理や生活史を進化させる原動
力となっている。一方，個体群レベルで考えると，これらの関係により，ある
種や相互作用をする相手の種の個体数の増減が起きる（6.2節）。つまり，種間
関係の理解は海岸動物の個体群を理解するために欠くことができず，さらに，
個々の種間関係は海岸動物の群集構造にも大きな影響を与える（7.3節）。

　表に示された6種類の関係のうち，最も目につきやすい種間関係は**捕食**であ
ろう。これは，捕食者（種A）が生きている餌生物（種B）を食べる関係であ
り，種Aにとってプラス，種Bにとってマイナスである。食べられる側は被
食者と呼ばれ，両者をあわせて，捕食・被食関係，被捕食関係とも呼ばれる。
また，すでに種内競争として3.3節で説明されているのと同様，関係する2種
がともにマイナスの影響を受ける種間関係が**競争**である。種Aと種Bが共通

の資源をめぐって競争関係にある場合，単独でいる場合よりも得られる資源が減少するため，双方にとってマイナスとなる。これらは，海岸動物の種間相互作用の中核をなす。

　共生は，2 種が近接して共に生活する現象であり，広義には寄生も含む概念である。共生を利害関係から分類した場合，共生者（種 A）にとってプラスであり，宿 主（種 B）にとってもプラスとなる関係を相利，宿主にとってプラスでもマイナスでもない関係を片利と区別する。宿主にとってマイナスとなる関係が寄生であり，その場合，共生者のことを寄生者と呼ぶ。

　2 種の生物間で，種 A にとって利害がないのに種 B にとってはマイナスの影響がある場合は，片害と呼ばれる。ヒトが歩いていてアリを踏んづけてしまうような関係で，一般の生態学の教科書では大きく取り上げられることは少ない。しかし，海岸動物では堆積物食者による摂食活動の結果，砂泥が周囲に飛散して懸濁物食者に悪影響を与えるなど，堆積物底の生態系でとくに重要であり，研究例が豊富である（8.6 節参照）。

　2 種の生物間に相互作用がなければ，種間関係が存在しないことになるが，このことを中立と称する。風が吹けば桶屋が儲かる海岸生態系のなかで，無関係に見える 2 種が本当に中立であることを証明するのは難しい。イギリスのとある島の漁港でイルカと泳ぐことを日課にしているラブラドールレトリバーの映像が BBC で放映され，世界中の多くの人を虜にした。この場合，イルカとイヌの個体の適応度へも，もちろん双方の個体群への影響もなさそうである。

コラム 5.1　宿主を乗り回す寄生虫（三浦収）

　貝殻を割って巻貝の軟体部を観察すると，時々，オスともメスとも判別できない奇妙な個体に遭遇する。そんな個体の生殖巣を顕微鏡で拡大したときに目に飛び込んでくるのが，無数にうごめく二生吸虫という扁形動物の仲間だ。二生吸虫は，貝類を第一中間宿主，そして貝類，多毛類，魚類などを第二中間宿主とし，鳥や哺乳類などを終宿主とする寄生虫である。近年の研究により，多様な宿主を効率的に渡り歩くために二生吸虫がさまざまな「工夫」をしていることが明らかになってきた（Miura et al. 2006）。

　仙台湾の干潟に生息する巻貝ホソウミニナには *Cercaria batillariae* という二生吸虫が高頻度で感染している。*C. batillariae* は楕円形の体と細長い尾を持ち，一見して精子に形が似ている。しかし，体のサイズは精子よりも格段に大きく，そ

して何よりも2つのかわいらしい眼点を持つことがこの寄生虫の特徴だ。ホソウミニナのなかで育った *C. batillariae* は，水中に泳ぎ出て次の宿主に感染する。

　通常，ホソウミニナは干潟のなかでも陸の近くに生息している。おそらく，海に生息する天敵から身を守るためにこのような暮らしをしているのであろう。しかし，*C. batillariae* に感染したホソウミニナは，干潟のなかでも海に近いほうへと移動する。つまり，感染によりホソウミニナの行動がガラリと変わってしまうのだ。潮下帯近くには *C. batillariae* が第二中間宿主として利用する魚類が数多く生息する。そのため，潮下帯近くで水中に出た *C. batillariae* は次の宿主へ効率的に移動できる。この行動の変化は，あたかも *C. batillariae* がホソウミニナを自分の都合の良いようにコントロールしているかのようだ。

　C. batillariae の寄生がホソウミニナに及ぼす影響はこれだけではない。野外におけるホソウミニナの成長量の計測からわかったのは，寄生されたホソウミニナが巨大化するという驚きの事実だ。巨大化と行動変化が同時に起こるために，仙台湾の干潟では隠れた帯状分布が出来上がっていた。潮間帯上部には通常サイズのホソウミニナが生息するのに対して，潮間帯下部に生息するホソウミニナは大型で，そして大多数が *C. batillariae* に感染していたのである。

　C. batillariae をはじめとする二生吸虫の多くは，第一中間宿主の生殖巣を食べ尽くしてしまう。そのため，二生吸虫に感染した巻貝は子孫を残すことはできない。巻貝が摂取した栄養は，自分の子孫を残す代わりに二生吸虫の子孫を残すために利用される。二生吸虫によって行動や体の大きさまで変えられてしまい，さらには二生吸虫の子孫を残すために生き続けるホソウミニナの感染個体は，もはや巻貝の形をした二生吸虫の「乗り物」と表現したほうが適切かもしれない。

（a）干潟を這うホソウミニナと（b）ホソウミニナの体内に潜む
Cercaria batillariae のセルカリア幼生

5.2　種間競争

　ニッチ　生態系のなかでは，餌やすみ場所といった限られた資源をめぐり，たいていの生物の個体間で競争関係が生じている。種内で見られた競争のプロセスは種間においても，たいていあてはまり，消費型競争と干渉型競争があることも種内競争と同様である（3.3 節）。しかし，種間競争では，2 種間の共存が成り立たないことがあり，これを競争排除則と呼ぶ。生物が必要とするさまざまな資源と，その生存に適した環境条件の組み合わせを**ニッチ**と呼ぶ（図5.1）。2 種間のニッチの重なりが大きいほど種間競争は激しくなる。すると，利用できる資源が制限されることにより，ニッチが変形することが知られている。ある種が単独で存在するときのニッチを**基本ニッチ**，他種との競争によって歪められたニッチを**実現ニッチ**と呼ぶ。たとえば，岩礁に付着して懸濁物食を行う甲殻類のフジツボ類では，キタイワフジツボがチシマフジツボ亜科の一種 *Semibalanus balanoides* よりも潮位の高い位置に分布することが知られている（Connell 1961）。前者の生息場所は満潮線付近であり，摂食活動ができるのは満潮の限られた時間しかない。さらに干潮時には，夏場は照りつける太陽によ

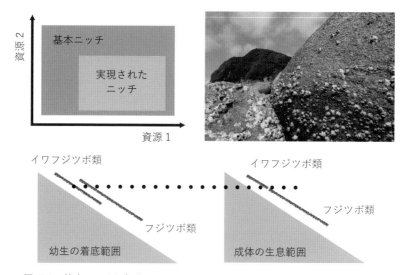

図 5.1　**基本ニッチと実現ニッチ**　イワフジツボ類とフジツボ類では幼生の着底範囲は重なるが，競争の結果，成体の生息範囲は重複しない。写真は，日本のイワフジツボ（上部の小型の個体）とクロフジツボ（下部の大型の個体）。

る高温と乾燥，冬場は寒風にさらされる場所でもある。後者にとっては，潮位の高い前者の生息場所は基本ニッチではなく，たまたま着底した多くの幼生は厳しい環境条件に耐えられず死滅する。一方，後者の生息場所に着底した前者の幼生は，後者の素早い成長により被覆されて死滅してしまう。したがって，その場所は前者にとって基本ニッチではあるものの，実現ニッチではない。

海岸の固着生物にとって，自身が固着できる岩盤などの基質は，すでに同種の他個体や他種の個体によって占められていることが多い。捕食者や嵐などの攪乱によって固着生物が死亡または脱落した場合に，利用可能な空間ができる（7.3 節参照）。そこに，周囲からイガイ類などの二枚貝がじわりと侵入してくるか，イガイ類，フジツボ類，カイメン類，ホヤ類，海藻類などさまざまな固着生物が新規に着底して，空間を占めるようになる（**消費型競争**）。ある生物が着底していた場所を，覆いかぶさるようにしてイガイ類が乗っ取ることもある（**干渉型競争**）。岩礁海岸のベントスで明らかにされたキーストーン種の存在は，背景に空間をめぐる厳しい競争があることの証左でもある（7.3 節）。干渉型競争を有利に進めるために，あるサンゴでは，同種または他種の個体と接したときに，特殊な触手（スウィーパー触手）を伸ばして撃退することも知られている。また，岩礁の付着基質をめぐる競争は，動物間だけではなく藻類と動物の間でも起きる（10.4 節）。

競争排除と共存　競争排除の例としては，ビーカーで培養したゾウリムシの2種による餌をめぐる競争関係の事例が著名であるが（Gause 1934），同様の現象は，ヘラムシ属の等脚目甲殻類でも確認されている（Franke & Janke 1998）。40 Lの円形水槽に海水をかけ流し，餌とすみかのために褐藻類を入れ，さらに適宜アルテミア幼生を餌として与えて，9 か月もの期間，2種のヘラムシ類，*Idotea baltica* と *I. emarginata* を飼育した。ヘラムシは浮遊幼生を放出せず，直達発生で子どもが育つことから，まるでゾウリムシと同様の実験を行うことができる（実験の規模も期間も労力も異なるけれど）。その結果，単独では，両種ともに安定した個体数を維持したが，両種を混合飼育したところ，後者のみが生き残った（図5.2）。これは実験下で *I. emarginata* の幼体の生存率が *I. baltica* よりも良いことによる。ただし，*I. baltica* は主に流れ藻，*I. emarginata* は主にちぎれた藻が集積した海底というように，生息場所が異なっているため，野外では両種は共存している。つまり，生息地において両種のニッチは異なっているようだ。競争関係にある2種の共存の仕組みについては，6.2 節で数理モデ

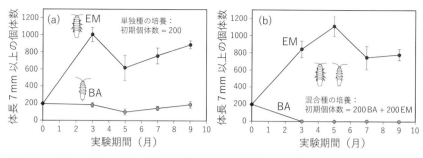

図 5.2　ヘラムシを用いた競争排除の実験結果　（a）単独飼育の結果。（b）混成飼育の結果。BA：*Idotea baltica*，EM：*I. emarginata*。（Franke & Janke 1998 より）

ルとともに詳述するが，その要点は，個体群の成長を抑制する要因として，種間競争の効果よりも種内競争の効果が高いことが共存の条件となっている。

　相互作用を行う 2 種が共存している場合に，たまたまニッチが異なる 2 種がペアを構成しているかもしれない。あるいは，もともと似たようなニッチを持つ近縁な 2 種が，ニッチが重ならない方向に進化を遂げた可能性もある。とくに，2 種が異所的に生息する場合には形質が同様であるのに対し，同所的に生息する場合には形質がシフトする現象を形質置換と呼ぶ。陸上で行われた研究としては，ガラパゴス諸島のダーウィンフィンチの例が著名である。この鳥では，嘴の大きさと餌の大きさや硬さとの対応が知られている。フィンチの 2 種 *Geospiza fuliginosa* と *G. fortis* では，それぞれが単独で生息している島では同じようなサイズの嘴であるが，2 種が共存する島では，前者が小さめの，後者が大きめの嘴を持つ。

　しかし，海岸ベントスでは，形質置換が実証された例はほとんどない。北欧の汽水域に分布するミズツボ科 *Hydrobia* 属の巻貝類の 2 種 *H. ulvae* と *H. ventrosa* で，餌粒子のサイズをめぐる競争が起きており，形質置換が起きているとされ（Fenchel 1975），多くの教科書で解説されている。つまり，異所的に生息する場合，2 種の殻のサイズは同程度であるが，2 種が同所的に生息する場合，殻のサイズが異なり，前者が後者より大型であることが知られている。この貝は干潟の泥表面の堆積物食者であり，殻のサイズは餌の粒子サイズと相関があるとされた。しかし，この事例は進化的な形質置換を示したものではないとして，さまざまな研究者により批判されている（たとえば，Grudemo & Bohlin 2000）。

繁殖干渉　異なる種の個体間で配偶が起きる場合，受精しないか，雑種個体が生じたとしても，その生存，成長または繁殖能力に欠けることがほとんどである。したがって，種間配偶は，オスからメスへのハラスメント，メスの貴重な卵資源の浪費など，著しくメスの適応度を下げる結果を伴う。これを**繁殖干渉**と呼ぶ。ある資源を利用する種が近縁種に繁殖干渉を及ぼす場合，繁殖干渉を受ける種はその資源を利用することが困難になるだろう。そのため，動物でも植物でも，繁殖干渉を避けるような進化が起きており，これまで種間競争による資源分割であると解釈されてきた事例のいくつかは，繁殖干渉が原因であると主張されている（高倉・西田 2018）。これまで，植物や昆虫での検証が試みられてきたが，ベントスでの研究は行われていない。今後，ベントスの研究でも注目されるアイデアとなるかもしれない。

5.3　捕食・被食関係

捕食性ベントス　捕食者は一般的に，植物を消費する植食者，動物を消費する肉食者，動物と植物の両方を消費する雑食者に区別される。海域の生態学では，海草，海藻（緑藻類，褐藻類，紅藻類など），さらに岩の表面の底生珪藻を食べる動物が植食者と呼ばれている。陸域の生態学では，植物の葉や新芽，果実などを選択的に食べる植食者をブラウザー，草体を非選択的に食べる植食者をグレーザーとして区別するが，海岸動物の捕食者の場合は，そのほとんどがグレーザーである。海岸の生態系においては，肉食者として，鳥や魚，カニやタコのような移動性・運動性の高い捕食者のほかに，肉食性巻貝やヒトデなど，あまり敏捷ではない動物の存在が特徴的である。それは彼らに捕食される海岸動物の多くが，岩に固着していたり，堆積物に埋もれてほぼ移動しなかったりすることに起因している。肉食性巻貝は，岩礁ではイボニシなどのアッキガイ科，堆積物底ではツメタガイなどのタマガイ科が顕著であるが，前者は岩礁に付着しているイガイ類やカサガイ類，後者は堆積物中の二枚貝類の殻に孔をあけて食べる。海岸動物では，デトリタス食者も多いが，デトリタスは生きた生物ではないため種間相互作用には含めない（ただし，デトリタスは有機物に多量のバクテリアが付着しているため，厳密には無生物というわけでもない）。

　捕食・被食関係は，食物網の網目をつくる糸に相当し，生態系における生物

間のつながりの最も本質的な関係である。仮に，捕食者が 10 種，被食者が 10 種いたとすると，捕食・被食関係は潜在的に 100 通りある。特定の餌生物のみを食べる捕食者もいるため，これは過大な数であるが，それでも数十本の糸が交錯するのが食物網の実態である。その網目を解きほぐすことは容易ではない。捕食者と被食者の 2 種だけで見た場合，両者の個体数が周期的な変動を繰り返す。この関係を記述する数理モデルとしてロトカ・ヴォルテラの捕食モデルがよく知られている（6.2 節）。

　植物性ベントスによる海藻の利用　大型藻類を摂食する植食者としては，魚類や大型のベントスであるウニ類などが知られており，冒頭でも紹介したように，ウニ類はケルプの森を消失させるほどの摂食量を有している。一方，ヨコエビやワレカラのような小型甲殻類（図 9.7）はむしろ大型藻類に付着する微細藻類を主に摂食する。大型藻類にとっては，光環境をめぐる競争者となる付着藻類を甲殻類に除去してもらう関係にもなっている。しかし，大型藻類に巣を形成しつつその藻類を摂食もするヒゲナガヨコエビ科の一種 *Pseudopleonexes lessoniae* では，藻類に負の影響を与えることが知られている（Poore et al. 2018）。

　陸上生態系では，植物と草食昆虫の多様性に高い関連性が見られ，植物が捕食者対策としてつくる 2 次代謝産物とその毒への抵抗性を獲得した**寄主特異性**の高い昆虫との**共進化**過程が克明に研究されてきた。一方，海洋環境では，一般的には特異性の高い植食者は少なく，昆虫と同じ節足動物に属するヨコエビ類でも，高い寄主特異性を有する植食者はほとんどいない。これは，ヨコエビ類が海藻よりもむしろ海藻に付着する微細藻類を捕食すること，海藻の主な捕食者が魚類やウニ類であることによる。海藻を直接食べるヒゲナガヨコエビ科の一種 *Cymadusa filosa* でも海藻による形態や遺伝的分化は認められていない（Peres et al. 2019）。

　高い寄主特異性を示す植食者の例としては，ワタリガニ科のマルトサカガザミとミドリアマモウミウシ科のキマダラウロコウミウシが，ハゴロモ科の緑藻類マユハキモにすみ，ほぼこの藻類を専食することが示された（Hay et al. 1989）。この藻類は魚類に対してのみ高い毒性を持つために，カニ類やウミウシ類にとってはすみ場所と餌として好都合であるようだ。

　捕食・被食関係における適応　肉食者は食物網の上位段階に位置し，物質循環を駆動させる重要な役割を有するとともに，肉食者は草食者や固着性の懸濁物食者の個体数を制御することにより，海岸の群集組成を安定化させるという

役割も有する（7.3節，9.1節）。一方，被食者では，肉食者に捕食されないためのさまざまな適応が進化している（2.4節）。たとえば，二枚貝類は捕食性カニ類の存在下で，岩盤への接着力を増やしたり，殻を厚くしたりと，可塑的に形態を変化させることが知られている（Cheung et al. 2009; Robinson et al. 2014）。また，巨大なハサミ脚を持つカニ類と大きく厚い殻を持つ巻貝類は，長い時間をかけて共進化したとされる（Vermeij 1987）。

　さらに，特殊な行動により捕食者を撃退している例も知られている（図5.3）。たとえばマツバガイは捕食者の巻貝類に襲われると，外套膜を反転させて巻貝を足払いする（阿部1983）。また，ヒバリガイモドキは足糸により捕食者の巻貝類を搦めとる行動を示す（Ishida & Iwasaki 1999）。

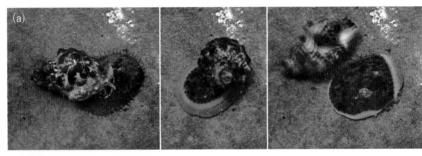

図5.3　磯の貝類による意外な捕食者撃退法
(a) イボニシを外套膜で転ばせるマツバガイ。
(b) レイシガイダマシモドキ（白い巻貝）の動きを足糸（矢印）で封じるヒバリガイモドキ（たくさんいる黒い二枚貝）。（Ishida & Iwasaki 1999より）
（撮影：石田惣氏）

　捕食者の目や鼻をごまかすことも，被食者が対捕食者戦略として採る方法の1つである。また，後述するように，海洋では動物が他の動物の体表に共生する事例は枚挙にいとまがない。その場合，共生者が宿主に擬態していることも多い（3.5節）。図5.4は，イソバナの体表にすむウミウサギ類と，ホンダワラ類を甲の棘につけて擬装しているオオヨツハモガニである。クモガニ科カニ類による擬装に関しては実証的研究も多い。たとえば，イソクズガニとフグ類の捕食者を用いた実験では，海藻を甲につけたカニと海藻を取り除いたカニでは生存率に有意な差があり，また捕食者の存在下では付着させる海藻の量が増加することが明らかになっている（Thanh et al. 2004）。

図 5.4　擬態をするベントス　（a）ウミウサギ類と（b）オオヨツハモガニ。
（撮影：多留聖典氏）

5.4　寄生と共生

　共生とは　共生関係では，詳細な研究を経るまでは 2 種の利害関係が不明であることも多い。したがって，研究の進んでいない海岸動物では，相利であるか片利であるか，さらに寄生であるかもわからない共生関係が実に多い。また，環境条件や共生者の発達段階によって利害関係が変化することもある。つまり，**相利共生**（相利である共生関係），**片利共生**，寄生の区分は便宜的なものであることも多い。たとえば，甲殻類の胸部に付着する二枚貝マゴコロガイは，宿主の組織や体液を摂食するわけではないため，かつては片利共生として扱われていた。しかし，行動観察の結果，マゴコロガイの水管が宿主の口部付近に伸びていることがわかり，餌を横取りすることが示唆された（図 5.5）(Kato & Itani 1995)。このような関係は**盗餌**と呼ばれ，かつて片利共生と考えらえた種間関係の少なくとも一部は，このように寄生であることがわかりつつある。

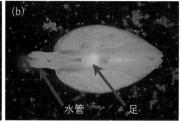

図 5.5　餌の横取りをする二枚貝　（a）ヨコヤアナジャコの胸部に付着する二枚貝
マゴコロガイ（矢印）。(b) 水管は宿主の口に伸びるため，寄生者である。

コラム 5.2　共生二枚貝の宿主転換と多様化（後藤龍太郎）

　陸上においても海洋においても，他の生物に寄生・共生して暮らす生物は著しい種の多様性を誇る。そして，これらの生物の多様化機構としてよく知られているのが，宿主の乗り換えによって起こる種分化である。この種分化は，新たな宿主への生態的特殊化が引き金となって起こるとされている。陸上では，植食性昆虫を中心に宿主転換のパターンやメカニズムについて盛んに研究されており，膨大な知見が蓄積されてきた。一方，海洋でも寄生・共生生物はさまざまな分類群で知られ，しばしば多様化を遂げているものの，宿主転換に注目した研究は依然として乏しい。

　ウロコガイ科 Galeommatidae sensu Ponder, 1998 は世界中の浅海に生息する二枚貝類で，熱帯から温帯にかけて著しく高い種多様性を示す。この科の面白い特徴として，他の動物の体表や巣穴内をすみかとして暮らす共生性の種を多く含むことが挙げられる。主な宿主となるのは，海底に巣穴を掘って生活する無脊椎動物（たとえば，甲殻類，棘皮動物，環形動物など）である。ウロコガイ科の共生性の種の多くは，特定の宿主だけを利用する高い宿主特異性を示す。たとえば，マゴコロガイはアナジャコ類，ユンタクシジミはスジホシムシ類，イソカゼガイはミドリユムシ類のみを宿主として利用する。その一方，科全体では，さまざまな宿主を利用する種を内包しており，少なくとも 9 動物門がウロコガイ科の宿主として知られている。果たしてウロコガイ科はどのようにして多様な分類群の宿主へと進出してきたのだろうか。

　生物がたどってきた進化や種分化の道筋を推定する有効な手法として，DNA 情報を用いた分子系統解析がある。核遺伝子 3 領域とミトコンドリア遺伝子 1 領域を基にした分子系統解析の結果，ウロコガイ科の共生性の系統では，動物門など高次分類群レベルで異なる宿主間でも頻繁に乗り換えを繰り返して多様化を遂げてきたことが明らかになった（Goto et al. 2012）。植食性昆虫や寄生生物では，近縁な宿主間での乗り換えが普通で，宿主の系統が離れるにしたがい乗り換えは極めて稀となる。それを鑑みると，ウロコガイ科で見られた宿主転換パターンはこれまで例のない珍しいものであると言える。

　植食性昆虫や寄生生物は，宿主をすみかとして利用すると同時に，餌としても利用する。そのため，宿主転換の際には，新しい「すみか」と「餌」の両方の変化に適応する必要がある。新しい餌の利用には摂食や消化のための適応が必要となるため進化的なハードルが高く，結果として，乗り換えの相手は元の宿主に類似した系統的に近いものに限定されている可能性が高い。一方，ウロコガイ科は宿主を「すみか」として利用するものの，水中から自分で餌を集める濾過食者であり，宿主に栄養的に依存していない。それゆえ，「すみか」として利用可能であれば元の宿主と系統的に離れた生物でも乗り換えを起こしやすかったのかもしれない。海洋には，水中や堆積物中に餌となる有機物や微小生物が豊富に存在する。

それもあってか，ウロコガイ科の貝類と同様に，宿主をすみかとしてだけ利用し，栄養的には依存しないような住み込み共生者がさまざまな分類群で進化している。今回ウロコガイ科で見つかった宿主転換パターンは，もしかするとこのような住み込み共生者に特徴的な多様化パターンなのかもしれない。実際，これらの生物で似たような宿主転換の例が近年続々と発見されつつある。

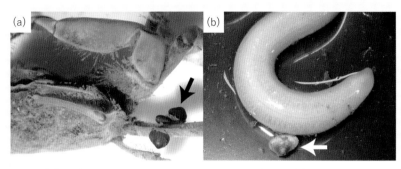

異なる宿主を利用するウロコガイ科 *Borniopsis* 属の近縁種　（a）フタハオサガニに共生するオサガニヤドリガイ，（b）トゲイカリナマコに共生するアリアケケボリ。

　一方，片利共生と思われていたものが相利であることが明らかになった事例もある。二枚貝のホウオウガイは，カイメン類のなかにすむことで安全な住居を得ている。一方，宿主は二枚貝が起こす水流を利用することにより懸濁物食を行う際のエネルギーを節約している（Tsubaki & Kato 2014）。海岸動物の共生関係は，研究すればするほど，新たな知見がざくざく明らかになる，まだそんな時期にあるのだろう。

　寄生　寄生者にとってプラス，宿主にとってマイナスという関係は，捕食と同じカテゴリーに位置する。しかし，捕食と寄生の相違点として，寄生者は宿主とともに生活し，その体の一部や血球などを食べるが，それにより直ちに宿主が死亡することはない。この理由の1つとして，宿主が死亡すると寄生者にとっては新たな宿主を探す必要性が生じ，むしろ不利益となることが考えられる。寄生者は宿主個体の成長や繁殖に悪影響を及ぼすことから，その寄生率が高い場合には，宿主個体群をコントロールする役割も果たす（Lafferty & Kuris 1993）。つまり，生態系において，捕食と同様の効果をもたらすこともある。さらに，寄生者は中間宿主をへて 終 宿 主にたどり着く事例も多い（コラム 5.1 参照）。なかでも，寄生者自身または中間宿主が次の宿主に捕食されることに

よって，生活環が回っている場合，寄生関係は捕食関係と密接に関わって生態系に影響を与えることもある（Lafferty & Morris 1996）。

寄生性動物は地球上の生物の種多様性の半分を占めるという説もあるように，寄生関係は種分化や多様化を考えるうえでも重要な概念である。扁形動物や線形動物などは，陸上動物の寄生者としても知られるが，海産ベントスの寄生者としても多様な種が知られている（コラム 5.1）。なお，水生生物の寄生虫については長澤（2002, 2003, 2004），大塚（2006）も参照のこと。

　相利　相利として知られている種間関係には，海岸動物の細胞内に藻類やバクテリアが共生する細胞内共生と，海岸動物の種間（魚類も含む）での相利共生が知られている。

　細胞内共生の最も顕著で，かつ生態系に与える影響も大きいものが，造礁サンゴである。サンゴの個虫の細胞内には，褐虫藻（渦鞭毛虫門）が共生しており，その光合成産物はサンゴの成長や繁殖に利用される。褐虫藻にとっては，すみ場所と栄養塩がサンゴから与えられるため，相利の種間関係となる。透明度が高く貧栄養な海域でこの相利共生が発達しており，深海に生息する宝石サンゴには，褐虫藻の共生は見られない。サンゴ礁の発達する海域では，シャコガイ科の二枚貝類やザルガイ科のリュウキュウアオイガイなどの外套膜，さらにアメーバの一群である有孔虫にも褐虫藻が共生している。また，造礁サンゴの骨格から生じる多種多様な構造物は他の生物のすみかや隠れ家となるため，サンゴ礁はベントスのさまざまな共生関係のるつぼとなっている（9.4 節）。

　環形動物のハオリムシ類や二枚貝のシロウリガイ類では，鰓の細胞内に硫黄細菌が共生し，硫化水素を酸化する際に得る化学エネルギーを元手に有機物を合成する（化学合成）。これらの動物を起点とする化学合成生態系が深海域で発達しているが（コラム 9.3），干潟から浅海域の還元的な泥底環境にすむ二枚貝のキヌタレガイ類やツキガイ類も，硫黄細菌と共生している。さらに，クジラの死骸に形成される鯨骨生物群集も，さまざまな共生細菌を有するベントスから構成される（藤原 2012）。

　海岸動物の個体間の相利共生は，イソギンチャク類やサンゴ類など刺胞動物に関係するものがとくに多い。刺胞動物門は，空間構造をつくるとともに，毒針を発射する刺胞により捕食者から保護されるためである。魚類のクマノミ類とイソギンチャク類の相利共生では（図 5.6 a），クマノミの表皮は粘液により刺胞の発射を免れる性質を持ち，危険があると触手の隙間に逃げ込むことに

よって捕食者回避の利益を得ている（Mebs 2009）。イソギンチャクにとっての利益については，クマノミが縄張り行動によってイソギンチャクを捕食する魚を撃退すること，クマノミの排泄物がイソギンチャクに共生する褐虫藻に栄養塩を提供することなどが知られている（Ollerton et al. 2007）。イソギンチャク類は持ち運び可能な防衛資材としてヤドカリ類の背負う貝殻に付着させられることもある（Imafuku et al. 2000）。イソギンチャク類にとっては，付着基質を得たり，ヤドカリの餌の残渣を受け取ったりするという利点が考えられている（Stachowitsch 1979）。サンゴの枝にすむサンゴガニ類は（図 5.7），カニがサンゴを捕食するオニヒトデの管足を攻撃することによって，宿主を防衛する（Pratchett 2001）。さらにカニ類の活動によりサンゴに降り積もる堆積物が除去されるとい

図 5.6　海岸動物間の相利共生の事例　（a）ハタゴイソギンチャク類とカクレクマノミ，（b）コトブキテッポウエビとヒレナガネジリンボウ。

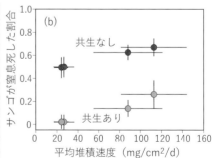

図 5.7　アカテヒメサンゴガニとイシサンゴ類の相利共生　（a）サンゴガニ類はサンゴの枝にすむことで捕食者を回避している（写真：寺本沙也加氏）。（b）サンゴガニ類が共生しているサンゴ（青丸）は，共生していないサンゴ（赤丸）に比べて，堆積物によって窒息する個体数が減少する（Stewart et al. 2013 より）。

う利益があることも知られている（Stewart et al. 2013）。もちろん，カニにとっては，サンゴの枝のなかが安全なすみかであり，相利共生となっている。

　刺胞動物が関係しないものでは，上述の海綿類と二枚貝の関係の他に，テッポウエビ類が構築した巣穴にハゼ類がすみこむ関係が知られている（図5.6b）。ハゼ類は居候の見返りに，エビに外敵の接近を知らせることで相利関係となっている（Karplus & Thompson 2011）。相利共生では，互いに相手を必要とする絶対的な関係に進化していることも多く，このハゼ類では，120種以上が絶対的相利共生者である。必ずしも相手を必要としない条件的共生者は4種ほどしかいない（Yanagisawa 1978; Lyons 2013）。

　海岸動物の個体間の相利関係のうち，**掃除共生**という特別の名称を持つものがある。掃除屋と呼ばれる共生者が，やってくる大型魚類の客の体表に付着する寄生虫を食べることによって，両者が利益を得ている。掃除魚のホンソメワケベラが著名であるが，オトヒメエビをはじめとする甲殻類も掃除屋となる（Côté 2000）。取り除かれる寄生虫は，扁形動物や甲殻類など多様であるが，とくにウミクワガタ類のプラニザ幼生が多い。しかし，掃除屋が寄生虫を採らずに客の表皮をつまんで捕食する事例も知られており，相利関係における対立の研究としても関心が集められている（Cheney & Côté 2005）。掃除共生は2種が共に暮らしていないため，厳密には共生ではないが，種間関係は相利である。これは，陸域で発達する送粉共生や種子散布共生も，共にすむという定義では共生に含まれないが，利害関係では相利であることと同様である。

コラム5.3　巣穴を間借りしたいハゼたち（邉見由美）

　干潮時の干潟の水たまりでじっくり観察していると，ヒモハゼがアナジャコの巣穴を出入りする様子が見られる。テッポウエビと共生するハゼとは違って，ヒモハゼが外敵を見張る様子はなく，巣穴から出てきたかと思うと，無数に開いた別の穴に入って姿を消してしまう。そこで，実験室内の水槽でヨコヤアナジャコに巣穴を掘らせて，ヒモハゼの巣穴利用を観察した（Henmi & Itani 2014）。その結果，ほとんどの実験個体は巣穴を利用し，100分の観察時間のうち，およそ24分間，巣穴のなかに滞在していた。その利用方法は，巣穴内で数秒から数分過ごしては干潟表面に出るという出入りの繰り返しであり，すみついている様子ではない。ヒモハゼは干潟表面の小型甲殻類を食べることが知られていることから，頻繁に巣穴に身を隠しながら逃げ場所の少ない干潟表面での採餌活動を行っている

ものと考えられた。巣穴共生性のカニ類トリウミアカイソモドキで同様の観察を行うと，このカニはより長い時間を巣穴のなかで過ごしていた（Henmi et al. 2017）。このカニは巣穴内でアナジャコ類が起こした水流に含まれる懸濁物などの有機物を摂餌するため，いかにも巣穴にすみついている様子であった。ところで，ハゼもカニも，しばしばヨコヤアナジャコに巣穴から追い出されることが観察された。アナジャコの巣穴を利用するハゼやカニは相利共生ではなく，片利共生者なのであろう。

　ハゼによる甲殻類の巣穴の一時利用も知られている（Henmi et al. 2020）。アベハゼは，汽水域の泥底で，石の下やカキ殻のすき間で見つかるハゼ類であるが，野外観察により，礫や貝殻などの構造物の少ない砂泥干潟では甲殻類の巣穴を隠れ家として利用することがわかった。室内実験からは，アナジャコ類やカニ類の巣穴を利用するが，その利用時間はきわめて短いことが明らかになった。アベハゼのような巣穴の一時利用が発達することで，ヒモハゼに見られるような片利共生へと進化したのかもしれない。

　ハゼが甲殻類の巣穴を産卵場として使うことも知られている。ウキゴリ属のエドハゼの産卵巣の形状を，樹脂で鋳型をとることで調査した（Henmi et al. 2018）。その結果，エドハゼのオスは調査地に数ある甲殻類の巣穴のなかでも，ニホンスナモグリの生息する巣穴の上部に産卵巣をつくることが明らかになった。また，産卵巣の部分は巣穴が太くなっており，エドハゼによりニホンスナモグリの巣穴形状の改変が行われることがうかがえた。また，巣穴をシャベルで掘り起こして，雄の体長と卵数を計測すると，両者には有意な正の相関が見られたことから，大型の雄において繁殖成功度が高いと考えられた。このハゼの繁殖生態と甲殻類の巣穴利用には密接な関係があると予想される。ウキゴリ属のハゼ類は，他にもキセルハゼやクボハゼなどの絶滅危惧種を含む多様な種がヒモハゼと同様にアナジャコやスナモグリの巣穴を利用することが知られている。甲殻類の巣穴利用が干潟に生息するウキゴリ属の多様化に関係している可能性もあるだろう。

ヨコヤアナジャコの巣穴に身を潜めるヒモハゼ（左上）。身体は細長く（左），入口の小さな巣穴にも潜り込むことができる（右）。

片利　先に述べたとおり，片利には利害関係が解明されていないあらゆる共生関係が含まれており，今後の研究によって，その生態学的価値が著しく高まる事例も多数あるものと期待される。しかし本節で紹介するにはあまりにも多様であるため，ここでは 2 つのコラムを紹介するに留める。伊谷（2008），佐藤（2008）も参照されたい。

コラム 5.2 と 5.3 で書かれている巣穴をめぐる共生は，巣穴形成者が自身の生存と成長，繁殖のためにつくった巣穴が，共生者もすむことができる生息場所となる事例であり，**巣穴共生**という。太平洋東部のユムシ類の巣穴のなかに，多様な生物がすみつくことが研究され（MacGinitie & MacGinitie 1949），その後，ゴカイ類，ナマコ類，アナジャコ類など多様な巣穴形成者にも巣穴共生群集が発達していることがわかってきた（Morton 1988; 伊谷 2003）。巣穴共生のように，ある種の存在が他の種の生息環境をつくることは，**促進作用**の 1 つでもある。海岸では，巣穴の他にも，サンゴ礁はもちろんのこと，カキ礁，イガイ類のベッドなど，動物が他の動物の生息基盤をつくり上げることが非常に多く，あわせて**住み込み共生**（加藤 2009）と呼ばれている（7.3 節と 8.6 節の生態系エンジニアリングについても参照）。陸上では送粉共生系や種子散布共生系を持つ植物相の広がりが動物の共生環境を多様なものとしているが，植物プランクトンが卓越して他の生物の生息場所となる植物が少ない海洋生態系では，動物間の住み込み共生が生物多様性の鍵を握っている。

5.5　間接効果

冒頭のケルプの森が消失した事例にもあるように，生物間相互作用は 2 種間だけで起きているわけではない。一方の種（始動者）の個体数などの変化が，もう一方の種（効果の受動者）の個体数や形質に直接に影響を及ぼすことを**直接効果**という。一方の種（始動者）の個体数などの変化が，第三者（伝達者）の個体数や形質の変化を通して，もう一方の種（効果の受動者）の個体数や形質に影響を及ぼすことを**間接効果**という。

本章で扱う 2 種間の相互作用は直接効果を想定していたが，競争のうち消費型競争については，厳密には間接効果として扱われることも多い。**消費型競争**では，競争する種 A と種 B が共通の餌資源である種 C の密度の変化を通して相互作用の影響を及ぼし合っている（図 5.8 a）。さらに，図 5.8 b では，種 A

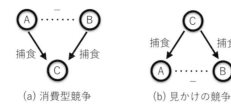

(a) 消費型競争　　　　(b) 見かけの競争

図 5.8　間接効果の一例　（a）消費型競争は餌生物，
（b）見かけの競争は捕食者を介在している。

と種 B は共通の捕食者である種 C に捕食される。種 A が種 C に捕食されると
種 C の密度が増加する（あるいは捕食者の個体の活性が上がる）ことにより，
種 B に悪影響が及ぶ。また種 B が種 C に捕食されることによっても，同様に
種 A に悪影響が及ぶ。このように，種 A と種 B は符号上はマイナス同士の関
係であることから，**見かけの競争**と呼ばれる。

　キーストーン種（7.3 節）や栄養カスケード（9.1 節）も間接効果が群集に大
きな影響を与える事例である。再びケルプの森に話を戻すと，直接捕食–被食
関係にない，ラッコとケルプに個体数の増減が起きる現象は，栄養カスケード
であり，この生態系において，ラッコがキーストーン種であったと言える。

コラム 5.4　捕食と匂い，効くのはどちら？　（和田葉子）

　磯で腰を下ろしてみると，想像以上
にたくさんの種類の生物が生息して
いることに気づく。彼らは自由に動き
回っているようで，実は互いにさまざ
まに関係し合っている。そんな磯に生
息する藻食性笠貝，キクノハナガイは
家痕という家のようなものを持ち，な
ぜかその周りは褐藻に，さらにその周
りは褐藻よりも競争的に強い緑藻に覆
われていることが多い（図 1）。つまり，
褐藻はキクノハナガイがいることで繁

図 1　キクノハナガイと海藻の関係

茂できていると考えられている。ではここにキクノハナガイの捕食者が登場する
と，いったいどのようなことが起こるのだろうか。そんなことを考えた私は，彼
らが生息している野外の転石を用い，捕食者の肉食性巻貝イボニシが引き起こす

直接効果，間接効果の大きさを評価することにした（Wada et al. 2013）。

間接効果には2種類あり，1990年代頃までは，密度媒介型間接効果のみが"間接効果"として扱われてきた。この密度媒介型間接効果は捕食によって被食者密度が変化することで引き起こされるので，捕食を模し，実際の捕食圧に合わせて手で被食者を除去することでその大きさを評価した（除去処理）。一方，形質媒介型間接効果は，たとえば，捕食者自体の，もしくは捕食者が被食者を食べている匂い刺激に被食者が反応することで引き起こされる。形質媒介型間接効果は，被食者を捕食せずとも生じ，時には被食者の形態をも変化させてしまうことから，近年非常に重要視されている。本実験では野外の転石に，排水口に付ける排水目皿を取り付け（図2），そこに捕食者と被食者を入れ，その匂いが波によって放出されるシステムをつくった（匂い処理）。各転石で，除去処理か匂い処理，その両方ともない処理を行い，緑藻と褐藻の被度を評価した。その結果，1週間後には，匂い処理のみによって被食者の摂餌率が下がり，家痕の周りに生えていた褐藻が減少し緑藻が増加した（図3）。しかし1か月後には，密度媒介型間接効果，形質媒介型間接効果ともに，同程度，褐藻を緑藻に置き換えることが明らかになった。つまり，本系では，捕食者が引き起こす密度媒介型間接効果，形質媒介型間接効果が海藻に同程度の影響をもたらしていること，一方でこれらの大きさは時間スケールによって異なることが示された。

図2　実験風景

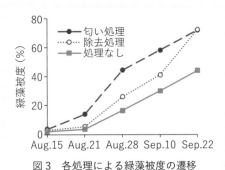

図3　各処理による緑藻被度の遷移

排水目皿がついた岩が突如として数十個現れた岩礁域は非常に異様ではあったが，野外の生息環境下で実証研究を行うことは，生物同士の関係を正しく知る上で極めて重要であると考える。目では見ることができない，しかし生態系の複雑性をつくり出す1つの要因である間接効果。岩礁域に行くことがあればぜひ，その存在を思い出しながら生物を眺めてみてほしい。

個体群動態

2019 年 12 月にナショナルジオグラフィックという雑誌に紹介されていた
ニュースによれば，1975 年に米国ハンプシャー州で，一度絶滅したシチメン
チョウを 25 羽，試験的に放したところ，その後の約 40 年間で 4 万羽にまで増
えたそうである。生物は潜在的に高い増殖力を持っている。それでは，彼らの
増殖を抑えている要因はなんだろうか。

　個体群が持つさまざまな特徴のなかで，最も基本的な特徴が**個体数**である。
個体群全体の個体数を**個体群サイズ**といい，一定の空間あたり（例：面積や体
積），あるいは一定の資源あたり（例：1 枚の海藻，1 個の貝殻）の個体数という
ような，なんらかの単位あたりの個体数を**密度**という。個体群サイズや密度の
時間変動，つまりある個体群で個体数が増えたり減ったりすることを**個体群動
態**という。この章では個体群動態を決める要因について考えるために，個体群
動態を表現する数式，すなわち**数理モデル**のなかで基本的なものを紹介する。

6.1　単一種の個体群動態

　最も簡単な数理モデル　話を単純にするため，仮想の生物で考えてみよう。
ある決まった時期，たとえば春に繁殖し，1 世代を経るごとに無性生殖によっ
て 2 倍に増える生物を想定する。生まれてから繁殖するまで必ず生存するが，
2 個体の卵や子を産んだ後は必ず死んでしまうような生物である。そして，い
まは**世代**を時刻と呼び，これを t という変数で表すことにする。そして時刻 t
における個体数を N_t と呼ぶことにする。それでは，具体的な数字を使いなが
ら，個体数の時間変動を数式で表現してみよう。

　最初の時刻 $t = 0$ における個体数を $N_0 = 100$ として，次の世代を表す時刻

$t = 1$ で $N_1 = 200$ となったとする。元の個体が死んで個体数が減ったことも考慮しながら、これを数式で表すと以下のようになる。

$$N_1 = N_0 + (増えた個体数) - (減った個体数) = 100 + 200 - 100 = 200$$

$t = 2$ のときの個体数も同様に考えられる。増えた個体数と減った個体数も N_1 を使って表現すると、以下のようになる。

$$N_2 = N_1 + 2 \times N_1 - 1 \times N_1 = 2N_1$$

ある世代で生まれた個体が次世代の卵や子を産むまでの一連のサイクル（生活環）が、1つの個体群におけるすべての個体でほぼ同調していて、その世代の個体は次世代の個体が育つときまでには死に絶えている生物、つまり世代が重複しない生物では、このように順に計算していけば、将来の個体数を予想できる。では、これを一般化して表現しよう。時刻 t の個体数と次の時刻 $t + 1$ の個体数の関係は、以下のように表せる。

$$N_{t+1} = N_t + B N_t - D N_t$$

ここで B は単位時間（つまり1世代）あたりの出生率、D は単位時間あたりの死亡率である。この式の右辺を N_t でまとめると

$$N_{t+1} = (1 + B - D) N_t$$

となる。さらに出生率と死亡率の差 $B - D$ を純増加率 R とすると

$$N_{t+1} = (1 + R) N_t \tag{6.1}$$

と表現できる。今度は N_2 と N_0 の関係を数式で表現してみると、以下のようになる。

$$N_2 = (1 + R) N_1 = (1 + R)(1 + R) N_0 = (1 + R)^2 N_0$$

つまり、時刻 t の個体数は、時刻 0 の個体数 N_0 と R で以下のようになる。

$$N_t = (1 + R)^t N_0 \tag{6.2}$$

これが個体群動態の最も基本となる数理モデルである。

6.2 式は N_t と N_0 の関係式、あるいは N_t と R の関係式だと考えることもできるが、N_0 や R を定数だと考えれば、この式は個体数 N_t と時刻 t の関係式

である。この関係を図示してみよう（図 6.1 a）。R が正の値をとるとき（つまり，増加率 B が減少率 D を上回るとき。黒の折れ線），時間が経つほど個体数が多くなり，そして個体数が多くなるほど，次の時刻までの個体数変化率を表す「傾き」が大きくなる。一方，R が負のときは個体数は減少し（青の折れ線），$R = 0$ のときには個体数は変動しない（赤の直線）。

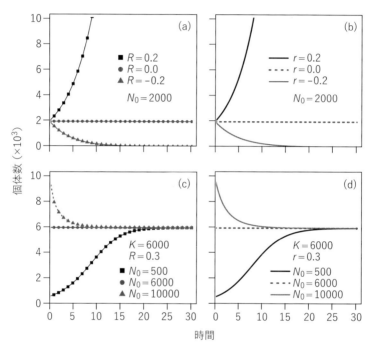

図 6.1 個体群動態モデルの例 （a）6.2 式のモデル（各点は各世代における個体数である），（b）6.3 式のモデル，（c）6.5 式のモデル（ただし，R が大きな値の場合については図 6.3 を参照），（d）6.4 式のモデル。

内的自然増加率 今度は，個体群内で繁殖や死亡がさまざまなタイミングで起こる生物を想定しよう。その生物は一生のうちに何回も繁殖を行い，個体群内には，生まれたばかりの個体から何年も繁殖を繰り返した個体まで，さまざまな個体が同じ時刻に生きている。そして，彼らが死亡するタイミングは決まっていない。このような生物の個体群では，1 世代単位での時刻を設定しにくい。そこで，t の単位時間を極限まで短くしたとき，ある時刻 t における個

体群の成長率（$\frac{dN}{dt}$）は，以下の微分方程式で表される。

$$\frac{dN}{dt} = rN \tag{6.3}$$

$\frac{dN}{dt}$ は，個体数が時間に応じて変化する様子を曲線として描いた場合の，ある時刻における「傾き」である。また，この式で，r は R の微分方程式版であり，瞬間出生率 b から瞬間死亡率 d を引いた値である。r は**内的自然増加率**と名付けられている。本書では詳しく説明しないが，6.3 式を時刻 t における個体数 N_t を表す式に変形すると

$$N_t = N_0\, e^{rt}$$

となる。ここで N_t は，ある瞬間の時刻 t における個体数であり，N_0 は $t = 0$ のときの個体数，e はネイピア数（自然対数の底）である。この式で表される個体群動態も 6.2 式の個体群動態とよく似ていて，$r > 0$ であれば時間が経つほど個体数は増加し，$r < 0$ であれば減少する。$r = 0$ のとき個体数は変動しない（図 6.1 b）。

　ここまでの話では，R や r が正でありさえすれば，個体数はどんどん増える。つまり個体数の増加を抑えるような，現実の個体群動態で考えられる多くの要因が，まだ含まれていない。ここからは，まずは種内関係に注目しながら，個体数の増殖を抑える要因について考えていこう。

　密度効果・環境収容力　生物が成長して子孫を残すためには，餌や生息場所，配偶相手などの資源を獲得しなければならない。しかし，資源は有限であり，資源の質が大きく異なる場合もある。質の高い資源が豊富であれば，その獲得は容易であり，良い資源を選ぶことができるので，個体群の成長率は高いだろう。一方，資源が不足すると，個体の成長速度や生存率，あるいは繁殖力（産卵数）が低下して，個体群の成長率も低下するだろう。このような資源不足は，資源独自の変動以外に，個体群が高密度となることによっても起こる。高密度になるほど個体群の成長率が低下する現象を**密度効果**という。3.3 節で紹介したヨーロッパタマキビの種内競争の例は，密度効果の例ともいえる。なお，個体群の成長率は低密度ほど高いとはかぎらない。たとえば，あまりにも密度が低いと，配偶相手が見つからず子孫を残せないこともある。また，集団で生息することによって乾燥などのストレスを緩和したり，捕食者に対する防

衛効果が得られることもある。このような状況では，密度が高くなるほど個体群の成長率が上がる。この現象はアリー効果と呼ばれる。

　先ほどの微分方程式 6.3 式を改良して密度効果を表現してみよう。まず，個体数が増えて成長率が 0 になるときの個体数 K を想定する。この個体数を環境収容力という。餌や生息場所が豊富な場所では K が大きく，乏しい場所では K は小さい。次に，6.3 式の右辺を，個体数に応じて変化する関数 $f(N)$ を用いて書き換えて

$$\frac{dN}{dt} = f(N)\,N$$

だとしよう。そして個体数が少ないときほど個体群は $\frac{dN}{dt} = rN$ に近い傾きで成長し，その個体数 N が K になったときに $\frac{dN}{dt} = 0$ となる数式となるような $f(N)$ を考えてみてほしい。$f(N)$ にはいろいろな数式を考えることができるが，最も簡単な数式は $f(N) = r(1 - \frac{N}{K})$ だろう。この $f(N)$ で密度効果を表現したモデルは以下のようになる。

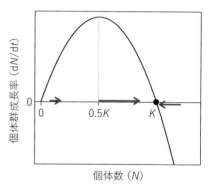

図 6.2　6.4 式の個体数と個体群成長率の関係　成長率は個体数が $0.5K$ のとき最大値となる。成長率が正のとき個体数は増加し（青矢印），負のときは減少するため（赤矢印），個体数は最終的に K（●）に収束していく。

$$\frac{dN}{dt} = rN\left(\frac{K - N}{K}\right) \qquad (6.4)$$

6.4 式のモデルでは，個体数 N が少ないうちは $\frac{K-N}{K}$ が 1 に近い値をとるため，6.3 式に近い成長率を示す。しかし N が大きくなると，$\frac{K-N}{K}$ が 0 に近づくため成長率 $\frac{dN}{dt}$ が低下し，$N = K$ となったところで成長率が 0 になる。そのため，最初の個体数が少ないとき，個体群動態は図 6.1 d の黒の曲線のような S 字型となる。このような S 字型の曲線をロジスティック曲線という。最初の個体数が多ければ S 字の左下が途切れたような曲線となり，最初の個体数が K を超えていた場合は，$\frac{K-N}{K}$ が負になるため個体数は減少して，$N = K$ となったところで成長率が 0 になる（図 6.1 d の青の曲線）。

また，$\frac{dN}{dt}$ を y 軸，個体数 N を x 軸としたとき，6.4 式が負の二次関数であることにも注目しよう（図 6.2）。N が 0 あるいは K のとき $\frac{dN}{dt} = 0$ となり，$0.5K$ のとき $\frac{dN}{dt}$ は最大値となる。この図では，$\frac{dN}{dt}$ がプラスのとき個体数が増加することを青矢印で表し，N が K を超えると $\frac{dN}{dt}$ がマイナスになり個体数が減少することを赤矢印で表している。個体数が 0 でなければ，この個体群の個体数は最終的に K で安定となる。このように，微分方程式を図示してみると，個体群が増える条件や減る条件，そして一定数で安定する条件を知ることができる。

6.4 式とは少し違う状況を想定した単純なモデルとして，最初に紹介した世代が重複しない個体群動態のモデル（6.1 式）に密度効果 $\frac{K-N}{K}$ を組み込んでみよう。すると，以下の式になる。

$$N_{t+1} = N_t + N_t R \frac{K - N_t}{K} \tag{6.5}$$

おもしろいことに，6.5 式の個体群動態は一筋縄ではいかない。6.4 式と同じように，個体数が環境収容力 K に収束していくこともあるが（図 6.1 c），それは R が小さい場合にしか起こらない。R が大きい場合には，個体数が増加しすぎて K を超え，次の時刻では個体数が減少しすぎて K を下回る，などという事態が生じる（図 6.3）。R を徐々に大きくしていくと，個体数が振動しながら K に収束する減衰振動や（図 6.3 a），2 つの個体数を交互に繰り返す 2 点周期（図 6.3 b），4 点周期（図 6.3 c），そして初期値の小さな違いによって個体群動態が大きく変化するカオス（図 6.3 d）へと，個体群動態のパターンが R に応じて変化していく。つまり，非生物的な環境条件が完全に安定していて，他種の影響がまったくなかったとしても，ただ密度効果があり R が大きいだけで，個体群動態は不安定になり，絶滅する場合さえある（図 6.3 d のシミュレーションでは 26 世代目で絶滅している）。

6.4 式や 6.5 式は，多くの複雑な個体群動態モデルの基礎となるモデルである。しかし，現実の個体群動態を表現するためには，まだ単純すぎる。じつは，これらの式は，①環境条件や資源に変動がないこと，②個体群を構成する個体の形質に変異がないこと，③個体群からの移出や他の個体群からの移入がないこと，④密度効果が各時刻の個体数に応じてまったく遅れることなく作用すること（タイムラグがないこと），⑤種間関係も影響を及ぼさないこと，⑥進化が起こらないことなどを暗に前提としている。本書で，これらを考慮した

モデルをすべて説明することはできないが，次節では種間競争や捕食・被食関係を想定した基本モデルを紹介しよう。

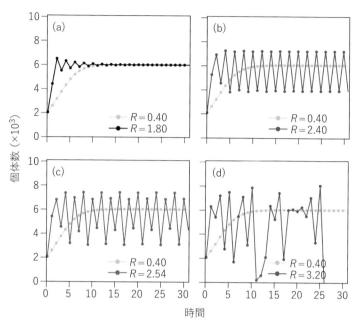

図 6.3　純増加率 R に応じた 6.5 式の個体群動態　R が大きくなるにつれて，ロジスティック曲線 (灰色) から (a) 減衰振動, (b) 2 点周期, (c) 4 点周期, (d) カオスへと変化する。

6.2　2 種の個体群動態

種間競争　生物はさまざまな資源をめぐって競争している。これらの資源を複数種の生物が利用し，それらの生物の個体数も変動する。このような状況の個体群動態は，どのように表現すればよいだろうか。2 種（種 1, 種 2 と呼ぶ）の生物が資源をめぐって競争している状況における個体群動態を表現したモデルが以下のロトカ・ヴォルテラの種間競争モデルである。

$$\frac{\mathrm{d}N_1}{\mathrm{d}t} = r_1 N_1 \left(\frac{K_1 - N_1 - \alpha_{12} N_2}{K_1} \right) \tag{6.6}$$

$$\frac{\mathrm{d}N_2}{\mathrm{d}t} = r_2 N_2 \left(\frac{K_2 - N_2 - \alpha_{21} N_1}{K_2} \right) \tag{6.7}$$

このモデルは連立微分方程式となっている。6.6 式が種 1 の，6.7 式が種 2 の個体群動態を表す。種 1 と種 2 は，個体数や内的自然増加率，環境収容力が異なるので，6.6 式と 6.7 式では，それらが下付き文字の 1 と 2 で区別されている。たとえば N_1 は種 1 の個体数である。このモデルは一見ややこしいが，じつは単純な発想に基づいた数式なので，じっくり考えていこう。

　まず，種 1 の個体群動態を表す 6.6 式について説明する。6.6 式は基本的には 6.4 式と同じだが，最後の分子に新たな項として $-\alpha_{12}N_2$ が加わっている。α_{12} は競争係数と呼ばれるものである。種 2 がいなければ，$K_1 - N_1 = 0$ となるとき種 1 の成長率 $\frac{dN_1}{dt} = 0$ となる。ところが種 2 がいる場合，種間競争が起こり，種 1 の利用するはずだった資源を獲得してしまう。この種間競争は，種内競争による密度効果と同様に，種 1 個体群の成長率に影響を及ぼす。しかし，種 1 と種 2 は違う生物なので，資源の利用のしかたや競争における優劣関係などが違う。そこで，1 個体の種 2 が，種 1 の何個体に相当するのかを表したのが競争係数 α_{12} である。たとえば $\alpha_{12} = 2$ であれば，1 個体の種 2 が，種 1 の 2 個体に相当する。$\alpha_{12} = 0.5$ ならば，2 個体の種 2 が，種 1 の 1 個体分となる。このように，6.6 式は，種 1 の個体数だけでなく，種 2 の個体数と競争係数の積を加えた項が，種 1 の個体群動態に影響を及ぼすモデルとなっている。一方，6.7 式は種 2 の個体群動態を表す。競争係数 α_{21} は 1 個体の種 1 が種 2 の何個体分に相当するかを表したものである。

　さて，6.6 式と 6.7 式の組み合わせによって，2 種の個体数はどのような挙動を示すのだろうか。2 種の個体数と時間の関係は，各変数の値に応じていろいろと変化する（図 6.4）。種 1 は，内的自然増加率が大きいので（$r_1 > r_2$），種 2 よりも早く個体数を増やすが，その後，2 種のうち片方の個体群が絶滅することもあれば（図 6.4 a，b），共存することもある（図 6.4 c，d）。これらの図を眺めるだけで，絶滅や共存に至る 2 種の個体群動態は，決して「弱い種が一方的に減る」とか「最初に増える種が優占し続ける」だけとは限らないことがわかるだろう。このような多様な個体群動態を実感するには，コンピューターでシミュレーションしてみるのが簡単である（Box 6.1）。

　シミュレーションをしなくても，2 種が最終的にどのような平衡状態になるのかという結論だけであれば，アイソクライン法という手法を使った図によって検討できる（図 6.5，図 6.6）。6.6 式と 6.7 式の平衡状態とは，2 種の個体群の成長率（$\frac{dN_1}{dt}$，$\frac{dN_2}{dt}$）が 0 になった状態を指す。6.6 式と 6.7 式の左辺に 0 を

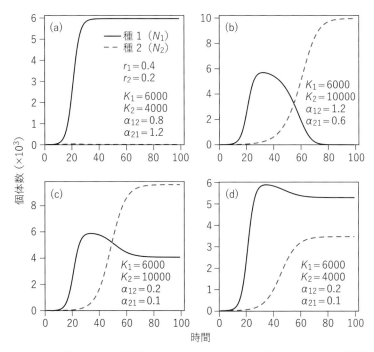

図 6.4　ロトカ・ヴォルテラの種間競争モデル（6.6 式，6.7 式）による 2 種の個体群動態の例　種 1 と種 2 の初期個体数 N_{10}, N_{20} は，それぞれ 2 と 1 としている。競争の結果（安定平衡状態）は，（a）種 1 のみ存続，（b）種 2 のみ存続，（c），（d）2 種の共存。

入れて式を変形すると，以下の簡単な式となる。

$$N_1 = K_1 - \alpha_{12}N_2 \tag{6.8}$$

$$N_2 = K_2 - \alpha_{21}N_1 \tag{6.9}$$

環境収容力や競争係数は定数なので，これらはどちらも N_1 と N_2 の一次関数である。図 6.5 に，6.8 式と 6.9 式を黒と赤の実線として図示した。この関数で描かれる直線，**ゼロ成長線**（ゼロアイソクライン）上では，その種の個体数は増加も減少もしない。しかし，直線から離れるほど，成長率の絶対値が大きくなるため，個体数の増加率あるいは減少率が大きくなる。図 6.5 の矢印は，それをイメージしている。

112

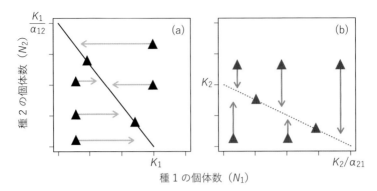

図 6.5　ロトカ・ヴォルテラの種間競争モデルから得られるゼロ成長線　種 1 は黒の実線，種 2 は赤の点線。矢印は個体数変動の方向性と大きさを表す。(a) 6.8 式。種 1 と種 2 の個体群サイズを x 座標，y 座標として決まる座標（▲）が，黒の実線の左側にあるとき種 1 は増加し，右側にあるときは減少する。(b) 6.9 式。種 2 も同じだが，種 2 の個体群サイズは y 軸であるため，矢印が上下方向となっている。

　今度は，種 1 と種 2 の個体数の組み合わせがどのように変動していくか，図 6.6 を見ながら考えてみよう。図 6.6 は，図 6.5 a，b を 1 つの図に合わせたときに得られる 4 通りの組み合わせを描いている。この図には時間が表現されていないが，個体数は時間に応じて変化する。そこで，時間が経つと図 6.6 上の点の座標が少し移動するという感覚で，2 種の個体数変動がどうなるかを考えてみよう。たとえば，図 6.6 a の黒い直線に注目する。これは $\frac{dN_1}{dt} = 0$ を変形した 6.8 式の直線なので，この直線上では種 1 の成長率は 0 である。ある時間に，種 1 と種 2 の個体数の座標が，ちょうど種 1 の直線上にあったとしよう（点 A ▲）。このとき，種 1 の個体数 N_1 は変化しない。しかし $\frac{dN_2}{dt}$ は 0 ではないため，種 2 の個体数 N_2 は変化する。点 A は種 2 のゼロ成長線である赤い破線よりも右側にあるため，N_2 は減少する方向へと変化する。その結果，次の時間には種 1 と種 2 の個体数の座標は，y 軸と並行で下向きに黒い直線から外れる（赤矢印と点 B △。ただし，イメージ図なので座標を誇張して大きく移動している）。点 B の座標は，どちらの直線上にもないため，今度は種 1 も種 2 も個体数が変化する。変化の方向と大きさは，座標の数値を 6.8 式と 6.9 式に代入して得られる。これらによって 2 種とも個体数が変化する（黒矢印と点 C ▽）。

　このように，時間が経つにつれて個体数は変動し続けて，最終的に平衡状態

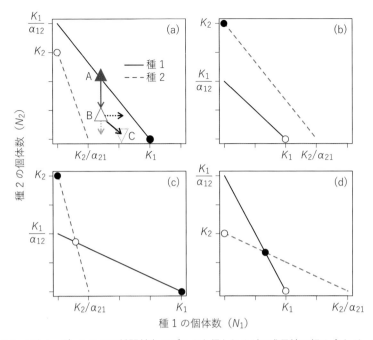

図 6.6　ロトカ・ヴォルテラの種間競争モデルから得られるゼロ成長線の組み合わせ　競争結果の組み合わせは，(a) 種 1 のみ存続，(b) 種 2 のみ存続，(c) どちらかの種が存続，(d) 2 種の共存の 4 通り。●は安定平衡点，○は不安定平衡点。▲については本文参照。

に達する（図 6.4 も参照）。図 6.6 a では種 1 だけが存続し，種 2 が絶滅する（個体数が 0 となる）。たとえ種 2 が再び出現したとしても，種 2 は再び絶滅する。つまり，これは安定平衡状態である。図では安定平衡状態を●で表している。種 2 だけの状態，図中の○も平衡状態だが，少しでも種 1 がいると種 1 が増えていくので，こちらは不安定平衡状態である。図 6.6 b では種 2 だけが存続する。図 6.6 c の 2 つの直線の交点は，不安定平衡状態である。交点の座標から少しでも外れると，時間経過とともに 2 種の個体数は交点から離れる方向に変化していき，最終的にはどちらか片方の種だけが存続する安定平衡状態に達する。最後に図 6.6 d では，2 本の直線の交点が安定平衡状態であり，このときだけ 2 種の共存が安定平衡状態となる。図 6.4 c, d は，2 種の個体数がどのように変動して共存状態に至るかを描いた例である。

　このような検討の結果から，2 種の共存が安定平衡状態となる必要十分条件

が見えてくる。その条件とは，y 軸と x 軸の切片に注目すると

$$K_1 < \frac{K_2}{\alpha_{21}} \quad \text{かつ} \quad K_2 < \frac{K_1}{\alpha_{12}}$$

である。この式の生物学的な意味は，以下のように変形するとわかりやすい。

$$\frac{1}{K_1} > \frac{\alpha_{21}}{K_2} \quad \text{かつ} \quad \frac{1}{K_2} > \frac{\alpha_{12}}{K_1}$$

つまり，2 種の共存に必要な条件とは，①種 1 の 1 個体が同種の個体群に与える密度効果（$\frac{1}{K_1}$）が，その個体が種 2 に与える影響（$\frac{\alpha_{21}}{K_2}$）よりも大きく，同時に，②種 2 の 1 個体が同種の個体群に与える影響（$\frac{1}{K_2}$）が，その個体が種 1 に与える影響（$\frac{\alpha_{12}}{K_1}$）よりも大きいときである。もっと短く言うと，2 種ともに同種に対する影響が他種に対する影響よりも強い場合に，2 種は共存するのである。

　ヤドカリを例として考えてみよう。日本の海岸には，たいてい複数種のヤドカリが共存している。どの種のヤドカリも，各個体が 1 個の貝殻を利用するので，競争係数は 1 であるように思われる。しかし，彼らの分布や貝殻資源に対する選好性が部分的に異なっていて，それらの結果として貝殻利用状況にも違いがあれば，競争係数は 1 より小さいことになる。北海道東部にある厚岸湾の岩礁海岸にはテナガホンヤドカリとツマベニホンヤドカリが共存しているが，これら 2 種の貝殻資源に対する選好性や利用状況は明確に異なる（Oba et al. 2008）。このような資源分割によって，ヤドカリたちは共存条件を満たしているのかもしれない。

　捕食・被食関係　ロトカとヴォルテラは，種間競争モデルと同じく，捕食・被食モデルも発表している。しかし 2 人は共同で研究していたわけではない。ロトカは化学物質濃度の周期的変動を示そうと試みて，ヴォルテラはアドリア海で漁獲されるある種の魚の周期的変動を説明するために，それぞれ独自に以下のようなモデルを導き出したのである（マレー 2014）。現在では，これはロトカ・ヴォルテラの捕食・被食モデルとして広く知られている。

$$\frac{\mathrm{d}N}{\mathrm{d}t} = rN - aNP \tag{6.10}$$

$$\frac{\mathrm{d}P}{\mathrm{d}t} = faNP - qP \tag{6.11}$$

この 2 つの式で，N と P はそれぞれ被食者と捕食者の個体数である。6.10 式は被食者の個体群動態，6.11 式は捕食者の個体群動態を表している。

　まず，6.10 式の右辺に注目すると，第 1 項 rN は 6.3 式からおなじみの項である。時刻 t における個体数の成長率として，被食者の内的自然増加率と個体数の積となっている。つまり，このモデルでは，捕食者がいなければ（$P = 0$）被食者は密度効果なく増加する。一方，第 2 項 aNP は，時刻 t における被食率，つまり被食者が捕食される速度を表している。被食者 N が多いほど，捕食者は被食者を捕まえやすく，また，捕食者 P が多いほど被食者はたくさん捕まえられるため，被食率には，被食者の個体数と捕食者の個体数の積 NP が含まれている。ただし，捕食者はすべての被食者を見つけることはできず，また，見つけたすべての被食者を捕まえることもできない。お腹がいっぱいの捕食者は，被食者を見つけても捕まえないこともあるかもしれない。6.10 式では，これらの「被食者を探索する効率」や「捕食者の攻撃頻度」をひとまとめにして，a という係数で表している。

　このようにして被食者をたくさん食べるほど，つまり aNP が大きいほど，捕食者個体群の成長率が上がる。それが 6.11 式の第 1 項 $faNP$ に含まれている。残る変数 f は，食べた被食者を捕食者が個体群成長のために変換する効率を意味している。もし被食者がいなくなると，$faNP = 0$ となるため，6.11 式は以下のようになる。

$$\frac{\mathrm{d}P}{\mathrm{d}t} = -qP$$

つまり，被食者がいなければ捕食者の個体群は指数関数的に減少する。$-qP$ はその減少率を意味する。

　この捕食・被食モデルで，被食者と捕食者の個体群がどのように変動するのか，アイソクライン法によって検討してみよう。まず，6.10 式と 6.11 式を以下のように表す。

$$\frac{\mathrm{d}N}{\mathrm{d}t} = (r - aP)\, N \tag{6.12}$$

$$\frac{\mathrm{d}P}{\mathrm{d}t} = (faN - q)\, P \tag{6.13}$$

6.12 式から $\frac{\mathrm{d}N}{\mathrm{d}t} = 0$ のゼロ成長線を求めると，$P = \frac{r}{a}$ となる（図 6.7 a）。つまり捕食者の個体数が $\frac{r}{a}$ のとき，被食者個体群の成長率は 0 になる。同様に

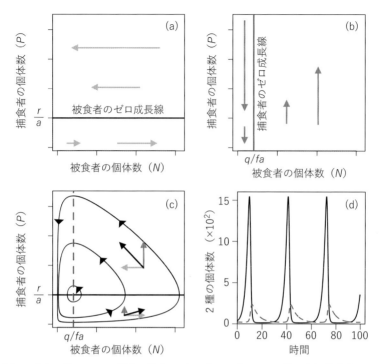

図 6.7　ロトカ・ヴォルテラの捕食・被食モデル（6.12 式，6.13 式）（a）被食者のゼロ成長線（実線）と増減のイメージ（矢印）。（b）捕食者のゼロ成長線と増減のイメージ。（c）2 種のアイソクラインから 2 種の共存が導かれる。楕円は被食者と捕食者が双方で増減した結果として，2 種が反時計回りで周期変動することを意味している。3 つの楕円は，初期個体数を変えた 3 通りのシミュレーションの結果である。初期個体数が異なれば，2 種の周期変動の振幅が変化することがわかる。（d）2 種の個体数の周期的な時間変動。黒が被食者で赤が捕食者である。

6.13 式から捕食者のゼロ成長線は $N = \frac{q}{fa}$ となる（図 6.7 b）。つまり被食者の個体数が $\frac{q}{fa}$ のとき，捕食者個体群の成長率は 0 になる。

　$\frac{dN}{dt}$ や $\frac{dP}{dt}$ が 0 ではない場合についても考えてみよう。6.12 式と 6.13 式の右辺は，それぞれ N と P の積となっている。つまり，被食者も捕食者も，右辺の括弧が正か負かによって増えるか減るかが決まり，さらに，その括弧内の数値と自身の個体数の積によって，絶対値が決まる。図 6.7 a，b では，これを矢印で表している。

　2 種のアイソクラインを組み合わせたものが図 6.7 c である。図 6.7 a，b の矢印を合わせると，矢印の向きが反時計回りになる楕円が描かれる。捕食者と

被食者は交互にゼロ成長線を通過して，交互に増減の切り替えが生じることがわかるだろう。それを時間と個体数の関係として表すと，被食者と捕食者の個体数が一定周期で共振動を示すことがわかる（図 6.7 d）。

このように，ロトカ・ヴォルテラの捕食・被食モデルは，わずかな前提条件でも捕食者と被食者が安定した周期変動を示しつつ共存しうることを導き出している。ただし現実の個体群動態に比べると，このモデルは，捕食者以外に被食者の成長率を抑制する要因がないなど，非常に単純なモデルである。また，捕食者と被食者の関係は共進化の関係でもある（5.3 節参照）。とくに被食者の小進化によって両者の関係が大幅に変わり，周期変動に影響を及ぼすことが，ワムシを捕食者，藻類を被食者とした進化実験によって実証されている（Yoshida et al. 2003）。近年では，このような進化を前提条件に組み入れた理論研究も数多く発表されている（たとえば Mougi & Iwasa 2011）。

6.3　その他の要因

個体群間の移動：メタ個体群　ここまでは個体群を閉鎖個体群とみなし，他の個体群からの移入や移出がないことを前提としてきた。しかし動物は，生まれた個体群から別の個体群に分散・移動することもある。出生個体群から移出する個体数と，他の個体群から移入する個体数が，個体群動態に大きな影響を及ぼす場合もあるだろう。とりわけ，長い浮遊幼生期を持つ種の個体群動態は，他の個体群との移出入パターンの影響を受けている可能性が高い。移出入のある複数個体群の集合を「高次の個体群」という意味で**メタ個体群**という。メタ個体群を構成する 1 つ 1 つの個体群は**局所個体群**と呼ばれ，局所個体群が存在しうる場所をパッチという。

局所個体群には，各局所個体群における移出入個体の割合がほぼ同じである対称なメタ個体群と，移出入の割合が偏った非対称なものがある。とくに後者の場合，メタ個体群全体にとって出生個体の供給源になっている局所個体群をソース個体群，他の局所個体群からの供給がなければ存続できない局所個体群をシンク個体群という。なお，出生個体群から移出した結果，繁殖が極めて難しい場所に分散することを無効分散といい，海洋生物学では，そのような集団を死滅回遊群ともいう。

メタ個体群の最も単純なモデルは，閉鎖個体群の個体数に焦点を当てたこれ

までの個体群動態モデルとは大きく異なり，各パッチにおける個体の有無だけ
に注目している。それは以下のモデルである（Levins 1969）。

$$\frac{\mathrm{d}P}{\mathrm{d}t} = cPE - e_p P \tag{6.14}$$

ここで E と P は，それぞれ局所個体群がないパッチ（空パッチ）の割合と，局
所個体群があるパッチ（在パッチ）の割合を意味していて，$\frac{\mathrm{d}P}{\mathrm{d}t}$ はメタ個体群
内における在パッチの割合の時間変動を表している。$E + P = 1$ が成り立つた
め，6.14 式は以下のように記述できる。

$$\frac{\mathrm{d}P}{\mathrm{d}t} = cP(1 - P) - e_p P \tag{6.15}$$

$cP(1 - P)$ は，空パッチが在パッチに変わる速度である。c は，在パッチから空
パッチへと移入個体がやってきて定着して，局所個体群が出現することにかか
わる係数である。$cP(1 - P)$ は在パッチの割合 P と空パッチの割合 $1 - P$ の両
方が高いほど大きな値となり，最大値は $P = 0.5$ のときである。一方，e_p は，

在パッチで絶滅が起こり，空パッチになることにかかわる係数であり，$e_p P$ は在パッチが空パッチへと変わる速度である。

6.15 式で在パッチの割合が変化しないのは，$\frac{dP}{dt} = 0$ のとき，つまり $P = \frac{c - e_p}{c}$ のときである。この式から，在パッチの割合 $P > 0$ となるのは，$c > e_p$ のときであり，この条件が維持されていればメタ個体群は存続する。

海はずっとつながっているので，海洋生物の個体群は周囲から閉鎖されてはいない。そのため，メタ個体群という視点は，海洋生物の個体群動態を考える上では必須だろう。たとえ局所個体群の動態が不安定で絶滅が頻繁に起こる生物であっても，絶滅する速度よりも新たな局所個体群が生じる速度が速ければ，その生物は長期的に安定して存在する。種や個体群の長期的な存続に関心があるのであれば，1 つの局所個体群のなかで起こる事象を詳細に調べる以外に，メタ個体群のパッチ全体を見渡したときの局所個体群の絶滅率と定着率を調べなければならない。

個体間変異　個体間変異は，個体群動態に大きな影響を及ぼす要因である。第 3 章や第 4 章で取り上げた形態，行動，生活史，そして性別の個体間変異は自然淘汰による進化を導き，この進化は内的自然増加率や環境収容力，種内・種間関係のパラメーターを変える。また，齢や発育段階の個体間変異も個体群動態を理解する上で重要である。これまでのモデルでは，個体数は N とだけ記していた。つまり，生まれたばかりの個体と，若い個体，老齢の個体などを区別していなかった。しかし，浮遊幼生期を持つベントスを想像すればわかるように，必要な空間や餌などの資源や非生物的ストレスに対する耐性，さらに捕食者の種類や防御行動に至るまで，個体の齢や成長段階によって異なることが多い。そのため，個体群の成長率も，その個体群を構成する個体の齢や成長段階の組成に応じて変えたほうが正確になる。

同じ年に生まれた個体のグループを**年級群**という。さらに，年に限らず，ある短期間に生まれた個体のグループを**コホート**という。一般にベントスの浮遊幼生期の生存率は，着底後の生存率に比べて極端に低いため，浮遊幼生期の生存率が高かった年の個体数が，他の年に比べて極めて多くなる。このようにして，他の年級群よりも顕著に個体数の多い年級群を**卓越年級群**という。

齢や発育段階によって生存率や繁殖量（産卵数，受精卵数）が変化する生物の個体群動態は，一般的に**生命表**を用いて予測される。そして，この生命表の生存率データを基にして**生存曲線**が描かれる場合も多い。生存曲線とは，年級

群あるいはコホートの個体数が時間とともに減少していく様子を描いた曲線であり，新たに生まれた平均的な個体が各齢まで生存する確率を示したものである。一方，生命表の繁殖量データを基にして齢や発育段階ごとの繁殖パターンを表したものは**繁殖スケジュール**として示される。

　齢や発育段階を考慮した個体群動態モデルに関する知識は，現実の生物の個体群動態データを解析するためには必須となる。また，齢や発育段階を考慮した場合，適応度も 3.2 節の定義よりも精密なものとなるだろう。ただ，そのためには，数学の線形代数学分野で利用される行列の知識が必要となる。現在の高校数学では行列が履修範囲から外れてしまったが，行列は数値解析における代表的な数学技法であるため，修得することが望ましい。

Box 6.1　Populus と R によるシミュレーション

　コンピューターは，本章で扱う数理モデルを瞬時にシミュレーションできる演算能力を持っている。これを学習や研究に活かさなければ宝の持ち腐れだ。

　ミネソタ大学の Alstad 教授が提供しているフリーソフト Populus は，パラメーター（数式内でアルファベットやギリシャ文字で表現されている変数）を操作した個体群動のシミュレーションを実行できる。

　また，統計解析に用いられるフリーソフト R を，数理モデルのシミュレーションに用いることもできる。R は作図にも便利なソフトであり，本章の図はすべて R で描いている。

　本章の内容と関連付けた Populus の使いかたの簡単な説明と，本章の図を再現できる R のスクリプトをまとめた pdf ファイルを用意したので，以下からダウンロードして活用してほしい。

http://www.kaibundo.jp/benthos/populus_and_r.pdf

生物群集とその特性

　海岸に行くと，実に多様な生き物たちが暮らしている様子を目にすることができる。少し注意して観察すると，同じ海岸のなかでも場所によって種の組成が異なることに気づくだろう。岩礁潮間帯であれば，潮位の高いところから低いところにかけて種の組成が変化するパターンを容易に観察できる（図 7.1）。これは帯状分布と呼ばれ，世界中の海岸で共通するパターンだ。さらに，いくつかの海岸を観察すると，帯状分布を構成する種が海岸間で変化することに気づくだろう。なぜ，こうしたパターンや変化が生じるのだろうか。ある場所に

図 7.1　潮間帯では潮位に応じて種組成が変わる　北海道日浦海岸の岩礁潮間帯。

生息する種全体をひとまとめに捉えたものを生物群集と呼ぶ。本章では，まず群集の捉えかたを解説し，後半では群集のパターンがどのように生み出されるのかを紹介する。

7.1　群集とは

　生物群集とは，ある時・ある場所に生息するすべての種の集まりである。そこには目に見えない微生物から大型の動植物まで，さまざまな種が含まれる。たとえば，図7.1の写真では固着ベントスと海藻しか見えないが，この岩礁潮間帯には腹足類のタマキビ類，カサガイ類，アッキガイ類も生息する。また，固着ベントスと海藻の隙間に堆積した砂泥には端脚類や多毛類が生息し，そこには目に見えない微生物も生息する。さらに，ハシボソガラスやセグロカモメをはじめとする鳥類も採餌に訪れ，時にはキタキツネも姿を現す。このような，ある場所（海岸）に出現する生物全体の集合を**全体群集**と呼ぶ。

　しかし，研究者が全体群集を扱うことはほとんどない。それは，全体群集が体サイズや系統の異なる多数の種で構成されるため，調査が困難だからだ。そこで，研究者は全体群集から一部分を切り出して研究対象とする（Morin 2011の第1章参照）。これを**部分群集**と呼ぶ。部分群集の切り出しかたには主に3つの方法がある。1つめは生息場所に基づくものだ。ベントスでは「干潟の埋在性ベントス群集」や「アマモ場の葉上ベントス群集」といった切り出しかたがこれにあたる。2つめは，体サイズに基づいた切り出しかたである。これは「メイオベントス群集」，「マクロベントス群集」，「メガベントス群集」といった切り出しかただ（ベントスの体サイズについては1.3節を参照）。

　そして3つめは，種間関係に基づく切り出しかただ。群集を構成する種は他種とさまざまな相互作用をする。そのなかから，捕食-被食関係で結びついた種の集まりを切り出したものが「食物網」である（図7.2b）。さらに，食物網の1つの栄養段階に注目し，同じ餌資源を利用する種の集まりを切り出すことがある。それは，こうした種の集まりが種間競争で結びついていることが多いからだ（5.2節参照）。たとえば，海藻を食べる種群（カサガイ類やタマキビ類など）は餌資源である海藻をめぐって競争を生じることが多い。これらの種群を切り出したものが「植食者群集」である（図7.2c）。なお，同じ資源を利用する種群を切り出す場合，餌資源にこだわらないこともある。たとえば，岩礁

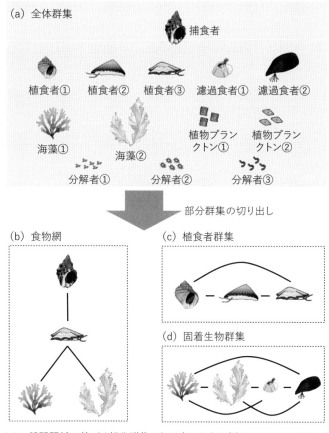

図 7.2　種間関係に基づく部分群集の切り出しかたの例（イラスト：木下そら氏）

　潮間帯では，岩表面は生息基質という資源とみなせるため（5.2 節参照），同じ生息基質を利用する種の集まり（固着ベントスや海藻など）を「固着生物群集」として切り出すこともある（図 7.2 d）。同じ資源を利用する種群は分類学的に近縁な種で構成されることが多いため，特定の分類群を部分群集として切り出すこともある。

　このように部分群集を切り出すことは，全体群集のなかから結びつきの強い部分を切り出すという意味がある。こうすることで，群集にパターンが見つけやすくなるのだ。以上，全体群集から部分群集を切り出す 3 つの方法を解説したが，実際はこれらの方法を組み合わせて用いることが多い（表 7.1）。また，

表 7.1 からわかるように，多くの研究で「部分群集」が「群集」と呼ばれている。本章でも過去の研究に倣い，部分群集のことを群集と呼ぶ。

表 7.1 　日本列島の海岸域でこれまでに研究対象となった部分群集の例

部分群集	引用文献
干潟のマクロベントス群集	Kanaya et al. 2015; 古賀ら 2005; 玉置 2008; 堤 2000
干潟の二枚貝群集	金澤ら 2005
干潟の底泥細菌群集	田中ら 2011
干潟の食物網	Kanaya et al. 2018
砂浜のマクロベントス群集	Takada et al. 2018
浅海底のマクロベントス群集	林・北野 1988; 菊池 1970; 中尾 1976; 上杉ら 2012; Yoshino et al. 2014
マングローブ域のマクロベントス群集	林・山本 2011; 大森 1988
アマモ場の葉上性動物群集	向井 1994; 仲岡ら 2007; Yamada et al. 2007
アマモ葉上のメイオベントス群集	アユタカ・菊池 1988
岩礁潮間帯のベントス群集	Mori & Tanaka 1989; Ohgaki et al. 1999; Tsuchiya & Nishihira 1985; 矢島 1980
岩礁潮間帯の固着生物群集	Fukaya et al. 2017; Hoshiai 1964; Miyamoto & Noda 2004; Okuda et al. 2010
岩礁潮間帯の食物網	Hori & Noda 2001
岩礁潮間帯の貝類群集	Sahara et al. 2016
潮だまりの魚類群集	Arakaki & Tokeshi 2011
転石海岸の貝類群集	稲留・山本 2005; 大田ら 1996; Takada & Kikuchi 1990
岩礁潮下帯の海藻群集	芹澤ら 2003; Suzuki et al. 2017
海藻上の表在性動物群集	Kumagai & Aoki 2003
サンゴ礁群集	西平 1992; 酒井 1995
サンゴ礁の動物群集	Takada et al. 2012; Tsuchiya 1999
サンゴ礁の魚類群集	佐野 1995
コンクリート構造物上のベントス群集	Matsumasa 1994

7.2 　群集の特性

　種組成　海岸で群集の調査を行う場合を考えてみよう。群集の調査では「どの種がどれだけいるのか」をはじめに調べることが多い。その調査結果は図 7.3 ①のようなリストに整理される。このリストに記される情報は**種組成**と呼ばれ，群集を量的に表す際の基本となる（Vellend 2019 の第 2 章参照）。「どれだけ

いるのか」という量の情報は**現存量**と呼び，これにはいくつかの尺度がある。最も代表的なのが個体数で，図 7.3 ①はこれに基づく種組成の例だ。ただし，個体数を数えるのは労力がかかるため，簡易的な尺度として種ごとの重量を用いることもある。固着生物については生息地の何 % を被覆しているのかを測り，これを被度として現存量の尺度にすることが多い。

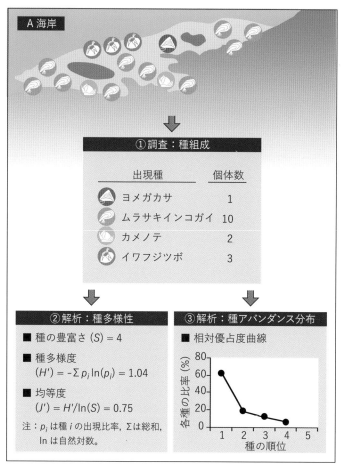

図 7.3　群集の特性（種組成，種多様性，種アバンダンス分布）　種多様度と均等度はシャノン・ウィナー指数で示す。相対優占度曲線の縦軸は実数で表記した（本来は対数で表記）。(イラスト：長屋憲慶氏)

126

なお，種組成を複数の群集間で比較するときは，「種組成の違い」に注目する必要がある。例として図 7.4 の A 海岸と B 海岸で種組成を比較すると，まず，イワフジツボは A 海岸，イトマキヒトデは B 海岸にしか見られないという「種類」の違いがある。次に，両海岸に共通して現れる 3 種でも，海岸間で「現存量」に違いがある。たとえば，A 海岸ではムラサキインコガイが他 2 種と比べて著しく多いが，B 海岸ではこうした傾向がない。こうした種組成の違

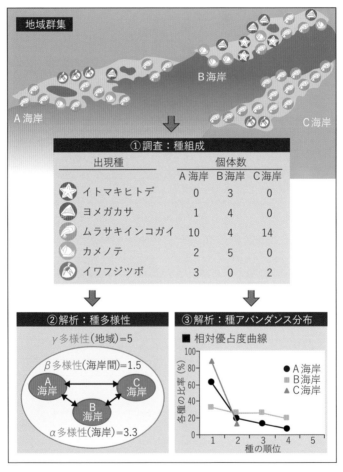

図 7.4　複数の局所群集を含む地域群集の特性（種組成，種多様性，種アバンダンス分布）
種多様性は種の豊富さに基づいて算出した。相対優占度曲線の縦軸は実数で表記した（本来は対数で表記）。（イラスト：長屋憲慶氏）

いの程度は非類似度として数値化される（Vellend 2019 の第 2 章参照）。これについては「複数の群集の特性」の項でさらに解説する。

　種多様性　種組成のリストができると，これに基づいて 2 つの特性を明らかにできる。1 つめは**種多様性**で，「種がどれだけ多様か」を示す特性だ。種多様性には 2 つの要素がある。1 つめの要素は，群集に「何種いるのか」を示すものだ。これは**種の豊富さ**と呼ばれる。種が豊富な群集ほど，より多様な群集と見なされる。図 7.3 の例では，種の豊富さは 4 となる。しかし，複数の群集で種数が等しい場合，多様性が必ずしも等しいとは限らない。例として図 7.4 の A 海岸と B 海岸を見比べてみよう。これらは種の豊富さは同じだが，後者のほうが多様に見えるだろう。それは，B 海岸のほうが個々の種の現存量が均等だからだ。この「現存量の均等さ」は種多様性の 2 つめの要素であり，**均等度**と呼ばれる。種の豊富さと均等度は，それぞれ個別に種多様性の尺度として使われるが，これらを複合した尺度もある。それは**多様度指数**（もしくは種多様度）と呼ばれる（高田・手塚 2016）。多様度指数にはさまざまな計算方法がある（Box 7.1）。図 7.3 ②に，A 海岸の群集を例として，種の豊富さと均等度，そして種多様度を計算した結果を示す。

　種多様性の高い群集は良い（望ましい）状態にある群集と考えられがちだが，それは必ずしも正しいとは限らない。種多様性はある群集で種がどれだけ多様かを示す尺度に過ぎず，良し悪しの基準ではない。たとえば，潮間帯では潮位が高いところほど多様性が低いが，これは世界中で見られる自然の姿であり（9.1 節参照），群集の状態が悪いことを意味しているのではない。

　種アバンダンス分布　種組成のリストから明らかにできる 2 つめの特性が**種アバンダンス分布**である。これは，群集のなかで「現存量が特定の種に偏っているのか，それとも種間で偏りは小さいのか」を示す特性だ。アバンダンスとは生物の現存量のことである。種アバンダンス分布はいくつかの方法で表現されるが（Hubbell 2009 の第 2 章参照），本書では最もシンプルな**相対優占度曲線**を紹介する。これは，横軸に現存量が多い順に並べた種の順位を，縦軸に各種の現存量（もしくは現存量の割合）をとり，個々の現存量を結んでできる曲線である（図 7.3 ③）。なお，相対優占度曲線の縦軸は対数で表記される。この曲線は右下がりになり，均等度の高い群集ほど傾きがなだらかになる。また，種の豊富さが大きい群集ほど曲線は右に長く伸びる。

Box 7.1　多様度指数

　種多様性を定量的に比較するときには**多様度指数**を用いる。多様度指数は種多様性の2つの要素（種の豊富さ，均等度）の両方を含む尺度だ。多様度指数には群集中の稀な種の現存量に感度が良いものと，優占種の現存量に感度が良いものがある。前者では**シャノン・ウィナー**（Shannon-Wiener）**指数**，後者では**シンプソン**（Simpson）**の指数**がよく用いられる。シャノン・ウィナー指数 H' は

$$H' = -\sum_{i=1}^{S} p_i \ln(p_i)$$

で表される（Krebs 1999）。S は群集内の全種数，p_i は群集内の総個体数に占める種 i の個体数の割合である。一方，シンプソンの多様度指数 D は

$$D = 1 - \sum_{i=1}^{S} p_i^{2}$$

で表される（Krebs 1999）。両者とも値が大きいほど多様性が高いことを意味する。

　種多様性の比較には多様度指数と種の豊富さ（種数）の両方が用いられる。これらの使い分けは，調査対象となる海岸や群集の面積と関係している。小面積の研究では両方を用いるが，広い面積の研究では種数だけを用いることが多い（宮下・野田 2003 の第 4 章参照）。その理由は「種の豊富さと面積の関係」の項で解説する。

　複数の群集の特性　次に，複数の海岸で群集を調査する場合を考えてみよう。学生 3 人がある湾の 3 つの海岸で岩礁潮間帯中部のベントス群集を調査し，種組成のデータを持ち寄ったとする（図 7.4 ①）。この場合，集まった 3 つのデータはどう扱えばよいのだろうか。

　生態学では個々の場所で見られる群集を**局所群集**と呼び，すべての局所群集を含めた地域全体としての群集を**地域群集**と呼ぶ。図 7.4 では，各々の海岸（A・B・C 海岸）の群集が局所群集にあたり，これらの集合体である湾全体の群集が地域群集にあたる。具体例として東京湾の干潟ベントス群集を見れば，湾内に散在する個々の干潟（富津干潟，盤州干潟，三番瀬など）の群集が局所群集で，これらの集合体が「東京湾のベントス群集」という地域群集になる。このように，複数の群集を扱うときは，"局所群集が地域群集の入れ子になっ

ている”という階層性を考慮する必要がある。なお，地域と局所は生態学で用いられる空間スケールの便宜的な単位で，最小の空間スケールが**局所**，最大のスケールが**全球**，その中間が**地域**と定義されている（Vellend 2019 の第 2 章参照）。

　こうした群集の階層性を考慮して種多様性を評価してみよう。局所群集（海岸ごと）の多様性は α（アルファ）**多様性**，地域群集（全体）の多様性は γ（ガンマ）**多様性**と呼ぶ。そして，局所群集間での「種組成の違い」の程度（非類似度）が β（ベータ）**多様性**である。図 7.4 の例でこれらの多様性を種の豊富さについて計算すると，α 多様性は A 海岸と B 海岸で 4，C 海岸で 2 となり，平均値（$\bar{\alpha}$）が 3.3 である。γ 多様性は全海岸の総種数なので 5 である。そして，β 多様性は両者の割り算（$\frac{\gamma}{\bar{\alpha}}$）として計算され，約 1.5 となる（図 7.4 ②）。なお，局所群集間で種組成が似ていると，β 多様性は小さな値になる。たとえば，図 7.4 で，各々の海岸で 5 種ずつ現れ（$\bar{\alpha} = 5$），総種数が変わらないとすると（$\gamma = 5$），β 多様性は 1 になる。逆に，局所群集間で種組成が異なるほど，β 多様性は大きな値になる。$\alpha \cdot \beta \cdot \gamma$ 多様性は多様度指数でも表すことができる（宮下・野田 2003 の第 4 章参照）。

　複数の群集を比較するとき，種アバンダンス分布を用いることもある。この方法では群集の階層性は考慮されないが，群集間で種の豊富さと均等度がどのように異なるかを視覚的に比較できる。図 7.4 の例を用いて各海岸の相対優占度曲線を描いたものが図 7.4 ③である。この図を見ると，海岸ごとに曲線の形が異なることがわかる。出現種が少なく均等度が低い C 海岸では，曲線が右に伸びていかず（短く），曲線の傾きが大きい。反対に，出現種が多く均等度が高い B 海岸では，曲線が長く伸び，その傾きが小さい。そして，A 海岸の曲線は，B 海岸と C 海岸の中間の形をしている。

　ここで，種アバンダンス分布を用いて複数の群集を比較した実際の研究を見てみよう。図 7.5 は，日本各地の砂質干潟で行われたマクロベントス群集の調査結果に基づいて，相対優占度曲線を描いたものだ。この図から，干潟ごとに出現種数と均等度に違いがあることがわかる。たとえば，干立（ほしだて）では曲線が右に長く伸びず，かつ曲線の傾きが大きい。これは，出現種が少なく（5 種），均等度が低いことを示している。反対に，西三番瀬では曲線が長く伸び，傾きが小さい。これは，出現種が多く（29 種），均等度が高いことを示している。

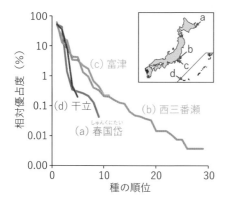

図 7.5 砂質干潟のマクロベントス群集における種アバンダンス分布（相対優占度曲線）の地域間比較 ベントスのサンプルは 0.27 m²（深さ 30 cm）の底質を径 1 mm のふるいでふるって得られた。横軸は現存量が多い順に並べた種の順位。この順位は干潟ごとに決められているため、干潟間で同じ順位が同じ種を意味しないことに注意が必要。縦軸は対数で表記。（古賀ら 2005 を基に作成）

少数の優占種と多数の稀種　各々の干潟間で種の豊富さと均等度に違いがある反面，これら全体に共通するパターンもある。それは，すべての群集がごく少数の優占種と多数の稀種で構成されることだ。すべての干潟で，最も現存量の多い 2 種が各群集における総現存量の 72〜97 ％ を占めている。これら優占種はとにかく目立つので，「○○優占型群集」というように，群集に名前付けをする際にその名が使われる。一方，優占種以外の種（残りの 3〜27 種）が群集内で占める現存量の割合は，合計してもわずか 3〜28 ％ にすぎない。こうした "群集が少数の優占種と多数の稀種で構成される" という傾向は，海岸域に限らず，さまざまな群集で見いだされてきた普遍的なパターンだ（Krebs 2001 の第 22 章参照）。

　種の豊富さと面積の関係　海岸では潮の満ち引きがあり，海はつねに穏やかとは限らない。そのため，広範囲にわたり多くの海岸で種組成を調べようとすると，いずれ作業量に限界が訪れる。そこで，大きな空間スケールで群集を調査する場合，種の豊富さのみを調べることがある。この方法は，個体の単位が不明確な生物（被覆状海綿など）を含む群集を調査する場合にも有効だ。

　種の豊富さは調査地の面積が大きくなるほど増える傾向がある。これは**種数−面積関係**と呼ばれ，海岸域に限らず世界中の群集で見られる現象だ。国内の海岸域でも，このパターンがたびたび見いだされてきた。潮下帯の多毛類群集（中尾 1977）と干潟のマクロベントス群集（入江ら 2005; 風呂田 2006）では，1 つの海岸内で，調査面積を広げるほど出現種数が増える傾向が見いだされている。また，東京湾内に散在するアマモ場では，広いアマモ場ほど葉上ベントスの種数が多いことが報告されている（仲岡ら 2007）。さらに，北海道から九州に

かけての 6 つの地域で岩礁潮間帯の固着生物群集を調べた研究では，各々の地域で，調査面積を広げるほど種数が増える傾向が見いだされている（Okuda et al. 2004）。ベントスの例ではないが，大陸間（パナマとマレー半島）で樹木群集を比較した研究でも，$0.5\,\text{km}^2$ に満たない面積から 100 万 km^2 以上にわたる面積の範囲で，調査面積に応じた種数の増加が報告されている（Fine & Ree 2006）。

　種数–面積曲線　種数（S）と調査地の面積（A）の間には，調査の対象となる生息地や群集のタイプを問わず

$$S = CA^z$$

の関係が成り立つことが知られている。この式をグラフ化した曲線を**種数–面積曲線**と呼ぶ。C と z は定数で，z は一般に 0〜1 の値である。種数–面積曲線は，図 7.6 のように頭打ちの曲線となる。

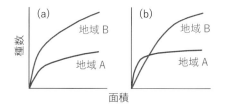

図 7.6　種数–面積曲線の形状と種数の比較　（a）種数の大小関係が面積に応じて変化しないパターン（地域 B でつねに種数が多い）。（b）種数の大小関係が面積に応じて変化するパターン（小面積では地域 A, 大面積では地域 B で種数が多い）。

　複数の群集間で種の豊富さを比較するときに注意が必要なことがある。それは，種数の大小関係が面積に応じて逆転する場合があることだ。図 7.6 a では，面積にかかわらず地域 B の種数が地域 A よりもつねに多い。ところが，図 7.6 b では，小面積のときは地域 A で種数が多いが，面積が大きくなると関係が逆転する。そのため，群集間で種の豊富さを比較する場合は，同じ面積で比較するか，あるいは種数–面積曲線を比較することが必要となる。

　ここで，種数–面積曲線を用いて複数の地域群集を比較した実際の研究を見てみよう。図 7.7 は，北海道から九州にかけての 6 地域における岩礁潮間帯の固着生物群集の種数–面積曲線である。各々の曲線を見比べると，まず，低緯度の地方ほど，調査面積に応じて種数が増え続ける傾向がある。最大の面積における種数は，低緯度にある大隅半島や紀伊半島で北海道東部の約 4 倍にあたる。さらに，図 7.7 をよく見ると，交差する曲線がある。わかりやすい例が紀伊半島と三陸海岸の曲線だ。小面積（調査区の積算数が 6 以下）では三陸海岸

で種数が多いが，大面積（調査区の積算数がそれ以上）では関係が逆転する。このように，種数–面積曲線を描くことで，面積の増加に応じた種数の逆転現象が見いだしやすくなる。

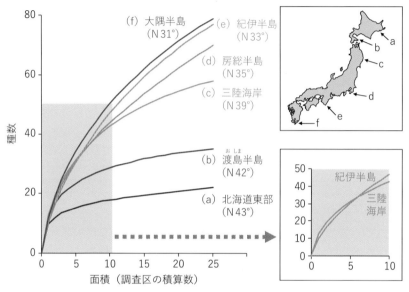

図 7.7　岩礁潮間帯の固着生物群集における種数–面積曲線の地域間比較
調査区あたりの面積は 0.5 m²。（Okuda et al. 2004 を基に作成）

Box 7.2　面積が広がると種数が増えるのはなぜ？

　この疑問に初めて挑んだのは MacArthur & Wilson 1967 である。Wilson は太平洋の島々でアリの分布を調べ，「大陸に近い大きな島ほど出現種が多く，大陸から離れた小さな島ほど出現種が少ない」ことを発見した。さらに，この現象を説明できる理論として「移住と絶滅の動的平衡理論」を MacArthur とともに発表した。彼らの理論は次の 3 点を予測した。

① 島にすむ種数が増えるほど，新たな種の移住率は下がる反面，移住した種の絶滅率は高くなる。その結果，島の種数は移住率と絶滅率のバランスで決まる（図 a）。

② 島では種の移住と絶滅が繰り返されるため，種数は変わらなくても種構成は変化する。

③ 島に移住する確率は大陸から近い島ほど大きいため，大陸に近い島では種
数が多い（図 b）。また，絶滅率は小さな島ほど大きいため，大きな島で種
数が多い（図 c）。

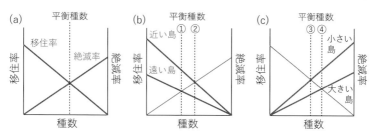

移住と絶滅の動的平衡理論　（a）移住率と絶滅率が釣り合う平衡種
数が島の種数となる。（b）大陸に近いほど移住率が高いため，大陸
に近い島の平衡種数②は遠い島①より多い。（c）大きい島ほど絶滅
率が低いため，大きい島の平衡種数④は小さい島③より多くなる。

　この理論を検証するため，フロリダ半島の先端にある小さなマングローブの
島々で野外実験が行われた（Wilson & Simberloff 1969）。この実験では 6 つの小島
で昆虫を全滅させた後，島に移住する種数と種構成の変化が調べられた。その結
果，昆虫の種数は約 1 年後に実験前のレベルまでおおむね回復したが，種構成は
実験前と異なっていた。この結果は島々の昆虫の種数が移住と絶滅のバランスで
決まっていたことを示している。つまり，彼らの理論が正しいことが実証された
のだ（Simberloff & Wilson 1969, 1970）。
　MacArthur と Wilson の理論が提唱された後，種数–面積関係を生じさせるさま
ざまなメカニズムが明らかにされてきた（下表）。彼らの理論は島に現れる生物の
種数を説明するものだが，その後の研究で，森林のような連続的な生息地にも種
数–面積関係が拡張された。

種数–面積関係を生み出す諸要因

要因	概要	生息地のタイプ
ランダム抽出[1]	面積が広いと多くの種が含まれる	島状，連続的
環境の多様性[1]	面積が広いと生息環境が多様化し多くの種が生き残る	島状，連続的
確率的な絶滅[2]	面積が狭いと個体数が少なく絶滅しやすい	島状
種分化の速度[3]	面積が広いと種分化が生じやすい	島状

引用文献：[1] Connor & McCoy 1979, [2] MacArthur & Wilson 1967, [3] Losos & Schluter 2000

7.3 群集のパターンを生み出すプロセス

　種間の相互作用　「群集が少数の優占種と多数の稀種で構成される」ことは
先に紹介したが，こうしたパターンが生まれる背景にはさまざまなプロセスが
ある。この節では，海岸のベントス群集にパターンを生み出す代表的なプロセ
ス（種間の相互作用，攪乱，分散と加入，生産性）を紹介する。

　異なる種の個体が出合うと，競争や捕食などの相互作用を生じ，相手の種の
現存量を変えてしまうことがある（5.1節参照）。その結果，群集の特性が変化
することがある。たとえば，群集内で競争に強い一部の種が資源を独占する
と，弱い種が減るため，優占種に偏った種組成になり種多様性は低下する。こ
うした種間の相互作用が群集のパターンを生み出している事例は，岩礁潮間帯
で数多く見いだされてきた。その最も有名な事例が，以下に紹介する Paine の
実験結果である。

　北米の西岸，ワシントン州からオレゴン州にかけての外海に面した岩礁潮間
帯中部では，カリフォルニアイガイが岩表面を埋め尽くす多様性の低い群集
が形成されている。しかし，同じ海岸でも潮間帯の下部では，海藻類やフジツ
ボ類を主体とする多様性の高い群集が形成されている（Menge et al. 2016）。Paine
1966 は，この高い多様性が種間の相互作用によって生み出されていることを
野外実験で明らかにした。この潮間帯では大型のヒトデ（*Pisaster ochraceus*）
が食物網の最上位に君臨する（図 7.8 a）。Paine はヒトデによる捕食の影響に注
目し，ヒトデを除去し続けた実験区と，ヒトデを自然状態のまま放置した対照

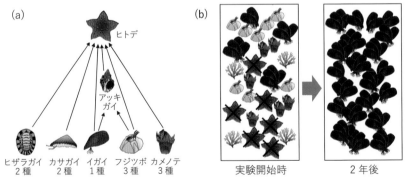

図 7.8　北米西岸の岩礁潮間帯下部の群集　（a）食物網の構造，（b）Paine のヒトデ除
去実験（実験区）における種組成の変化（Paine 1966 に基づき作成）。（イラスト：木下そら氏）

区で，種組成の変化を比較した。まず，ヒトデを除去し続けた実験区では，カリフォルニアイガイが増えて岩礁を埋め尽くした（図 7.8 b）。その結果，2 年後には実験開始時に 15 種いた種が 8 種にまで減った。一方，対照区ではイガイが増えず，実験開始時の種数が 2 年後にも保たれていた。ヒトデは競争に強いイガイを好んで食べることで，対照区の多様性を高い状態に保っていたのだ。このヒトデは現存量が決して多くはない。しかし，群集のパターンに大きな影響を与えていた。このヒトデのように，現存量は少ないが群集に与える影響が大きい種を**キーストーン種**と呼ぶ（Power et al. 1996）。

　Paine の実験結果に見られるように，種間競争と捕食は群集のパターン形成に重要な役割を果たす相互作用として，初期（1960〜1970 年代）の生態学で重視されていた。しかし，海岸域では他にも重要な相互作用がある。その代表的なものが**生態系エンジニアリング**だ（Jones et al. 2010）。これは，生物が生息地の物理的環境を変えることにより，他種を増やしたり減らしたりする作用である。生息地の物理的改変は 2 種類に分けられる。1 つは，生物の体が新たな物理的環境の一部になる作用だ（**自生的改変**）。サンゴやマングローブなどは，体の表面やその隙間の空間が多くの種のすみ場所になることで（9.3 節，9.4 節参照），その場の種多様性を高めている。この作用は，とくに地形変化に乏しい砂泥底海岸でベントスの種組成や種多様性に大きな影響を与える（Byers & Grabowski 2014）。なお，自生的改変は連鎖的に続くことがある。たとえば，サンゴの体表にすみ着いたベントスがさらに自生的改変を行い，さらなる種のすみ着きを促すことがある（**棲み込み連鎖**）（西平 1992）。サンゴの体表につくられたイバラカンザシゴカイの棲管が小型魚類やヤドカリ類のすみ場所になるのがその例だ（土屋 2003）。2 つめは，生物が生活する過程で周囲の物理的環境を変える作用だ（**他生的改変**）。干潟でスナモグリが巣穴を掘ることで周囲の環境が変わり，他種に影響が及ぶのが他生的改変の例である（8.6 節参照）。

　攪乱　外的な要因で生じる群集やそれを構成する種個体群の突然の消失・減少を**攪乱**という。海岸域では，荒天時の波浪を原因とする岩礁潮間帯のイガイ礁の破壊（Dayton 1971），転石上の海藻群落の破壊（Sousa 1979），サンゴ礁の破壊（Connell 1978）などが攪乱の代表例だ。津波も攪乱の大きな原因である。東北地方太平洋沖地震に伴い発生した津波で，蒲生潟（宮城県）のマクロベントス群集では，津波前に確認されていた 79 種のうち，二枚貝を中心に 47 種が消滅もしくはそれに近い状態になった（金谷ら 2012）。

コラム 7.1 地震による津波がベントス群集に与えた影響（近藤智彦）

　2011 年 3 月 11 日に発生した東北地方太平洋沖地震はマグニチュード 9.0, 最大震度 7 の巨大地震で, これに伴い, 福島県相馬で 9.3 m 以上, 宮城県石巻市鮎川で8.6 m 以上の津波が発生した。津波がベントス群集に与える影響は未知の部分が多かったため, この地震は日本の研究者が津波の影響に関する新知見を世界へ発信する契機となった。

　津波がベントス群集に与えた影響は地域や生息基質によって異なっていた。岩手県の崎浜港の岸壁におけるベントス群集では津波による攪乱後, 通常の遷移を見せたと同時に外来種のナンオウフジツボが出現したという特徴があった（Kado & Nanba 2016）。三陸沖の底生カイアシ類群集は津波による攪乱前後で構成種に変化がなかったという（Kitahashi et al. 2018）。宮城県の女川湾における多毛類群集は, 攪乱前は安定した群集が維持されていたが, 津波による攪乱後は遷移が 3 年以上続いている状態にある（Abe et al. 2016 a）。津波による攪乱後, 機会的な種（後述）が増加したという報告はあるが, 平衡群集に回復するには 10 年以上の時間が必要なのかもしれない。

　津波の影響は近縁な種間でも異なっていた。たとえば宮城県の蒲生潟には形態学的に非常によく似たオニスピオ族のドロオニスピオとアミメオニスピオが生息している（右図）（Abe et al. 2016 b）。2 種の間では, ドロオニスピオは浮遊期間が非常に短い幼生を少数産み, 一方, アミメオニスピオは浮遊期間が長い幼生を多数産むことに違いがある（Kondoh et al. 2017）。津波による攪乱前は, 潟内にドロオニスピオが優占し, アミメオニスピオは河口にのみ出現していた。河口は河川水による浮遊幼生の流出の危険性がある一方, 半閉鎖的な潟内は浮遊期間の短いドロオニスピオの生息地に適し, 2 種は河口と潟内ですみ分けをしていたと考えられる。津波による攪乱後は, ドロオニスピ

ドロオニスピオ（左）と
アミメオニスピオ（右）

オとアミメオニスピオはともに個体数が一時的に激減したものの, 2011 年 7 月には個体数を増加させ, とくにアミメオニスピオは潟内で高密度な個体群を形成した。これは, 攪乱前は半閉鎖的な海域であった蒲生潟が, 津波で堆積物が流されて一時的に開放的な海域になり（図 7.9）, アミメオニスピオの浮遊幼生が大量に加入できたことによると推察される。このように, 近縁な種間であっても生活史の違いが津波に対する反応に影響を与えることがある。

図 7.9　津波による攪乱前（上）と後（下）の蒲生潟（Google Earth より）

　攪乱は生物活動が原因で生じることもある。海獣のジュゴンは海草のウミヒルモを好み，地下茎を掘り起こして食べる。このとき，砂中の埋在性ベントスが攪乱を受ける。その結果，埋在性ベントスの密度は $\frac{1}{2}$～$\frac{1}{3}$ に低下し，出現種数も減ることが，タイの砂浜潮間帯で見いだされている（Nakaoka et al. 2002）。こうした生物による底質の攪拌は**生物攪拌**と呼ばれ，ベントスが原因になることもある（8.6 節参照）。

　攪乱は群集に破壊をもたらすイベントであるが，同時に，資源を開放するイベントでもある。攪乱では既存の生物が排除され，新たな空間資源（空き地）が生まれる。それゆえ，攪乱の後に群集の種組成が大きく変化することがある。大津波で攪乱を受けた蒲生潟では（図 7.9），新たにできた砂質底に**機会的な種**（空き地にいち早くすみ着く種，日和見種ともいう）が高密度にすみ着いた（Kanaya et al. 2015）。攪乱でできた空き地では，新たな種のすみ着きが始まった後，種組成が決まった順番で入れ替わる**遷移**が始まることがある（Box 7.3）。

Box 7.3 遷移

　撹乱で生じた空き地に生物がすみ着き，種組成が決まった順番で入れ替わる現象を遷移と呼ぶ。遷移は固着生物群集で発見例が多く，海岸域では岩礁潮間帯（Wootton 1993）や海草藻場（Williams 1990）で報告がある。なお，環境が時間的に変化することで生じる群集の変化，たとえば季節の変化により生じる種組成の変化は遷移と呼ばない。

　遷移には 2 つの種類がある。生物の痕跡がまったくない空き地，たとえば火山の噴火や氷河の後退でできた広大な空き地で始まる遷移は**一次遷移**と呼ぶ。一方，群集が部分的に壊されてできた空き地で始まる遷移は**二次遷移**と呼ぶ。二次遷移は生物の影響が残された状態で始まる点で一次遷移と異なる。遷移が進み，種組成が安定した状態を**極相**と呼び，このときに優占する種は**極相種**と呼ぶ。

　遷移では，はじめに機会的な種がすみ着くことが多い。そして，先に現れる種（先駆種）が後から到着する種（後続種）に置換される。こうした種の置換は，以下に示す 3 つのモデルで説明される（Connell & Slatyer 1977）。

　　① 促進モデル：先駆種が後続種の侵入を促進することで種が置換する
　　② 抑制モデル：先駆種は後続種の侵入を抑制するが，後続種の死亡率が低い，もしくは寿命が長いことで種が置換する
　　③ 耐性モデル：先駆種は後続種の侵入に影響を与えないが，後続種が先駆種よりも込み入った環境に強いために種が置換する

　カリフォルニアイガイが優占する北米西岸の岩礁潮間帯の中部では，冬の嵐でできた空き地で二次遷移が始まる（Paine & Levin 1981）。空き地には，まず短命海藻が侵入し，続いてチシマフジツボ，カメノテの一種，キタノムラサキイガイが侵入する。その後，しばらくはカメノテが優占するが，最終的には極相種のカリフォルニアイガイに置換する。この過程でカメノテはカリフォルニアイガイの侵入を抑制するが，イガイの成長にともないカメノテは排除されてしまう。このカメノテからカリフォルニアイガイへの置換は抑制モデルに当てはまる（Wootton 1993）。

　この岩礁潮間帯に生じた各々の空き地は，最後は極相種のカリフォルニアイガイに占有される。しかし，この群集が完全な極相に至ることはない。なぜなら，毎冬 0.4〜5.4%/月 のペースで撹乱による空き地が生じ，そこで遷移が始まるからだ（Paine & Levin 1981）。このような，新たな空き地の形成とその後の遷移によって生じる群集の時間的な変化を**パッチダイナミクス**と呼ぶ。

　中規模攪乱仮説　攪乱による空間資源の開放は，種組成だけではなく，種多様性にも影響する。ただし，攪乱が種多様性に与える影響は，その強さに応じて変化する。攪乱が強すぎると，ほとんどの種が排除されるため多様性は低下する。反対に，攪乱が弱すぎると，大部分の種が排除されないので，競争に強い種がはびこり多様性は低いままだ。結果的に，強すぎず弱すぎない攪乱，つまり中規模の攪乱の下で多様性が最大となる。こうした中規模の攪乱の下で種多様性が最大になる傾向は**中規模攪乱仮説**として提唱され，空間資源をめぐる競争が生じやすい固着生物群集，たとえばサンゴ群集や海藻群集などに当てはまると考えられている（Connell 1978）。

コラム 7.2　嵐と津波の被害はどちらが大きい！？ （岩崎藍子）

　攪乱の種類は嵐や津波などさまざまで，その被害に遭う種もさまざまである。こうした異なる攪乱の被害は比較できるのだろうか。実はこのような比較が定量的に行われたことはなかった。なぜなら，比較方法がなかったからだ。まず，異なる種類の攪乱に共通して使える強度の尺度がなかった。攪乱の被害の大きさはその強度に依存するため，被害の比較は強度を基準に行う必要がある。しかし，異なる種類の攪乱では強度を表す単位が異なる（たとえば台風では風速，津波では津波高など）。次に，異なる種の個体群に使える被害の共通尺度もなかった。よく使われる攪乱前後での個体数の変化率でさえ，攪乱がない状態で起こる個体数の変動を含むため，種間の比較に使うことができない。

　そこで，攪乱の強度と被害を共に「再起時間」で表すことにより，攪乱の種類や生物種を問わず，その被害を比較できる方法が考案された（Iwasaki & Noda 2018）。再起時間とは現象が起こる平均的な間隔時間であり，100 年に一度の台風では「100 年」となる。一般に，自然現象は平均的な強さで最も頻繁に生じ，より強い現象ほど稀である。よって，より大きい強度や被害ほど，より長い再起時間となる。このルールに基づき，攪乱強度の再起時間が，これに関する長期観測データや堆積物中の攪乱履歴から推定された。また，被害の再起時間は攪乱のない期間の個体数の変動を考慮して推定された。これらの推定値を使い，再起時間 20 年以上の 5 種類（厳冬，低温，干ばつ，嵐，津波）27 の攪乱イベントにおける，50 個体群（昆虫，海藻，哺乳類などを含む）の被害が比較された（下図）。

　その結果，稀に起こる強い攪乱が壊滅的被害を生じる可能性が示されるとともに，その被害は頻繁に起こる弱い攪乱に基づいた強度−被害関係からは予測できないことが示唆された。さらに，東北地方太平洋沖地震に伴う巨大津波は約 300 年に一度の強度だが，岩礁潮間帯のフジツボや海藻への被害は強度から推定される被害より著しく小さいという驚きの結果も得られた。その被害は 30 年に一度の嵐より小さかったほどである（下図）。今後，未曽有の強度の攪乱のリスク予測や種の脆弱性の評価が期待される。

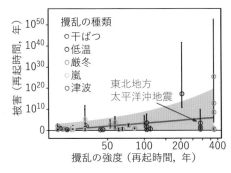

強い攪乱は甚大な被害をもたらす個々の丸印は個体群ごとの被害の平均値，縦線は 95 ％ の確率で取りうる被害の範囲を示す。青の線は全体から推定された被害の平均値，灰色の部分は被害の 95 ％ が含まれると予測される領域を示す。(Iwasaki & Noda 2018 を基に作成)

分散と加入　新たな個体が群集に加わる過程が加入である。海産ベントスの多くは、浮遊幼生が潮汐や海流で輸送され、広範囲に分散する。もし、ある海岸において、海流の変化などの理由で幼生供給（加入）が絶えると、その個体群が群集のなかで消滅するので種組成が変わる。反対に、加入が多いと、各々の種の密度が高くなるので異種の個体同士が出合いやすくなる。その結果、種間で相互作用が生じやすくなり、種組成が変わるかもしれない。

　富岡湾干潟（熊本県）では、特定の種の加入量が増えたことで相互作用が激しくなり、種組成が変化したと考えられる事例が報告されている。1980 年代から 1990 年代にかけて、富岡湾の砂質干潟ではハルマンスナモグリが爆発的に増加した。この増加は幼生供給量の増加が原因と考えられている。このスナモグリの大発生により、それまで富岡湾干潟の優占種であったイボキサゴの個体群が消滅した。これにともない、イボキサゴの捕食者であった種やキサゴの貝殻を利用していたヤドカリ類を含む 9 種もの生物が消滅した（玉置 2008）。

　北米西岸の岩礁潮間帯では、幼生供給量の違いが種間の相互作用に影響し、種組成に地理的な違いを生み出している。ワシントン州からオレゴン州にかけての岩礁潮間帯では、北緯 43° 付近の岬を境に、北側でベントスの幼生供給量が多く、南側で少ない（Connolly et al. 2001）。これは、ベントスの主な繁殖期（春〜夏）に発生する湧昇流（深層の海水が表層に湧き上がる流れ）の影響によるものだ。幼生供給量の違いは相互作用の強さに影響を与える。幼生供給量の多い北側ではベントスの現存量が多く、潮間帯上部にはフジツボ類が優占し、中部にはカリフォルニアイガイが優占する。そして、フジツボ類はイガイとの競争で潮間帯中部から排除される。一方、幼生供給量の少ない南側では、ベントスの現存量が少なく、明瞭な帯状分布が形成されない。そして、フジツボとイガイの間で強い競争も起こらない（Connolly & Roughgarden 1998）。

生産性　自然界では、光合成を行う独立栄養生物（植物など）が有機物を合成し、これが食物連鎖の上位にいる従属栄養生物に食べられ、成長に利用される（8.1 節参照）。生態学では、このように生態系内で生物体量（バイオマス）が生産される程度（速さ）を**生産性**と呼ぶ。独立栄養生物の生産性は一次生産性、従属栄養生物の生産性は二次生産性と呼ぶ。生産性は 2 通りのプロセスを通じて種組成に影響を与える。

　1 つめのプロセスは、海域の一次生産性が食物連鎖を通じて海岸の種組成に影響するものだ。一般に、湧昇流が生じる海域は生産性が高い。なぜなら、栄

養塩に富む深層水が表層に運ばれると，植物プランクトンや海藻の生長がよくなる。そして，これらが二次生産の増加に結びつくからだ。南アフリカの岩礁潮間帯では，湧昇流が生じる西海岸で栄養塩濃度が高く，海藻の生産性も高い。この豊かな一次生産の下でグレーザーと濾過植者の現存量は増し，ツタノハガイ科のカサガイ（*Scutellastra granularis*）は非湧昇域よりも大きなサイズに成長する（Bustamante et al. 1995 a, b）。こうした二次生産性の増加は種間の相互作用にも影響する。それは，生産性が高いと現存量が増すので，異なる種が出合いやすくなるからだ。北米西岸のオレゴン州では，湧昇流の影響で植物プランクトンの生産性が高い海岸がある。こうした海岸の岩礁潮間帯では，カリフォルニアイガイやフジツボ類の加入量が多く，加入後の成長も速いため，これらの固着性ベントスが優占する。その結果，イガイを好んで食べるヒトデが増え，固着性ベントスに対する捕食圧が高くなる（Menge et al. 1997）。

　海域の生産性が種組成に影響を与える 2 つめのプロセスは，生息空間の多様化によるものだ（Tokeshi 2009）。生産性の高い海域には，サンゴやケルプのような複雑な生息空間をつくり出す大型の**基盤種**（foundation species）が分布する。こうした基盤種の存在がさまざまな種の生息を可能にする。その代表例がジャイアントケルプ群集だ。ジャイアントケルプの海中林は地球上で最も生産性の高い群集の 1 つである。葉状部がつくり出す水面と水中の複雑な空間は魚類をはじめ，ラッコやアシカなどの海獣や鳥類，固着性・移動性ベントスの生息場所になり，海底にある巨大な付着器にもさまざまな魚類や固着性・移動性のベントスがすみ着く。その結果，ジャイアントケルプ林は40〜275 種以上にも及ぶ生物のすみかとなる（Graham et al. 2007）。

7.4　プロセスの複合効果とスケール依存性

　複数のプロセスが種組成を決める　ここまで群集のパターンを生み出すプロセスを個別に紹介してきたが，これらが単独で働くことはほとんどない。このことは，海岸に群集が形成される過程を考えるとわかりやすいだろう。群集ができるには，まず，さまざまな種の浮遊幼生が海岸に運ばれる必要がある。加入に成功した種は海岸で成長を始めるが，成長速度は生産性の影響を受ける。その後，各々の種は他種と出合い，相互作用を生じることもある。時には嵐や津波による攪乱を受け，消滅する種が現れるかもしれない。このように，群集

の種組成は複数のプロセスの下で決まるのだ。

　ただし，種組成への影響が大きいプロセスは海岸によって異なる。岩礁潮間帯を例に挙げると，加入量の少ない海岸では，加入量の多寡が種組成に反映されやすい。つまり，加入が重要なプロセスになる。逆に，加入量の多い海岸では，異種の個体同士が出合いやすいため，加入後に生じる種間の相互作用で種組成が決まる傾向がある（Menge & Sutherland 1987）。このことは「分散と加入」の項で述べたとおりだ。事実，種間の相互作用が種組成に強く影響することを明らかにした研究の多くが，加入量の多い海岸で行われてきた（Navarrete et al. 2005）。加入量が多いと相互作用の影響が強くなることは，砂泥底海岸にも当てはまりそうだ。富岡湾干潟でハルマンスナモグリの増加にともない多くのベントス種が消滅した事例（玉置 2008）はその証拠だろう。

　種組成が決まる上で重要なプロセスは，同じ海岸でも時間的に変わる。湧昇流がベントスの幼生分散と生産性に大きな影響を与えることは「分散と加入」と「生産性」の項で紹介したが，この湧昇流の発生場所は決まっている。しかし，同じ海岸でも，湧昇流の発生規模は年や季節，さらには日によって変化するのだ。これに応じて加入量と生産性が変化し，相互作用の強弱も変化する（Menge & Menge 2013）。

　プロセスは空間スケールに依存する　種組成への影響が大きいプロセスは海岸間で異なるが，これは 1 つ 1 つの海岸間で異なるという意味ではない。岩礁潮間帯のベントス群集では，数百 km の海岸線にわたり共通して種間の相互作用の影響が大きいこと，しかし，ある地点を境に，そこから先の数百 km の海岸線では加入の影響が大きくなることが，北米と南米の西岸，ニュージーランド南島で見いだされている（Broitman et al. 2008; Menge et al. 1999; Navarrete et al. 2005）。こうした広域的な変化を生み出す大きな原因が湧昇流だ。湧昇流の発生域でベントスの加入量と生産性が増加することで，数百 km の海岸線にわたり種間の相互作用が重要になるという共通性が生み出される（図 7.10）（Menge & Menge 2013）。なお，日本近海では大規模な湧昇流は発生しない。国内では，むしろ黒潮と親潮の影響のほうが明瞭に現れる。北海道や東北地方の太平洋岸では，南日本とは異なる北方系の種が群集を構成する。それは，親潮が北方種の浮遊幼生を輸送し，運ばれた幼生が北海道から東北地方にかけての海岸に加入するためだ（2.3 節参照）。これらの事例からわかるように，加入と生産性は湧昇流や海流の影響下にある。それゆえ，これらは海岸よりもはるかに大きな空間ス

ケールで働くプロセスだ。

　一方，種間の相互作用は，異種の生物同士が出合うことで生じる。つまり，個々の海岸のなかで生じる局所的なプロセスだ（Benedetti-Cecchi & Trussell 2014）。しかし，相互作用の強弱は加入量と生産性の影響を受けて変化する。したがって，種間の相互作用という局所的なプロセスは，加入や生産性といった広域的なプロセスの影響の下で種組成を決めていると言える（図7.10）。

　このように，海岸で私たちの目に映る群集の姿は，さまざまな空間スケールの下で働く複数のプロセスによって織り成されている。それゆえ，群集を研究するときには，それが群集のパターンを認識するための研究でも，プロセスを解き明かすための研究でも，空間スケールを念頭に置くことが大切になる。

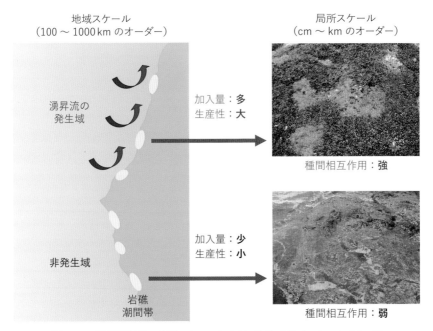

図7.10　岩礁潮間帯で空間スケールに応じて変化するプロセスのイメージ
湧昇流の発生域と非発生域を例に。

生態系における物質とエネルギーの流れ

　生物を構成する要素をどんどん細かくしていくと，最後には炭素や窒素，水素といった元素にまで分解することができる。生物とは，いくつかの元素から成るさまざまな物質の集合であり，環境中から物質を取り込んだり，体内で別の物質へとつくり変えたり，エネルギーを吸収・放出しながら生命活動を維持している。動物は，有機物を自分たちでは合成できないため，植物が光合成でつくり出した有機物を食べ，消化・吸収したのちに体を構成するさまざまな物質につくり変えている。すなわち，「食べる」ことは，餌に含まれる物質やエネルギーを獲得するための営みと理解できる。本章では生物を「物質やエネルギーの運び屋」として捉え，生態系のなかで物質やエネルギーがどのように生み出され，循環し，形を変えながら利用されていくのかを解説する。

8.1　食う食われる

　従属栄養と独立栄養　動物は，他の生物を食べてそこに含まれる有機物を取り込んで生きている。このような生物を**従属栄養生物**と呼ぶ。一方，植物やある種の細菌のように，太陽の光や化学的なエネルギーを利用して，二酸化炭素やメタンなどの化合物から，より複雑な有機物を合成できる生物を**独立栄養生物**と呼ぶ。自然界には，食虫植物や原生動物であるミドリムシの仲間のように独立栄養と従属栄養の両方の特性を持つ生物もいる。このような生物は**混合栄養生物**と呼ばれる。

　さまざまな食物連鎖　生態系のなかで起こっている「食う-食われる」の関係を**食物連鎖**と呼ぶ。実際の自然界では，ある消費者が1種類の餌だけを食べて生きていることは少ないため，食物連鎖は複雑な網目状となる（Hori & Noda

図 8.1 浮遊性珪藻の顕微鏡写真（a）と干潟上に繁茂した底生珪藻のマット（b）
いずれも海洋生態系における重要な生産者。(a) 三重県田中川河口，(b) 東京都
大井埠頭中央海岸公園。

2001）。このようなつながりを**食物網**と呼ぶ。海の食物網では，植物プランクト
ンや底生珪藻のような微細藻類（図 8.1），コンブ類のような海藻やアマモのよ
うな海草（海に生息する維管束植物）が，主な**生産者**である。植物プランクト
ンを食べる動物プランクトンは**一次消費者**，動物プランクトンを食べる魚は**二
次消費者**，さらに魚を食べる魚食魚，海獣，鳥のような捕食者は**三次消費者**と
呼ばれる。消費者のなかで，動植物の遺骸を分解するカビや細菌を**分解者**，死
体を食べる動物を**腐肉食者**と呼ぶこともある。「植物プランクトン–動物プラン
クトン–プランクトン食魚–魚食魚」のように，生きた植物を起点とする関係
を**生食連鎖**という。一方，「植物遺体（**リター**）–細菌–ヨコエビ類–カレイ類」
のように，枯死体や排泄物を起点とし，分解者がかかわる関係を**腐食連鎖**と呼
ぶ。腐食連鎖は，陸域からリターが流れ込む河口域や，光の届かない深海底で
重要な役割を占める。

　海洋表層の食物連鎖　1980 年代になって，溶存態有機物（DOM：Dissolved
Organic Matter）を栄養分として増殖する細菌（バクテリア）を起点とする食
物連鎖の存在がわかってきた（中野 2015）。古典的な食物連鎖（生食連鎖）の概
念では，植物プランクトンが光合成をして，カイアシ類のような動物プランク
トンがこれらを食べ，カタクチイワシやヤムシの仲間のようなプランクトン食
者を経て，高次消費者に物質とエネルギーが運ばれると考えられていた（図
8.2）。しかし，海の水のなかには溶存態有機物を栄養源とする細菌や，電子顕
微鏡でなければ観察できないような小さな植物プランクトン（ピコ植物プラン

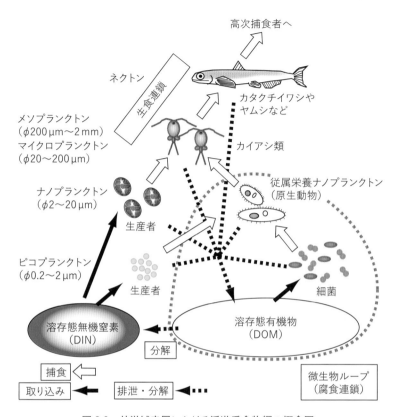

図 8.2　外洋域表層における浮遊系食物網の概念図

クトン，大きさ 0.2〜2 μm）がたくさん存在しており，原生動物などからなる**従属栄養ナノプランクトン**（HNP：Heterotrophic NanoPlankton，大きさ 2〜20 μm）を経て，上位捕食者へと食物連鎖がつながっていた（**微生物ループ**）。分解産物である溶存有機物とこれを利用する細菌を起点とする微生物ループは，腐食連鎖の 1 つである。

8.2　栄養段階と生態系ピラミッド

　食物網のかたち　生産者を 1 段目としたとき，ある生物種が食物連鎖の何段目に位置するかを，その生物の**栄養段階**と呼ぶ（Post 2002）。岩礁の付着生物群集では，付着藻類の栄養段階は 1，カサガイ類やウニの仲間のような藻類食者

148

（草食者）は2，ヒトデや肉食性の巻き貝では3となる。雑食性の動物では，栄養段階はかならずしも整数となるとはかぎらない。たとえば，図8.2のようなシンプルな食物網においても，生産者であるナノ植物プランクトンを基点とすると，これを餌とするカイアシ類の栄養段階は2となるが，同じく生産者であるピコ植物プランクトンを基点とすると，これを餌とする原生動物の栄養段階が2となり，原生動物を食べるカイアシ類の栄養段階は3と位置づけられる。ある動物がナノ植物プランクトンとピコ植物プランクトンを半分ずつ食べると，その動物の栄養段階は2.5となる。このように，どの餌をどれだけ食べているかで，雑食者の栄養段階は変わる。

　生態系ピラミッド　ある生態系について，生物の個体数，生物量（バイオマス）や生産速度（単位面積・時間あたりでの生物体の増加量）を栄養段階に沿って積み重ねた図を生態系ピラミッドと呼ぶ（図8.3）。一般に，個体数，生物量，生産速度のいずれについても生産者がいちばん大きく，一次消費者，二次消費者と栄養段階が上がるほどその量は減少する。たとえば，草原生態系の主要な生産者である草本植物は個体数，生物量，生産速度ともに，一次消費者

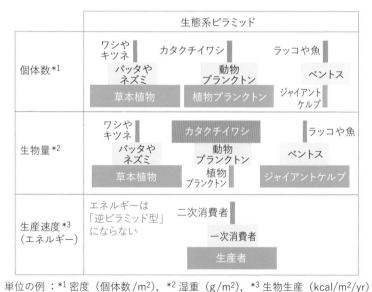

単位の例：*1 密度（個体数/m²），*2 湿重（g/m²），*3 生物生産（kcal/m²/yr）

図8.3　個体数，生物量，生産速度のそれぞれについて描いた生態系ピラミッド
バーの横幅は密度，湿重，生物生産の相対的な大小関係を示す。

であるネズミ類やバッタ類，さらに二次消費者であるワシ類やキツネ類よりもはるかに大きい。

　しかしながら，個体数と生物量については，生態系ピラミッドが「逆ピラミッド型」になる場合がある。たとえば，1 本の高木は，葉を食べる昆虫，花の蜜や樹液を餌とする昆虫，木の実を食べるリスやネズミの仲間など，多くの一次消費者を養いうる。これは，ジャイアントケルプを起点とする海中林生態系においても同様である。植物プランクトンを起点とする海洋表層においては，植物プランクトンよりもこれらを食べる動物プランクトンの生物量が大きくなることがあり，これを食べるカタクチイワシの生物量はさらに大きい。これは，プランクトンの体のサイズ（生物量，B）はカタクチイワシと比べてはるかに小さいものの，生物量が増える速度（生産速度，P）が極めて大きいことによる。この場合，生物量では「カタクチイワシ > 動物プランクトン > 植物プランクトン」の逆ピラミッド型となるが，生産速度でピラミッドを描くと「カタクチイワシ < 動物プランクトン < 植物プランクトン」となる。他の系からの流入がなければ，生産速度が「逆ピラミッド型」になることはない。消費者の生物生産は，その場の生産者がつくり出したエネルギーに依存しており，それ以上となることはありえない（無から有を生み出すことはできない）からである。

　P/B* 比**　ここで，生物量 B（単位：重量/面積）と生産速度 P（単位：重量の増加量/面積/時間）の関係について補足しておく。生物量（B）が大きい生物でも，その生産速度（P）が小さければ単位生物量あたりの生産性（P/B）は小さくなる。逆に，生物量がとても小さくても生産速度が非常に大きい（世代交代，代謝，成長が速く，どんどん殖える）生物の場合，P/B は非常に大きくなる。P/B* 比**は生物の生産性を示す指標として用いられ (Robertson 1979)，単位時間に生物量がどれだけ増加するかを示している。P/B 比は回転率と呼ばれることもあり，その値が大きければ，当該種がより高い生産性を有していることを示している。

8.3　有機物の生産と移動

　海洋表層の基礎生産　陸上における主要な生産者は，樹木や草本といった維管束植物である。一方，海洋では植物プランクトンが光合成でつくる有機物

150

（一次生産）が動物プランクトンや魚の成長（二次生産）の基盤となる。植物プランクトンは，硝酸 NO_3^- やリン酸 PO_4^{3-} などの栄養塩を取り込み，光と溶存態無機炭素（DIC：Dissolved Inorganic Carbon）により光合成を行って増殖する。浅い海では海底まで十分な光が届くため，海藻や底生微細藻類による生産（底生一次生産）も行われる。図 8.4 に，海の表層における一次生産量，呼吸量，相対光強度の鉛直分布を示した。生産者がつくり出した有機物（炭素）の総量を総生産と呼び，ここから生産者自身の呼吸による消費量（呼吸量）を引いたものを純生産と呼ぶ。ここで，「一次生産」という言葉が文脈によって総生産を指す場合と純生産を指す場合があるため，混同しないように注意する。総生産と呼吸量が等しくなる（純生産 = 0）水深を補償深度，それより浅い層を有光層（真光層）と呼ぶ。補償深度は光強度が海水面の 1 ％となる深さとほぼ等しく，黒潮の流れる外洋で数十 m〜100 m，沿岸域や親潮海域では数 m〜数十 m である。直径 30 cm の白い円盤（セッキ板）が見えなくなる深さを透明度と呼ぶが，この値を 2〜3 倍すると補償深度とほぼ等しくなることが経験的に知られている（西条 1964）。広島湾北部で調べた事例では，補償深度 ≒ 透明度（m）× 2.6 という数値が得られている（向井ら 1984）。

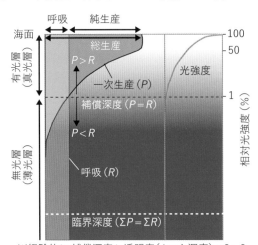

※経験的に 補償深度 ≒ 透明度（セッキ深度）×2〜3

図 8.4　外洋域表層における水深と一次生産速度（P），呼吸速度（R），光強度の関係
上が海面で，下へ行くほど水深が深くなる。ごく表層では強光阻害が生じるため表層直下に一次生産速度のピークがあり，それ以深では光強度の減衰にともなって低下する。一方，呼吸速度は深さ方向でほぼ一定である。相対光強度が表面の 1 ％となる深さ（補償深度）では $P = R$ となり，見かけ上の一次生産（純生産）は 0 となる。

　表層から深さ方向に呼吸量と一次生産量をそれぞれ足し算していったとき，これらが等しくなる深さを臨界深度という。これより浅い層では水柱全体として生産された有機物が蓄えられ（生産 > 消費），これより深い層では生産された有機物がすべて水柱で消費される（生産 < 消費）。海の表層でつくられた有機物の一部は，プランクトンの糞粒や遺骸，細胞の塊として速いスピードで沈み，分解・消費される前に海底に到達する（生物ポンプ）。海底面に沈降した有機物は，ベントスに食べられたり，微生物に分解されたり，一部は溶存態の有機物や栄養塩として溶け出したり，水の流れに巻き上げられて再懸濁したりする（Rhoads 1974）。このような，底質–水柱間で起こる物質やエネルギーのやりとりを benthic-pelagic coupling（底生–浮遊系のカップリング）と呼ぶ（Graf 1989）。

　窒素とリン　生物の体は，その大部分が炭素 C，水素 H，窒素 N，酸素 O，リン P，硫黄 S といった生元素でできている。窒素は，気体分子（N_2）として大気の 80 % を占めている。しかし，不活性ガスである窒素ガスを多くの植物は直接利用することができない。そのため，多くの植物プランクトンや底生微細藻類，海藻（草）類は，窒素源として水に溶けているアンモニウムイオン（NH_4^+）や硝酸イオン（NO_3^-），亜硝酸イオン（NO_2^-）といった溶存態無機窒素（DIN：Dissolved Inorganic Nitrogen）を吸収し，体をつくる物質の材料として用いている（窒素同化）。一部の土壌微生物，マメ科の根粒細菌，一部のシアノバクテリアは，空気中の窒素を直接利用して窒素化合物を合成できる（生物学的窒素固定）。一方，地球上のリンの多くはリン鉱石（リン酸塩鉱物）として存在している。植物は，窒素の場合と同じくリン酸イオン（PO_4^{3-}）として水に溶け込んでいるものしか利用できない。一般に，リン酸塩は岩石が風化することによって初めて水に溶け込んで利用できるようになるため，その供給速度は極めて遅く，海域へは主として河川水を通して流入する。植物プランクトンは，一般に炭素・窒素・リン（C・N・P）をおおよそ 106 : 16 : 1 の割合で消費するが，この比率をレッドフィールド比と呼ぶ。

　生態系の垣根を超えた物質・エネルギーの行き来　干潟の食物網は，生産者としての微細藻類，これを食べるカニ類や二枚貝のような底生動物，さらにこれらを餌として利用する鳥や魚などから構成されている（図 8.5）。ある干潟の食物網において，その場所でつくられた底生微細藻類や植物プランクトン，ヨシなどを自生的有機物，河川水が運んでくる有機物や，上げ潮が沖合から運んでくる植物プランクトンを他生的有機物と呼ぶ。干潟や河口域は，河川，内

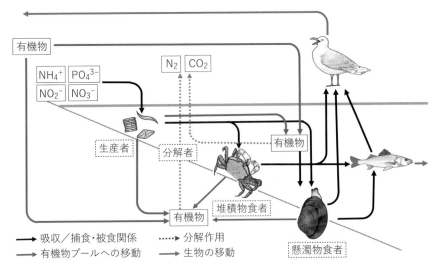

図 8.5　干潟生態系における食物連鎖を通じた物質とエネルギーの行き来　呼吸・光合成にともなう O_2 と CO_2 の出入りは示していない。(イラスト：木下そら氏)

湾，森林や畑地といった多くの生態系と隣あっているため，隣接した生態系との間で物質やエネルギーが行き来する。このような，生態系の垣根を超えた有機物の流入を**異地性流入**と呼ぶ (Polis et al. 1997)。沿岸域では，多様な起源を持つ有機物がベントスの二次生産を支えており，その食物網構造は非常に複雑なものとなる。

　他生的有機物の一部は，ベントスに食べられて食物連鎖に取り込まれる。北海道の河口域では，川が運んだ落ち葉がトンガリキタヨコエビに食べられ，本種はクロガシラガレイの当歳魚にとって重要な餌となる (櫻井ら 2007)。北アメリカの河口干潟でベントスの餌利用を調べた研究例では，集水域の面積が大きくなるほど陸域起源有機物の寄与が増加することが示されている (Sakamaki et al. 2010)。また，有明海奥部では干潟表面の底生微細藻類が沖合に運ばれ，潮下帯に暮らすベントスの餌となっている (Yoshino et al. 2012)。

　このように，異地性流入は，とくに内部生産性の低い生態系において，餌資源の供給経路として重要である。高次消費者である鳥や魚は，餌として取り込んだ有機物を遠い沖合や河川，陸域に運び，そこで糞をしたり他の生物に食べられたりすることで，地理的に隔てられた食物網をつなぐ架け橋となっている。

　デトリタスを食べるものたち　ベントスの二次生産を支える餌資源として，水中の POM（懸濁態有機物，Particulate Organic Matter）や SOM（底質有機物，Sediment Organic Matter）が重要である。POM や SOM のように，分解途中の生物遺体や鉱物粒子とそこに付随する微生物群集が混じり合ったものをデトリタスと呼ぶ。干潟や沿岸域に生息するベントスの多くは，デトリタス食者である。彼らは，活発に水を濾過したり堆積物を食べたりすることで，生態系中での有機物の移動や分解に関して重要な役割を果たしている（Pearson 2001）。

Box 8.1　ベントスのセルラーゼ

　陸上植物の枯葉やそれを起源とするデトリタスは，難分解性の多糖類をたくさん含んでいることから，海のベントスは直接これらを消化することはできないと考えられてきた。しかし最近の研究で，汽水性二枚貝のヤマトシジミが，晶桿体から分泌した**セルラーゼ**（セルロース消化酵素）を用いて高等植物遺体を消化していることが明らかにされた（Sakamoto et al. 2007）。その後の研究により，汽水性ベントスの多くがセルラーゼを持ち，その活性の違いがすみ場所や餌利用の違いをもたらす要因にもなっていることがわかってきた（Antonio et al. 2010; Niiyama & Toyohara 2011; Kawaida et al. 2013; Liu et al. 2014）。図は，セルロースを含んだゲルを用いて，汽水域に生息するゴカイ類の抽出液を電気泳動した写真である（Kanaya et al. 2018）。抽出液に含まれるセルラーゼがセルロースを分解したため，染色液に染まらない白いスポットが出現した。数値は推定されたセルラーゼ分子の分子質量（kDa）である。

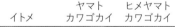

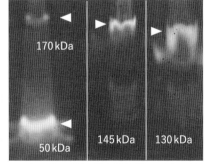

イトメ　　ヤマトカワゴカイ　ヒメヤマトカワゴカイ

170 kDa　　50 kDa　　145 kDa　　130 kDa

多毛類のイトメ，ヤマトカワゴカイ，ヒメヤマトカワゴカイが示したセルラーゼ活性と，推定された分子質量（単位：kDa）　組織抽出液中に含まれるセルラーゼがゲル中のセルロース分子を分解した結果，コンゴ・レッドに染まらない白いスポットが検出される。（Kanaya et al. 2018 を基に作成）

8.4　いろいろなエネルギー獲得様式

　さまざまな代謝　生物は，外界から取り込んだ物質を体内でいろいろな物質につくり変えて生きている。エネルギーを使って，体内に取り込んだ物質をつくり変える反応を**同化**と呼ぶ。逆に，同化された物質を簡単な物質に分解し，その過程でエネルギーが発生する反応を**異化**と呼ぶ。一例として，植物は光エネルギーを使って水と二酸化炭素を反応させ（**光合成**，炭酸同化），より複雑な物質である有機物（糖）を合成し，副産物として酸素を生成している。一方，私たち人間を含む真核生物は，有機物を餌として取り込み，酸素を使って水と二酸化炭素に分解し（**好気呼吸**，異化の 1 つ），得られたエネルギーを**アデノシン 3 リン酸**（ATP，Adenosine TriPhosphate）として貯蔵している。ここで例として挙げた光合成や，酸素を用いた呼吸は，自然界で行われているさまざまな同化・異化のやりかたのなかの 1 つである。

　生物の代謝様式には「体をつくる炭素の素材（炭素源）」と「ATP をつくるエネルギー源」の違いにより，4 つのグループがある（表 8.1）。植物のように二酸化炭素と何らかのエネルギー源から有機物を合成するのが**独立栄養**生物である。植物では，エネルギー源として光を使うので**光合成**と呼ばれる。一方，有機物を餌として体内に取り込み，分解したときに出てくる化学エネルギーを使って ATP を合成するのが**従属栄養**生物である。多細胞生物である動物はすべてが化学合成従属栄養，植物ではすべてが光合成独立栄養である（寄生植物などの例外もある）。

　泥のなかで見られるさまざまな呼吸（異化）　呼吸反応において，細胞のミトコンドリア中で有機物（グルコース）が分解されると，水素イオン H^+（プロトン）ができる。好気呼吸では，発生したプロトンは電子伝達系を経て酸素 O_2 と結びついて水 H_2O となるが，このとき，酸素は電子 e^- を受け取っていることから（$O_2 + 4e^- \rightarrow 2O^{2-}$），**電子受容体**（電子を受け取って相手を酸化し，自分自身は還元される＝酸化剤）として働いている。この電子のやりとりで生じるエネルギーによって ATP がつくられる。

　自然界に生きる生物のなかには，酸素ではない物質に電子を「受け取らせて」いるものもいる。酸素の乏しい海の底や干潟の泥のなかには，表 8.1（化学合成従属栄養）に示したように，硝酸イオン NO_3^-，4 価マンガン Mn^{4+}，3 価鉄 Fe^{3+} や硫酸イオン SO_4^{2-} を電子受容体とする細菌がたくさん生息してい

表 8.1　底泥中における細菌の代謝様式（Nealson 1997 を基に作成）

タイプ	炭素源	エネルギー源	電子供与体	電子受容体
光合成従属栄養	有機物	光エネルギー		
光合成有機酸化細菌			有機物	
化学合成従属栄養	有機物	化学エネルギー（有機物）		
好気呼吸			有機物	O_2
脱窒			有機物	NO_3^-
マンガン還元			有機物	$Mn(IV)$
鉄還元			有機物	$Fe(III)$
硫酸還元			有機物	SO_4^{2-}
硫黄還元			有機物	S^0
メタン発酵			有機物／H_2	CO_2
栄養共生	嫌気呼吸		有機物	有機物
酢酸生成			有機物／H_2	CO_2
発酵			有機物	有機物
光合成独立栄養	CO_2	光エネルギー		
藍色細菌			H_2O	
光合成無機酸化細菌			硫黄／H_2	
化学合成独立栄養	CO_2／有機物	化学エネルギー（無機物）		
水素酸化			H_2	$O_2, NO_3^-, Mn(IV),$ $Fe(III), SO_4^{2-}, CO_2$
鉄酸化			$Fe(II)$	O_2, NO_3^-
硫黄酸化			$H_2S, S^0, S_2O_3^{2-}$	O_2, NO_3^-
窒素酸化（硝化）			NH_4^+, NO_2^-	O_2
メタン酸化			CH_4	O_2

る。このような，酸素を使わない呼吸を**嫌気呼吸**と呼ぶ。呼吸のなかで，最も
エネルギー獲得効率が高いのは好気呼吸であり，**メタン発酵**や**硫酸還元**ではエ
ネルギー獲得効率がずっと低くなる（Capone & Kiene 1988）。泥のなかではたくさ
んの細菌が嫌気呼吸を行って生きており，その結果として窒素 N_2 や亜酸化窒
素 N_2O（脱窒），2 価マンガン Mn^{2+}（マンガン還元），2 価鉄 Fe^{2+}（鉄還元），
硫化水素 H_2S（硫酸還元）やメタン（メタン発酵）が生成する（Fenchel & Riedl
1970; 栗原 1988; 左山 2011）。このように「呼吸」によって有機物を酸化分解してエ
ネルギーを得る生物群をまとめて，**化学合成従属栄養**生物と呼ぶ。
　干潟を掘ると，表層の数 mm が黄褐色で（**酸化層**），その下は灰色〜黒色の
層（**還元層**）となっている。酸化層の黄褐色は酸化鉄 Fe_2O_3 や水酸化鉄（III）
$Fe(OH)_3$ の色，還元層の灰〜黒色は 2 価鉄 Fe^{2+} や硫化鉄 FeS の色であり，こ
のような層状構造は嫌気呼吸を行う微生物によってつくられている。酸化層

では，有機物は主に**好気呼吸**で分解されるが，酸素が存在しない還元層では**脱窒**，鉄還元や硫酸還元が中心となる。脱窒は，干潟に流れ込んだ栄養塩（硝酸態窒素）を気体に変化させて大気中へ除去するため，水質浄化プロセスとして重要な役割を担っている。

光を使わない有機物合成（同化）　細菌のなかには，光がなくても化学エネルギーを利用して有機物を合成できる仲間がいる。表 8.1 の下部に示した**化学合成独立栄養細菌**のグループは，二酸化炭素を炭素源とし，硫化水素 H_2S や 2 価鉄 Fe^{2+} のような還元態物質が酸化される際の化学エネルギーで有機物を合成している。鉄酸化細菌を例にとると，彼らは還元層に蓄積した 2 価鉄（電子供与体）を 3 価鉄へと酸化し，その際に生じた化学エネルギーで二酸化炭素から有機物を合成している。アンモニウム NH_4^+ から亜硝酸 NO_2^-，亜硝酸から硝酸 NO_3^- を生成する**窒素酸化（硝化）**も，底泥から水中への栄養塩回帰の経路として重要であるが，これも化学合成独立栄養細菌の働きによる。

深海の**熱水噴出孔**周辺では，湧出する硫化水素を酸化して化学エネルギーを取り出し，有機物を合成する**硫黄酸化細菌**を基点（生産者）として食物網が成り立っている（コラム 9.3 参照）。また，メタンを酸化して有機物を合成する**メタン酸化細菌**も，深海の**冷水湧出域**で食物網を支える生産者として重要である。東京湾のような富栄養な内湾域では，微生物が行う硫酸還元（硫酸呼吸）により底質中に高濃度の硫化水素が蓄積することがある（底質をかき混ぜると卵の腐った臭いがする）。そのような環境では，底泥表面に真っ白い硫黄酸化細菌（*Beggiatoa* 属）のマットが形成されることがある。硫化水素を含む温泉水中にも硫黄酸化細菌が生息しており，硫黄の粒を含んだ糸状の菌体が繁茂し，硫黄芝と呼ばれる。

生物が変える底質環境　微生物の活動は，海の底質の化学的組成を大きく変える（図 8.6）。酸化層付近では，活発に酸素呼吸や硝化が行われるため，酸素が消費されて硝酸が蓄積する。また，底質表層では，2 価鉄 Fe^{2+}，硫化水素 H_2S，メタン CH_4，アンモニウムイオン NH_4^+ のような物質は，前項で述べた化学合成独立栄養細菌によって速やかに酸化されてしまう。酸化層と還元層の間は**酸化還元電位不連続層**（RPD 層：Redox Potential Discontinuity layer）と呼ばれ，このあたりから鉄やマンガンの還元（鉄呼吸，マンガン呼吸）が活発に行われるようになり，還元層の深部（〜数十 cm）では発酵や硫酸還元が主要な嫌気呼吸プロセスとなる。このように，底泥中での微生物の代謝形式とその

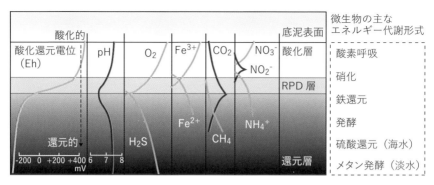

図 8.6　底泥中における酸化還元電位，pH および酸化還元態物質濃度（O_2, H_2S, Fe^{2+}, Fe^{3+}, CO_2, CH_4, NO_3^-, NO_2^-, NH_4^+）の鉛直分布　（Fenchel & Riedl 1970 より）

ニホンスナモグリの巣穴（内径約 1 cm）　ヒメヤマトカワゴカイの巣穴（内径約 5 mm）

図 8.7　ベントスの巣穴構築による酸化層の形成　十脚目のニホンスナモグリ（左）と環形動物のヒメヤマトカワゴカイ（右）。上が底質表面。

活性は鉛直方向に変化している。

　底質の酸化還元状態を示す指標として**酸化還元電位**（Eh）がある。一般に，微生物群の代謝様式が表層から深部に向けて変化するにつれ，酸化態・還元態物質の濃度や存在比率が大きく変化し，これを反映して底質の Eh は段階的に下がっていく（Capone & Kiene 1988）。好気呼吸や硝化が卓越する酸化層では Eh は正の値（0〜+400 mV 以上）を示すが，強い硫化水素臭を放つ還元的な底質

では Eh が −200 mV くらいまで低下する。Eh は，有機汚濁が進行して底質が還元化するとより低い値を示すようになるため，底質環境の「健全度」を評価するための指標として広く用いられている（Hargrave et al. 2008）。

　底質の酸化還元状態は，ベントスの活動によっても変化する。埋在性ベントスは，底質に巣穴を掘って生活し，体を動かして水流を発生させることで溶存酸素濃度の高い水を巣穴に引き入れて循環させる。そのため，巣穴の壁面には底質表層と同じ酸化層が形成される（図 8.7）。

8.5　ベントスを介した物質の流れ

　生元素の流れを調べる　生産者がつくり出した有機物は，生態系をめぐり，炭水化物，タンパク質，脂質などに形を変え，一部は化学エネルギーとして利用されたり，熱エネルギーとして放出されたりする。以下では，ベントスの食う−食われる関係を通じた物質の流れ（**物質循環**）について述べる。

　ベントスの多くは，水のなかの有機物粒子を濾し取って食べたり，デトリタスや底生微細藻類を底質と一緒に食べたりしている（Kamimura & Tsuchiya 2004）。多くの研究者が，ベントスの摂食活動にともなう物質やエネルギーの流れを定量化しようと試みてきた。方法の 1 つは，特定のベントス種に注目し，餌として消費される植物プランクトンの濃度変化を調べたり，ベントスの濾過速度を測ったりして得られた原単位（例：ある水温で，あるサイズの個体がどれだけの速度で炭素を取り込むか）を用いて推定する方法である（Kohata et al. 2003; Altieri & Witman 2006; Komorita et al. 2014）。また，現場でベントスの密度を操作して餌資源の現存量の変化を見る操作実験もよく行われる。

　沿岸域における窒素収支　福島県の松川浦で窒素収支を推定した例を図 8.8 に示した（Kohata et al. 2003）。松川浦は閉鎖性がたいへん高い潟湖であり，系外から流入する窒素は 1 日に約 1 t と見積もられた（川から 0.41 t/d，外海から 0.61 t/d）。潟水中には 1.8〜3.2 t の懸濁態・溶存態窒素があり，潟内に生息するマガキとアサリの濾過食によって 1 日あたり 2.2 t の懸濁態窒素が水中から除去される。その一部は，糞や擬糞として再び排出される（0.53 t/d）。アマモやアオサ類の現存量は 1.6 t-N であり，1 日に吸収する溶存態無機窒素は 0.17 t と推定された。以上から，松川浦では系外から入ってきた窒素の多くが，マガキとアサリにより除去されていると考えられた。

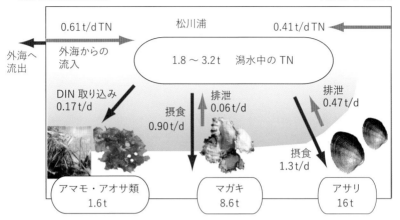

潮汐による潟水交換　　　　　　　　　　　　　　　　　　　河川からの流入

図 8.8　現地調査と現場実験により推定した福島県松川浦における窒素収支（Kohata et al. 2003 を基に作成）　全窒素（TN：Total Nitrogen）＝溶存態窒素（DN：Dissolved Nitrogen）＋懸濁態窒素（PN：Particulate Nitrogen）。マガキやアサリは懸濁態窒素（植物プランクトンなど）を摂食し，溶存態・懸濁態の窒素を排泄する。アマモやアオサ類は溶存態無機窒素（DIN：Dissolved Inorganic Nitrogen）を取り込んで窒素同化を行う。

　物質循環におけるベントスの重要性　　Diaz & Rosenberg（2008）はその総説のなかで，貧酸素と硫化水素の蓄積により底生動物がいなくなると，食物連鎖を通じた高次消費者（魚や鳥）へのエネルギーの転換がうまくいかなくなり，生産された有機物が食物連鎖に取り込まれないまま沈降し，底質中に蓄積して細菌によって分解されることを指摘した。このように，環境の悪化によるベントスの死滅によって，生態系内の物質の流れもまた大きく変化する。

　アメリカのナラガンセット湾で 2001 年の夏に生じた広域的な貧酸素はムラサキイガイを死滅させ，彼らによる濾水能力（$134.6 \times 10^6\,\mathrm{m^3/d}$）の 75 ％ 以上が失われた（Altieri & Witman 2006）。アメリカのハドソン川河口域では，懸濁物食二枚貝のカワホトトギスガイが移入して大増殖し，濾過摂食の捕食圧が 10 倍以上に増加し，植物プランクトンが 85 ％ も減少した（Caraco et al. 1997）。本種の移入による植物プランクトンの低下は，これを餌とする他のベントスを減少させたほか（Caraco et al. 1997），魚類の生物量・生産性も低下させた（Strayer et al. 2004）。この他，ベントスの活動がもたらす有機物の量や流れ（フラックス）の変化については，室内実験や野外操作実験によっても多くの報告がなされてい

る（Nakamura 2001; Aikins & Kikuchi 2002; Kamimura & Tsuchiya 2004; Kanaya 2014; Tanaka et al. 2017）。

Box 8.2　安定同位体比と脂肪酸分析による餌資源推定

　ベントスが何を餌としているかを推定するための手法として，炭素・窒素安定同位体比（δ^{13}C・δ^{15}N）を用いる方法がある（富永・高井 2008; 金谷 2010; Layman et al. 2012）。地球上には，^{12}C と ^{14}N の他に，中性子が1つ多い安定同位体の ^{13}C と ^{15}N がごくわずかな割合で存在している。^{13}C と ^{15}N は「重い」ため，^{12}C や ^{14}N とは異なる特性を持つ。たとえば，軽い ^{12}CO$_2$ は重い ^{13}CO$_2$ よりも反応速度が速く，光合成において先に植物に取り込まれる（同位体分別）。有機物は，生産者や生息環境によって異なる安定同位体比をとり，動物の安定同位体比は，食べた餌の値を一定の変化率（濃縮係数）のもとに受け継ぐため，これらの値を比べると，彼らが何を食べていたのかを推定することができる（下図）。表層堆積物食者は底生微細藻類に近い δ^{13}C を示し，懸濁物食の二枚貝では植物プランクトンに近い δ^{13}C を示す（Doi et al. 2005; Yokoyama et al. 2005）。天然のトレーサーとして，生物体に含まれる脂肪酸組成を用いる方法もある（脂肪酸分析）。自然界にはバクテリアや珪藻，緑藻，渦べん毛藻などに特異的な脂肪酸マーカーが存在するため，これらを用いて餌への寄与を評価することができる（Meziane & Tsuchiya 2000; Kelly & Scheibling 2012; Yamanaka et al. 2013）。

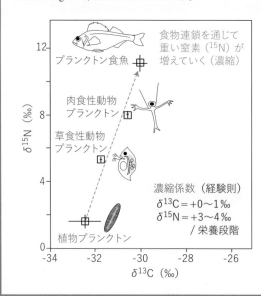

炭素・窒素安定同位体比（δ^{13}C・δ^{15}N）による餌資源解析　「植物プランクトン−草食性動物プランクトン−肉食性動物プランクトン−プランクトン食魚」という食物連鎖の各栄養段階を見ると，餌の δ^{13}C は +0～1‰，餌の δ^{15}N は +3～4‰という関係性が成り立っており，食物連鎖の構成要素はほぼ一直線上に配列されている。（Kanaya et al. 2009 および金谷ら（未発表データ）を基に作成）

コラム 8.1　アサリをめぐる窒素収支：火散布沼の例（小森田智大）

　北海道の東部に火散布沼という小さな汽水湖がある。湖内の干潟では，豊富なアサリの二次生産（約 $130\,g/m^2/yr$）を利用したアサリ漁が営まれている。このような生態系で，持続的な漁業を営むためにはアサリが何をどれだけ食べているのかを知ることが重要である。「何を食べているか」（定性的な情報）は，安定同位体比を使って調べることができる。一方，「どれだけ食べているのか」（定量的な情報）を推定するためには，二枚貝のろ過速度や摂餌量から生元素の総フラックスを算出する必要がある。我々は，炭素・窒素安定同位体比からアサリの餌資源を推定するとともに，アサリの餌要求量を算出し比較することで，生産期（6〜10月）における湖全体の窒素収支へのアサリの摂餌の影響を評価した（下図）。その結果，湖内の現存量（1.8〜4.5 kmol-N）に匹敵する植物プランクトンが毎日アサリによって食べられており，アサリの窒素要求量に対する寄与率は 12〜28％であることがわかった。これに対して，干潟と湖底の堆積物に付着する底生微細藻類の現存量（120〜130 kmol-N）は，植物プランクトンよりもはるかに高く，アサリの窒素要求量に対する底生微細藻類の寄与率は 35〜64％ に達していた。このように，窒素収支を調べることによって，火散布沼に生息するアサリの高い二次生産は植物プランクトンのみではまかなえず，その多くを底生微細藻類に依存していることが明らかになった。

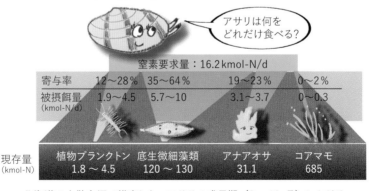

北海道の火散布沼で推定した，アサリの成長期（6〜 10 月）における
アサリの餌要求量と潜在的な餌資源の寄与率，被摂餌量および現存量
被摂餌量は，寄与率にアサリの窒素要求量を乗じることで算出した。
（Komorita et al. 2014 を基に作成）

8.6　生物攪拌

　生態系エンジニアと生物攪拌　ビーバーは水辺の樹木をかじり倒してダムをつくり，川の流れを変えてしまう。ミミズは土に穴を掘り，落ち葉を食べ，地表に糞をすることで土を耕す。このように，巣穴を掘ったり，土をかき混ぜたり，構造物をつくることで生息場所の構造や環境を大きく変えてしまう生物を**生態系エンジニア**と呼ぶ。埋在性のベントスにとって，底質は餌であり，生活の場でもある。彼らは棲管を構築したり餌を食べたりすることを通じて底質・水質を改変し，微生物の働きを高めることにより，物質循環に大きな影響を与える（Pearson 2001; Meysman et al. 2006）。このように，ベントスの活動によって底質が移動・攪拌される働きを**生物攪拌**と呼ぶ。

　底質中にはさまざまな生活形のベントスが暮らしている。十脚目のニホンスナモグリは，砂のなかに垂直の巣穴を構築し，いらない砂を巣穴の入り口から吹き上げるため（生物的な再懸濁, bio-resuspension），巣穴の入り口に塚（マウンド）ができる（Tamaki & Ueno 1998）。スナモグリ類がマウンドを形成すると，他のベントスが砂に埋もれてしまうなどの片害作用をもたらす（Tamaki 1994）。

表層堆積物食者のサビシラトリガイは，長い水管を干潟表面に延ばして有機物粒子を吸い込んでいる。宮城県蒲生潟で行われた密度操作実験では，サビシラトリガイは底質表層の有機物量を減少させ，共存するカワゴカイ属の密度に負の影響を与えることが示され，これは餌をめぐる競争の結果と推測されている（Kanaya 2014）。シロナマコのような**下層堆積物食者**は，深部の底質を飲み込んで有機物を消化し，糞を表層に排出する。ヤマトカワゴカイは U 字型の巣穴をつくり，ぜん動運動を行って水を循環させる（生物的な灌水，bio-irrigation）。アサリとドロオニスピオはいずれも**懸濁物食者**であるが，アサリは水管から水を吸い込み，えらで有機物粒子を濾し取って食べ，糞や擬糞を排出する（生物的な堆積，bio-deposition）。ドロオニスピオは，長い 2 本の副感触手を振り動かし，捕捉された有機物粒子を食べている。懸濁物食者である十脚目のアナジャコは，干潟に深い Y 字型の巣穴を構築する（図 8.9）。彼らは巣穴上部の

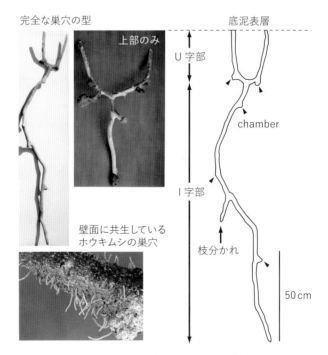

図 8.9　深さ 2 m に達するアナジャコの巣穴の型（左）と模式図（右）
東京湾新浜湖で，レジン樹脂により型を取ったもの。（Kinoshita 2002 を基に作成，写真：木下今日子氏）

U字部分に定位し，腹肢を活発に動かして巣穴内に水を循環させている。このような生活形の違いにより，それぞれの種が生息環境に及ぼす影響もまた大きく異なっている。

　ベントスの働きで物質循環が変わる　Kikuchi（1986）は，密閉した底質コア中にヤマトカワゴカイを入れ，実験室内で底質の酸素消費の変化を調べた。その結果，ヤマトカワゴカイの生息により底質の酸素消費速度は26％，二酸化炭素放出速度は37％増加した。これは，彼らが巣穴をつくって水を循環させることで（図8.7参照），巣穴壁面の微生物代謝活性が高まり，好気呼吸が促進されたためと考えられた。前項で示したアナジャコ類の事例では，巣穴の壁面は周囲の底質と比べて有機物に富み，細菌現存量や微生物活性も高いことが示されている（Kinoshita et al. 2003）。すなわち，アナジャコの巣穴は干潟に供給される懸濁有機物をトラップし，かつこれらを分解する場として重要な機能を有している。

　ウニの仲間のオカメブンブク（以下「ブンブク」）は，潮下帯の砂泥のなかを移動しながら底質を飲み込む堆積物食者である。Lohrer et al.（2004）は，ニュージーランドの海底に現場チャンバーを並べ，ブンブクの密度を4段階に変えた実験を行った。その結果，彼らの密度と底質–水柱間の物質フラックスとの間にいくつかの正（促進）または負（阻害）の関係が見られた（図8.10）。非常に興味深いことに，その作用は光の有無で異なり，以下のような複雑な相互作用が推測された。明条件下における底生一次生産への正の影響（溶存酸素の増加）は，ブンブクの排泄物に含まれるアンモニウムや，底質攪拌にともなう栄養塩放出によると考えられた。一方，暗条件下での硝酸・亜硝酸の減少は，溶存酸素濃度の低下で脱窒活性が高まったためと考えられた。また，暗条件下でのリン酸濃度の低下は，攪拌によって底質に酸素が供給され，その結果としてリン酸が粘土鉱物へ吸着されたためと考えられた。

　ある生態系のなかで生じる，エネルギーや物質の固定，生物生産，物質の生産・循環・分解といったさまざまな生物的・物理化学的なプロセスを，**生態系機能**と呼ぶ。ベントスによる生物攪拌は，底質中の微生物活性を高めたり，底質–水界面の物質循環を促進したりすることにより，干潟の生態系機能にとって欠くことができない要素となっている。Karlson et al.（2010）は，デトリタス食ベントスの多様性が高いと，底生生態系への有機物の取り込みと分解が促進されることを明らかにした。バイオマスや生息密度だけではなく，ベントス群

集の種多様性も，干潟の生態系機能を評価する上で重要な要素と考えられる。

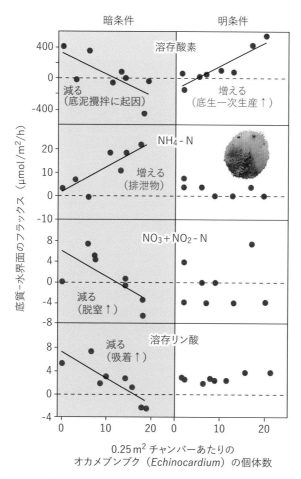

図 8.10　底泥−水柱間の物質フラックスとオカメブンブクの個体数（0.25 m² あたり）との関係　現場チャンバーで測定。（Lohrer et al. 2004 を基に作成）

コラム 8.2　外洋に面した砂浜海岸に生息するアナジャコ類 （清家弘治）

　アナジャコ類は底質中に Y 字型の巣穴を形成し，そのなかに水を循環させることで濾過食を行う。その濾過作用は凄まじく，7000 ha ほどのラグーンの場合だと，満潮時にラグーンへ入ってくる海水のほぼすべてに匹敵する水量がアナジャコ類によって濾過される例があるほどである。いままで，アナジャコ類の生息環境として干潟や内湾底のみが注目されてきたが，外洋に面した砂浜海岸の汀線<ruby>汀線<rt>ていせん</rt></ruby>から数 km の沖合にも，彼らは生息している。砂浜海岸は地球上にある海岸線の約 3 割を占め，沿岸域のなかでも最大の生態系の 1 つである。それにもかかわらず，砂浜海岸におけるアナジャコ類の生態の理解は著しく遅れている。たとえば，アナジャコ類がどこにどれくらい生息していて，何をどのように食べているのかという点はまったく明らかにされてこなかった。

　Seike et al. (2020) は，太平洋に面する茨城県鹿島灘の水深 10～20 m にかけての砂底に，ナルトアナジャコ（*Austinogebia narutensis*）が大量に生息することを報告し，その巣穴型を採取して生態を調べた。その結果，本種も干潟に生息する他のアナジャコ類と同様に，Y 字型の巣穴を用いて水柱に懸濁する植物プランクトンを濾過して食べていることがわかった（下図）。鹿島灘での生息密度は最大で 400 匹/m^2 以上にも達し，これは干潟に生息する他のアナジャコ類と同等，あるいはそれを上回っている。海底に見られる巣穴開口部の数（ナルトアナジャコ個体数と比例）と，底層水のクロロフィル濃度（一次生産者である植物プランクトンの量）の関係を調べた結果，両者は明瞭な負の相関を示した。このことは，ナルトアナジャコによる濾過作用が，水柱の一次生産者量を減少させていることを意味している。

　本研究により，開放性海浜においてもアナジャコ類の濾過作用が周囲の環境に大きな影響を及ぼしていることが明らかになった。鹿島灘のナルトアナジャコは，大型の高次捕食者（ホシザメなど）の主要な餌であることが知られている。つまり，ナルトアナジャコは開放性海浜の底生生態系において，一次生産者と高次捕食者をつなぐ重要な役割を担っていると考えられる。

 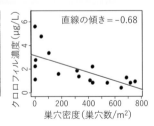

左：ナルトアナジャコの濾過食のメカニズム。巣穴内に海底直上水を循環させ，濾過食を行う。中央：鹿島灘の水深約 20 m における海底の状況。黒い枠は 30×30 cm の方形枠（コドラート）。黒い斑点はすべてナルトアナジャコ巣穴の開口部。右：巣穴密度と底層水のクロロフィル濃度の関係。ナルトアナジャコによる濾過作用が一次生産者の現存量を減少させていることを示す。

ベントスが支えるさまざまな生態系

　沿岸域においてベントスが生息する生態系は，海岸からの距離と底質によって，概ね図 9.1 のように分けることができる。潮汐にともなって干出と冠水を繰り返す場所を**潮間帯**，それより低い場所を**潮下帯**と呼ぶ。潮間帯に位置し，堅い基質（岩盤）で形成された場所は**岩礁潮間帯**，転石であれば**転石潮間帯**である。さらに細かい基質の場所は砂質潮間帯や泥質潮間帯，すなわち**砂浜**や**干潟**と呼ばれ，その背後地には，耐塩性の草本が**塩性湿地**を形成する。熱帯・亜熱帯地域では，河口域に耐塩性の樹木が構成する**マングローブ林**が見られることがある。岩礁潮下帯には大型の褐藻が生育することで**海藻藻場**が形成され，基質が砂や泥の場合は海草が生育する**海草藻場**となる。また，熱帯・亜熱帯地域では，堅い基質上に藻類ではなくサンゴ類が付着し，**サンゴ礁**が形成される。概観してわかるとおり，各生態系の環境が制約になって中心になる生物のタイプや卓越する生物間相互作用が決まり，さらにそれによってそこに生息するベントスが生態系内で果たす役割も決まっていく。本章では，沿岸域に見られる主な生態系の特徴をまとめるとともに，周辺の生態系との関係を見てみよう。

9.1　岩礁潮間帯：場所を巡る競争

　岩礁潮間帯の環境が生物に与える制約　岩礁潮間帯は，波や潮汐による堆積物の除去や地殻変動による海岸線の隆起などによって，岩盤が露出した海岸である。潮間帯では，干出時間が長い上部ほど安定した海水中の環境から離れる時間が長いため，上部から下部にかけて，傾斜に沿って環境が変化する**環境勾配**が見られる（ラファエリ・ホーキンズ 1999 の第 1 章）。

168

図 9.1　沿岸域に見られるベントスの棲息場所　(a) 鹿児島県佐多岬, (b) 静岡県下田市, (c) 千葉県木更津市, (d) 鹿児島県奄美大島, (e) 鹿児島県桜島, (f) 熊本県牛深市, (g) 鹿児島県奄美大島, (h) 熊本県宇土市, (i) 鹿児島県下甑島。(撮影：(b)(c) 多留聖典氏, (e)(f)(h)(i) 寺田竜太氏)

　ここにすむベントスには，フジツボ類やカキ類，イガイ類など**固着性**の種が多い。移動して餌を得ることはできないが，水中の有機物を食べる懸濁物食が可能である。岩礁潮間帯では，固着生物の隙間に植食性や肉食性の動物が活動する姿が見られる。移動力に乏しいベントスの場合，潮汐にともなって上下す

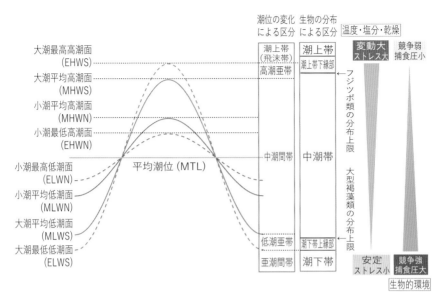

図 9.2　生物分布による潮間帯区分と環境勾配　生物の分布による区分は
Stephenson & Stephenson 1972 および Lewis 1964 による。

る海水面に応じて移動することができず，岩礁性の基質に潜り込むことも難し
いため，多くの種が干出時の環境にその場で耐えることになる。そのため，高
さにともなって変化する環境に応じて各種が分布し，高さ別に層を形成する，
いわゆる帯状分布が知られている（図 7.1 参照）。

　岩礁潮間帯の帯状分布は世界中で見られ，潮汐と生物の分布によって潮間帯
を区分する方法が提唱されている（図 9.2）。潮汐に関する基礎的用語と潮間帯
区分については Box 9.1 で解説する。

　図 9.2 の右図は，高さにともなった環境ストレスの変化を示している。上部
ほど干出時間が長いため，そこにすむ生物は水分を失い，夏の高温・冬の低温，
雨天時の塩分低下といった海水中からはかけ離れた厳しい環境に曝される。冠
水時と干出時の環境変動も大きく，このような物理的環境ストレスの下で生息
できる生物は少ない。一方で，潮間帯下部では物理的環境ストレスは弱くなる
が，それによって多くの種や個体の生息が可能になるため，捕食や競争といっ
た生物的環境要因によるストレスは強くなる。このような複数の環境ストレス
は，岩礁潮間帯におけるベントス各種の分布や群集構造に影響を与えることが
わかっている（ラファエリ・ホーキンズ 1999 の第 3 章，第 4 章）。環境要因の勾配が顕

Box 9.1　潮汐と生物分布に基づく潮間帯区分

　大潮最高高潮面（EHWS：Extreme High Water of Spring tides）は年間で最も潮汐が高いときの海水面であり，ここより下は少なくとも年1回は冠水することになる（図9.2）。この場所より上で波の飛沫による海水の影響を受ける範囲を，潮上帯または飛沫帯と呼ぶ。大潮最低低潮面（ELWS）より下は通常干出することがないため，潮下帯と呼ばれている。

　イワフジツボなど小型クロフジツボ類の分布上限は概ねEHWSと大潮平均高潮面（MHWS：Mean High Water of Spring tides）の間にあり，タマキビ類や乾燥に強い藻類，藍藻類は，より上の潮上帯下縁部にも分布する。より下部では，クロフジツボなど大型のフジツボやカキ類，ムラサキインコなどのイガイ類，小型藻類の層が中潮帯を形成している（図7.1参照）。大型褐藻類は干出に弱く，大潮平均低潮面（MLWS）とELWSの間に概ね分布上限がある。生物の分布による区分では，ここより下が潮下帯である。

　実際には，帯状分布は波当たりによって上下することがあり，潮汐環境によってのみ決まるわけではない。たとえば，波当たりの強い海岸では，全体的に各層の位置は上にずれ，EHWSの上まで潮間帯上縁部の生物が分布する（Morton & Morton 1983; John & Lawson 1991; ラファエリ・ホーキンズ 1999の第2章）。

著で，移動性に乏しいたくさんの生物が基質表面に生息している岩礁潮間帯は，調査や特定種の除去などの操作実験が行いやすいこともあって，群集生態学の重要な基本概念を生み出してきた（7.3節参照）。

　岩礁潮間帯で強く働く種間関係　この生態系にかかる最大の制約は，多くの生物が基質の表面でしか生活できず，付着あるいは固着できる空間は限りある資源だということである。とくに固着生物にとって空間を巡る競争は切実で，勝者がいったん付着空間を占めてしまえば，通常，敗者はその資源を利用できない。

　岩礁潮間帯においては，競争に加えて捕食-被食という種間相互作用が群集構造を決定する上で大きな役割を果たしているとされ，ある種の捕食者は，群集構造に強い影響を与える**キーストーン種**と呼ばれている（7.3節参照）。第7章で紹介されているヒトデの除去実験によると，この群集の最上位捕食者であるヒトデは，優占するイガイ類を捕食して付着空間をあけたり，藻類や着底直後の固着動物を削り取る貝類を捕食したりして，他の固着動物や藻類の生存を可能にし，群集の多様性を維持していたと考えられる（図7.8b参照）。ヒトデと藻類のように直接捕食-被食関係のない栄養段階まで影響が及ぶ現象は**栄養**

カスケードと呼ばれ（5.5 節参照），群集構造に影響を与える間接効果の 1 つとして注目されてきた（宮下・野田 2003 の第 5 章）。しかしその一方で，このような生物間相互作用が群集構造に与える影響は，場所や状況によって大きく変わることを示した研究も多い（岩崎 2002; 堀 2009）。

　固着性の懸濁物食者が多い岩礁潮間帯においては，さまざまな種間競争のなかで，餌よりも基質表面という二次元空間を巡る競争が注目される。しかし，この生態系において，付着空間を巡る生物間の関係はネガティブなものだけではない。固い殻を持つ種が多いため，生物の体が他者に付着基質を提供している場合も多く，このような基質を**二次基質**と呼ぶ。イガイ類やフジツボ類，カキ類の殻の上，カサガイ類のような移動性の動物の殻にも，他のベントスが付着する。また，固着生物同士の隙間やイガイ類の足糸の間にたまった堆積物中は，乾燥を逃れた小型ベントスのすみ場所になる。つまり，大型固着生物は他のベントスから生息場所を奪うと同時に生息場所を提供している。固着性動物は空間を巡る競争相手である同種・異種の他個体と集団をつくったほうが乾燥をしのぎやすいことがわかっており，このように生息を助ける役割をFacilitation（促進作用）と呼ぶ。物理的環境が厳しく生息空間が限られている岩礁潮間帯において，同種・異種の共存を可能にする相互作用である（Bertness & Leonard 1997; Kawai & Tokeshi 2007）。

9.2　干潟：陸と海を巡る物質循環の窓口

　干潟の環境と生息する生物　砂浜や干潟は，潮間帯に川や海によって運ばれた砂泥がたまって形成される。砂浜と干潟の区別は厳密ではなく，底質の細かさや波当たりで大まかに分けられる。干潟は，地形が平坦で，入り江や湾内など泥が流出しにくい穏やかな場所に多い。河川の河口部に発達し，川によって運ばれた砂泥が堆積した**河口干潟**，海と川から運ばれたやや粗い砂泥が前浜の前面に堆積した前浜干潟，河口や海から湾状に入り込んだ湖沼の岸に沿って形成される潟湖干潟があるが，いずれの場合も河川との関わりが深い。

　底質が安定しないため固着生活が成り立ちにくく，生産者の役割を担うのは，堆積物の表面に生息する**珪藻**などの微細藻類か海水中の植物プランクトンである。したがって，多くのベントスは，堆積物を取り込んで粒子表面に付着する有機物を消化する**堆積物食者**か，水中の有機物を濾し取る**懸濁物食者**，そ

して彼らを食べる肉食者や腐肉食者である。干潮時には干出するが，底質に潜って生活できるため，岩礁潮間帯ほど劇的な環境の変化に曝されるわけではない。傾斜が緩やかな場所が多く，高さにともなう環境勾配が顕著ではない一方で，河川の影響を受けた塩分勾配が見られる。定期的に干出と冠水を繰り返し，河川の影響を強く受ける干潟は，陸から海へと環境が変わる**エコトーン**（移行帯）である。エコトーンは，生態系間の資源のやりとりの場であり，生活史に応じて異なる生態系を利用する動物にとっての移動経路でもある。

　底質と生息環境　干潟では，河川と波，潮汐といった堆積物を動かす力が複雑に働き，底質の**粒度**（粒の大きさ）は場所によって異なる。波当たりや流れの強いところでは，小さな粒子は流されてしまって沈みやすい大きな粒子が残るため，粒度の粗い砂質干潟が形成されやすい。逆に，内湾などの波当たりの弱い場所，河川の流れが穏やかな河口域では，泥干潟が多くなる（ラファエリ・ホーキンズ 1999 の第 1 章）。

　底質の粒子が大きいか小さいかは，底質中への潜りやすさや水はけといったベントスにとっての生息条件を決定する（ブラウン・マクラクラン 2002 の第 5 章）。たとえば，干潮時には砂粒の間に水分が溜まるが，粒子が小さいほど保水力が

Box 9.2　底質環境の測りかた

　河川，湖沼，海洋などの水域において，水底の表層部分を底質と呼び，水底を構成している堆積物や岩石を含む。干潟のベントスにとっての生息環境は，海水（直上水），底質中に含まれる水（間隙水），堆積物の性質に左右されると考えられる。

　ここでは，干潟における生態学的研究でよく使われる底質の測定方法を説明する。環境省（環境省水・大気局 2012），国土交通省（国土交通省水管理・国土保安局 2014）など複数の機関が標準的分析方法を定めており，時間や温度など細かな部分で異なっている点に注意してほしい。

　含水率：底質の湿重量とそれを 105〜110℃ で 2 時間乾燥させた後の乾重量から算出する。

$$含水率（\%）= \frac{（湿重量 - 乾重量）\times 100}{湿重量}$$

　有機物含有量：乾燥させた底質を 600±25℃ で 2 時間熱して炭素化合物を燃やし，燃焼後の灰重量を測定して，焼失した重量の割合（強熱減量）で表す。

$$強熱減量（\%）= \frac{（乾重量 - 灰重量）\times 100}{乾重量}$$

　なお，サンゴや貝殻起源の炭酸カルシウム（無機炭素）が底質に含まれていると，強熱減量は過大評価されることがある。その場合は，サンプルを酸で処理した後，元素分析装置（CHN コーダー）で元素量を測定する方法のほうが正確である。

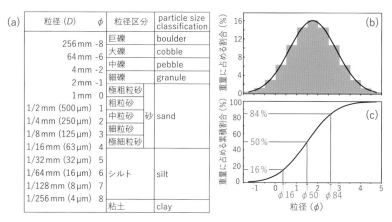

粒度組成に関する指標の計測方法　（a）粒子の大きさと粒径区分。粒径区分は Wentworth 1922 を基に作成しており，異なるサイズ区分を用いる方法（たとえば ISO や JIS）もある。（b）粒度の度数分布図。（c）粒度の累積度数曲線。（b）（c）の x 軸は粒子直径の長さではなく φ であることに注意。

　粒度組成：粒子を粒径区分（図 a）に分け，各区分の全体重量に対する割合（%）で表す。全体に対するシルトと粘土の割合をシルトクレイ率（含泥率）として表すこともある。ベントスの研究では，目合いの異なるふるいで粒子を粒径区分別に分けることが多いが，細かい粒子が多い場所では，水中での沈降速度の違いを利用することもある（沈降分析法）。前者には乾式と湿式があり，乾式は乾燥させた後の底質をふるいにかける（目合いの大きな順にふるいを上から重ね置き，いちばん上にサンプルを入れて振とうする）。条件を統一するため，振とう機を使用する場合もある。湿式の場合はふるいの作業を水中で行い，乾燥させて重量割合を算出する。

　粒度組成は図 b のような度数分布図で表すことができ，粒度の大きいほうから累積度数をとり，度数が 50 % になる粒径（図 c の φ50）を**中央粒径**（MdΦ）と呼ぶ（角 1967）。その他，粒度分布の分散を意味する淘汰度（$\alpha\phi$），非対称性を表す歪度（Skϕ）などがある。それぞれ複数の算出方法が提唱されているが（上杉 1971），以下の近似式（Inman 1952）がよく使用されている。

$$\text{淘汰度}：\frac{\phi84 - \phi16}{2}, \quad \text{歪度}：\frac{\phi84 + \phi16 - 2\phi50}{\phi84 - \phi16}$$

高まり，重量に占める水の割合（含水率）が大きくなる。また，粒子の表面には，生産者である微細藻類や微細動植物の死骸などの有機物が付着するが，その付着面積は粒度が細かいほど相対的に大きくなる。堆積物中に含まれる有機物の重量割合を有機物含有量と呼ぶが，これはベントス，とくに堆積物食者にとっての餌量を意味している。一方で，有機物が多ければそれを分解する細菌が酸素を消費する。そもそも細かい底質が堆積するような場所では海水の入れ替わりが少ないということもあって，粒度の細かい底質中では還元的環境になることが多い（ラファエリ・ホーキンズ 1999 の第 1 章）。

　物質循環における干潟の役割　海域は地球上の面積の 70 % 以上を占めているが，生物の現存量は地球全体の 0.5 % 程度しかなく，植物に限ると約 0.2 % である（表 9.1）。生物体内の有機物は，植物による大気中の二酸化炭素固定，つまり光合成によって生成されたものであり，樹木という大型の生産者が支える陸上生態系で海域より多いことは容易に想像できるだろう。その有機物が，生きた生物あるいは死骸という形で河川から沿岸域に供給される。

　また，生物に不可欠なさまざまな物質が陸上から河川を通じて流入する。タンパク質を構成する窒素，DNA や ATP に含まれるリンといった物質は，無機栄養塩と呼ばれ，生命活動に不可欠な物質である。まず植物に吸収され，食物連鎖を通して動物体内に移行し，生態系内を巡っている。大気中の窒素分子を直接利用する生物学的窒素固定は，大部分が陸上で行われるし，リンはリン鉱石が風化することで供給される（8.3 節参照）。窒素，リンなど，海域において生物の活動に必要な多くの物質は，主に陸から河川を通じて沿岸域に流入するものであり，干潟はその窓口となっている。

　陸から流入した無機物質は干潟で生産者に利用され，河川から流れ込んだ有機物と共に，懸濁物食者や堆積物食者に摂餌される（図 8.5 参照）。干潟のベントスは，陸域から流れ込んださまざまな物質（異地性流入）を吸収し，さらに大型の魚類や鳥類の餌になっている（佐々木 1989）。魚類のなかには，仔稚魚期を干潟で過ごす種や，干潟をえさ場として利用している種があり，このような種が干潟で吸収した物質は，その移動にともなって沖へ持ち出される（図 8.5 参照）。

　このように，干潟に流入した物質はその場で留まるのではなく，**食物連鎖**と捕食者の移動によって沿岸域から除去されることでバランスを保ってきた。しかしながら，無機栄養塩の流入量は，肥料や生活排水，工業廃水などによって

表 9.1　各生態系の生物生産 (ホイッタカー 1979 より)

生態系	全地球上における面積 (×10^6 km²)	純一次生産速度		植物現存量	
		平均 (g/m²/年)	生態系別合計 (×10⁹t/年)	平均 (kg/m²)	生態系別合計 (×10⁹t)
外洋	332.5	125		0.003	
湧昇流海域	0.4	500		0.002	
大陸棚	26.6	360		0.001	
藻場とサンゴ礁	0.6	2,500		2	
入り江	1.4	1,500		1	
海洋生態系	361.0	152	55.0	0.01	3.9
熱帯雨林	17.0	2,200		45	
熱帯季節林	7.5	1,600		35	
温帯常緑樹林	5.0	1,300		35	
温帯落葉樹林	7.0	1,200		30	
北方針葉樹林	12.0	800		20	
疎林と低木林	8.5	700		6	
サバンナ	15.0	900		4	
温帯イネ科草原	9.0	600		1.6	
ツンドラ・高山高原	8.0	140		0.6	
砂漠・半砂漠	18.0	90		0.7	
岩質と砂質砂漠・氷原	24.0	3		0.02	
耕地	14.0	650		1	
沼沢と湿地	2.0	2,000		15	
湖沼と河川	2.0	250		0.02	
陸上生態系	149.0	773	115.0	12.3	1,837.0
地球全体	510.0	333	170.0	3.6	1,841.0

人為的に増加しており，それによる**富栄養化**にさまざまな条件が加わって**赤潮**などの環境問題が引き起こされている (今井ら 2016)。食物連鎖を通した水質の浄化や沿岸環境の保全は，干潟の重要な**生態系機能**と考えられており (鈴木 2006)，それを支えているのはそこに生息するベントスである。

　これまで述べてきたように，多くの物質は陸域から海域へと流入しており，その逆の例は少ない。微生物が窒素化合物を気体状の窒素に戻す**脱窒**という作用や，海底の堆積物中に含まれるリン化合物が地殻変動などによって地表に現れる作用である。一方で，サケや両側回遊性の甲殻類など沿岸から河川へと回遊する動物や，干潟で餌を食べ森林で営巣する鳥類など，海域から陸域への物

コラム 9.1　汽水域の生物生産性

　汽水域とは，河川水と海水が接触し混合する場所であり，塩分が 0.5〜30‰ の範囲の水域と定義されている。淡水と海水の両方の特徴を有するエコトーンであり，河口域や汽水湖（海岸付近にあって海に面して開口部を持つ湖）で見られる。

　本章では，汽水域に見られる底生生物のハビタットのうち干潮時に干出する環境を河口干潟や潟湖干潟として，その背後地を塩性湿地として取り上げているが，河川の汽水域はプランクトンやネクトンにとっても特殊な環境を持つ重要なハビタットである。このコラムでは主に河川内の汽水域を扱うが，このような場所は以下のような環境特性を持つ（栗原 1988 の第

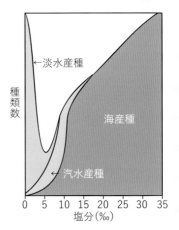

塩分濃度と生息種数の関係
（Hedgpeth 1957 を基に作成）

1 章; 山崎ら 2003; 小路 2008; 国土交通省水管理・国土保安局 2014）。

- 河川の流れと波浪や潮汐による塩分・水位・流速の変動がある。
- 海水の陽イオンの影響を受けて水中の懸濁粒子が凝縮し，沈降するため，底質は細粒化することが多い。
- 上げ潮時に海水が河川を遡上し，海水がくさび状に淡水の下に入り込む塩分くさびが形成されることがある。海水と淡水の混合状況は，潮汐流や河川流量などで決まる。

　このような環境にある汽水域には，淡水域，海水域から広塩性の種が侵入するとともに，ここだけで生活する純汽水産の種が分布している。図は塩分にともなう生息種数の変化を示しており，塩分約 5‰ のあたりで全体の種数が最も少ないことや，汽水産生物の種数が淡水産や海産に比べて著しく少ないことがわかる。このことは，汽水域という特殊な環境に適応した種が少ないことを示しており，そのような種は，餌資源を巡る競合や捕食を避けられるといった点で有利である。

　一方で，河川から流入する豊富な栄養分に支えられた汽水域における植物プランクトンの生産性は極めて高く（鈴木ら 2014），移動力のある海産や淡水産の魚類が塩分変化に応じて汽水に侵入し，豊富な餌を利用することから，水産上も重要な場所となっている（栗原 1988 の第 2 章; 浜口ら 2011）。また，生活史に応じて淡水域と海域を往来する回遊種にとって，汽水域は通過点であるだけでなく浸透圧調整のために不可欠な場である。

質輸送すなわち**物質循環**を助ける動物がいる（図 8.5 参照）(帰山 2005)。陸から海への窓口である干潟はその逆の流れの窓口でもあり，異なる生態系を結ぶ動物の移動や採餌の場として，物質循環において重要な機能を担う生態系である。このように，川が海と交わる地点に形成されることによって，干潟のハビタットとしての性質と沿岸域における生態系機能が特徴付けられる。

9.3　マングローブ林・塩性湿地：植物が形成するエコトーン

　マングローブ生態系とその構成者　波当たりが穏やかな河口域に砂や泥が堆積すると干潟が形成されるが，熱帯・亜熱帯地域ではこのような場所に海水に適応した樹木が生育することがある。このような樹木は総称で**マングローブ**（またはマングローブ植物）と呼ばれ，形成する林を**マングローブ林**（またはマングローブ）と呼ぶ。特定の分類群に属するものではなく（山田 1983），世界で 100 種近くあるとされている。マングローブは，底質から露出して空気を吸収する**気根**や，樹上で形成された果実のなかで発芽する胎生種子といった特殊な形態を持つものが多い。また，塩排出機能を持ち，海水中で生育が可能で，種子も耐塩性があるため，**海流散布**で分布を拡大できる（中村・中須賀 1998）。

　マングローブ林では，樹冠や幹の部分を鳥や陸上昆虫が利用し，冠水する幹の下部にはフジツボ類やカキ類など固着動物が付着するとともに，気根の間に巻貝類やカニ類などのベントスが生息している。底質中には，二枚貝類やスナガニ類など干潟に近いベントス相が見られ，満潮時には海水中にある立体構造を魚類やエビ類が利用する（小見山 2017）。このように，マングローブ林は，陸域と海域の中間に位置して両方の生態系特性を備えるエコトーンである。

　マングローブの食物連鎖　マングローブ林の下部には干潟が広がっていることが多く，ベントスのなかには林内と干潟の両方に生息するものもある。しかし，林内には樹木が提供する立体構造と日陰があるなど，生息環境の違いが大きく，オキナワアナジャコやキバウミニナなど林内に特異的な種も多い。また，マングローブという樹木が生産者の役割を担っている点も，干潟との大きな違いである。干潟の食物連鎖は，懸濁物食者が採餌する海水中の植物プランクトンや底質上の珪藻類を起点とする。マングローブ林では，これらに加えて，マングローブ植物の種子や葉が供給される。とくに落葉は，底質に生息するベントスが直接採餌したり，ベントスによって破砕されたものがバクテリア

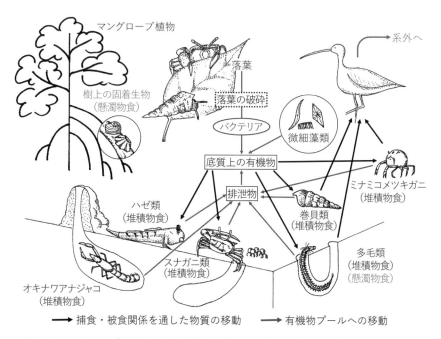

図 9.3　マングローブ生態系の食物連鎖　隣接する干潟に生息する生物も一部含めた。
（土屋ら 2013 を基に作成）（イラスト：木下そら氏）

に分解されたりして，食物連鎖に取り込まれる（福岡ら 2011）。後者は分解された有機物から始まる**腐食連鎖**である（図9.3）。このように，陸上植物がもたらす豊かな有機物と隠れ場所となる空間構造があるため，マングローブ林は多くの魚類やベントスに**保育場**として利用されている。また，干潟の食物連鎖同様，ベントスの一部は鳥類や魚類のようにより大型で移動力のある捕食者の餌となる（9.2 節参照）。マングローブ林内や干潟に流された落葉が食物連鎖の起点となる腐食連鎖は，ベントスによって支えられている（今・黒倉 2009）。

　沿岸域におけるエコトーンの役割と危機　一方，温帯から寒帯域を中心に，干潟の背後部ではヨシやアイアシなどの**塩性植物**の群落が見られる。干潟のベントスにとっての一時的な生息場所でもあるが，ベンケイガニ類やカワザンショウガイ科の小型巻貝など，このハビタットに依存性の高いベントスも多い（木村・木村 1999; 柚原ら 2016）。塩性植物は根を張って底質を安定化させるとともに，底質水中の栄養塩を吸収して成長する。陸と海の接点にあって陸上から流入する栄養塩を吸収しており（栗原 1988 の第 3 章），草本類の枯死体は比較的分解

コラム 9.2　マングローブ林は移動する

　マングローブ植物は，成樹が密集する林の中心部では実生の成長が悪く，光が当たる周辺部で成長が良いため，幼樹が密集するのは林の周辺部，とくに海岸側になる。一方で，樹木が根を張ることによって，林内には流入した底質が堆積し続け，林内の地盤は高くなっていく。マングローブの海側では幼樹が林を拡大し，後背部は陸化していくのである（茅根・宮城 2002）。陸化してくるとハマボウやアダンなどの陸上植物が生息できるようになり，海水の影響を受けない環境において競争力に劣るマングローブは，隅に追いやられてしまう。マングローブは，自ら背後地に陸上環境をつくりだし，それによって陸上の樹木に場を奪われるのである。また，オキナワアナジャコのように林内に生息するベントスがつくる塚が林床を底上げしてしまい，陸上植物の繁茂を促進することもある（中村・中須賀 1998）。

　海面が上昇すれば，海水の影響が陸上植生の部分にまで及ぶため，そこは再びマングローブが卓越する環境となる。一方で，完全に水没すればマングローブ植物が枯れてしまうため，マングローブ林そのものが陸側へ後退する。このように，マングローブはつねに陸と海の境界線上に位置し続ける生態系であり（茅根・宮城 2002），そのことによって海岸生物と陸上生物に貴重な生息場所を提供するとともに，海岸域の環境を安定させる役割を果たしていると考えられる。近年は，海岸の浸食を防ぎ，津波や高潮の際に防波堤の役割を果たす，といった防災上の機能が注目されている（Danielson et al. 2005）。

しやすいことから，死後は多くのベントスに食物として利用され（Kon et al. 2012），腐食連鎖の起点となっている。

　陸と海の接点である塩性湿地は，洪水や波浪など悪天候がもたらす撹乱を受けやすい（鎌田・小倉 2006）。塩分や乾燥などの環境条件において塩性湿地が成立する場所は限られているため，このような撹乱によってつねに縮小や消滅の危険性がある。ある場所から消滅し，別の場所が条件を満たすようになるとそちらに形成される様子は，特定の条件の場所を移動しているように見えるかもしれない。異なる生態系の接点，エコトーンとは，そういう場所でもある（コラム 9.2）。日本では，多くの塩性湿地が，埋め立てによる縮小や護岸による陸上生態系との断絶によってエコトーンとしての機能を失ってきた。塩性湿地依存種には絶滅危惧種が多く含まれるが（日本ベントス学会 2012），塩性湿地そのものが消滅しつつあることがその要因かもしれない。

　塩性湿地と同様に，陸域と海域の間にあって危機に瀕しているハビタットに，飛沫転石帯がある。潮間帯より上部（図 9.2 参照）にあって乾燥が厳しく，生物が少ない場所に見えるが，オカガニ類やオカヤドカリ類にとって，生活史の一部を過ごしたり陸域と海域の行き来に利用したりするために不可欠なハビタットである（鈴木 2019）。

9.4　サンゴ礁：ベントスによるすみ場所の提供

　サンゴ礁生態系　潮間帯より下，つねに海水中にある場所を潮下帯と呼ぶ。岩礁基質の潮下帯には，大型藻類が繁茂する海藻藻場か，造礁サンゴによって形成されるサンゴ礁が見られる。熱帯・亜熱帯地域の外洋に面した海岸では後者になることが多い。

　サンゴ礁が形成する地形には，裾礁，堡礁，環礁の 3 パターンがある（図9.4）。サンゴ礁の高い部分を礁嶺と呼び，その外側は斜面（礁斜面）になっていることが多い。生きたサンゴは礁斜面の上部，礁嶺の外縁に最も多く，サンゴ礁はここで成長し続ける。礁嶺より陸地側は外洋の波当たりから守られ，死んだサンゴの骨格や破片，貝殻を起源とする石灰質の底質を持つ，水深数 m の礁池になっている（井龍 2011）。

　サンゴ礁といえば，青く透明な海にさまざまな形態のサンゴが枝を広げ，鮮やかな色彩の熱帯魚が泳ぐ光景が目に浮かぶ人も多いだろう。もう少し近づい

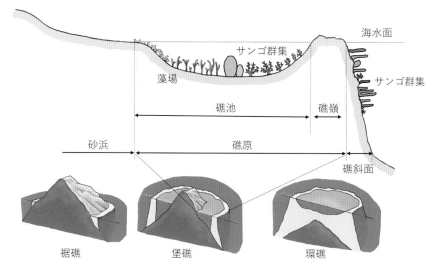

図 9.4　サンゴ礁の地形　下図はサンゴ礁の代表的地形分類を表し，上図は裾礁の断面を模式的に示した。裾礁, 堡礁, 環礁の順に遷移が進むとされている。
（イラスト：木下そら氏）

てみると，サンゴの骨格の表面には小型の藻類やカイメン類，コケムシ類やホヤ類，固着性の貝類などが付着し，枝の隙間や固着生物の上に巻貝類，小型のエビ類やカニ類，端脚類といった節足動物，多毛類，ナマコ類やウニ類などの棘皮動物が見られる。石灰質で柔らかいため，サンゴの骨格に穿孔するベントスもある。ケヤリムシ類やイバラカンザシといった多毛類，穿孔性二枚貝類などだ（図 9.5）。ベントスであるサンゴが提供する二次基質を多くのベントスが利用し，このベントスが三次基質となって**マイクロハビタット**が形成されて，さまざまな生物が次々にすみ込んでいく（西平 1998）。

　造礁サンゴの生態的特徴　一般にサンゴとは，石灰質やキチン質の骨を持つ刺胞動物を指すが，そのうち石灰質の骨を塊として持ち，**褐虫藻と共生**するものを**造礁サンゴ**（以降「サンゴ」と表記する）と呼ぶ（西平 2011）。サンゴ礁の最大の特徴は，サンゴによって複雑な立体構造が提供される点にある。表面しか利用できない岩礁上では，潮間帯と同様に潮下帯でも，付着面を巡る厳しい競争が繰り広げられる。サンゴが提供する二次基質は，付着面を増やして空間を巡る競争を和らげるとともに，波浪などの環境攪乱からの逃げ場所を提供する。ここで造礁サンゴの生物学的特徴が重要な意味を持ってくる。

図 9.5　サンゴ礁にすみ込む生物たち　(a) 鹿児島県加計呂麻島のサンゴ礁，(b) 枝状サンゴに蝟集するキイロサンゴハゼ，(c) サンゴ骨格の隙間から見えるクモヒトデ類，(d) サンゴの骨格に穿孔するイバラカンザシ，(e) サンゴ礁に蝟集する魚類（大型のハタ科とテンジクダイ類），(f) サンゴの骨格上に付着するウミシダ類，(g) サンゴの骨格に穿孔する二枚貝類，(h) サンゴの骨格上に付着するカイメン類や藻類（サボテングサ）。同一のサンゴ礁で撮影された写真ではないが，サンゴ礁にすみ込む代表的な生物を集めた。(撮影：(d) 島袋寛盛氏，他は藤井琢磨氏)

　特徴の 1 つは，**ポリプ**が集まって**群体**を形成していることである。ポリプは単体で栄養摂取や生殖機能を備えており，単独でも生存できる。分裂や出芽といった**無性生殖**で増えることができ，同じ遺伝情報を持ったクローンを増やしていく。群体を形成するポリプはすべてクローンであり，無性生殖はすなわち群体の成長である。一方，他の群体との間で**有性生殖**を行う場合，大部分の種では，放卵・放精の後，体外受精を行う（日高 2011）。多くのサンゴは雌雄同体であり，卵と精子が塊になったバンドルを放出する（図 9.6）。バンドルは水面で卵と精子に分かれ，他の群体の卵や精子と交配する。その後，発生したプラヌラ幼生が着底してポリプとなり，群体へと成長していく。サンゴは，幼生期や着底直後に外界から褐虫藻を獲得しなくてはならない（日高 2011）。
　群体であることは，サンゴが提供するハビタットに多様性をもたらす。クロ

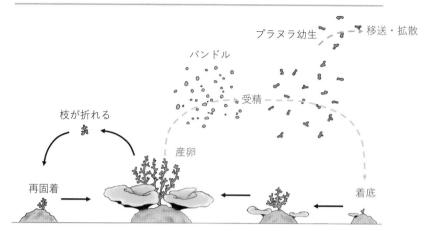

図 9.6　サンゴ類の繁殖方法　右側は異なる群体間での受精を伴う有性生殖，左側は無性生殖を説明している。（イラスト：木下そら氏）

ーンが集まることで繰り返しの多い複雑な構造がつくられ，樹枝状，葉状，盤状，塊状などさまざまな形状がつくられる（酒井 1995）。損傷しても生き残ったポリプによって群体が修復できるため（図9.6），台風などの攪乱の後でも回復しやすい（酒井 1995）。また，サンゴの死後も骨格はしばらく残る。複雑な空間構造が安定的に提供されており，サンゴ礁はそこに暮らす動物たちにとっては最適なハビタットであると言える。

　サンゴ礁におけるサンゴの役割　サンゴは，褐虫藻との共生によって生産者としての役割も果たしている。褐虫藻は渦鞭毛藻綱の単細胞藻類で，サンゴに共生する種は *Symbiodinium* 属に属しており，宿主の内胚葉細胞内に共生している（諏訪・井口 2008）。刺胞動物であるサンゴは動物プランクトンなどの捕食も行うが，褐虫藻の光合成産物を利用することで骨格の形成をともなう高い成長率を維持していると思われる（本川 2008）。両者の関係は，サンゴが褐虫藻にすみ場所と無機栄養塩を提供し，代わりに有機物をもらう**相利共生**と考えられている（5.4 節参照）。この共生体にとって太陽光は不可欠な資源であり，このことがサンゴ礁の分布を透明度の高い浅い海に制限する要因だろう。

　サンゴは，光合成産物の一部をタンパク質，多糖類，脂質などを含む粘液として排出している（中嶋・田中 2014）。粘液には水中の微細有機物やバクテリアが付着し，小型甲殻類やナマコ類，クモヒトデ類など，サンゴ礁のベントスに

とって栄養価の高い餌となる（土屋・藤田 2009）。サンゴ礁では，サンゴ骨格の表面に付着する藻類や，礁池に生息する藻類や植物，あるいは植物プランクトンを起点とする生食連鎖と，粘液を起点とする腐食連鎖（微生物ループ，8.1 節参照）が複雑にからみあっている（鈴木 2011）。

　サンゴ礁では，ベントスであるサンゴが，生産者であると同時にすみ場所を提供するという，森林の樹木にも似た役割を果たしている。サンゴ礁は，海洋面積に占める割合がわずか 0.1 % であるにもかかわらず，海産魚類種の半数が生息するなど，地球上で最も生物多様性の高い海洋生態系とされる（中村 2011）。沿岸域の開発や環境悪化，地球規模での温暖化によってこの生態系は減少を続けているが（本川 2008），一方で，温暖化による分布境界の北上も報告されている（コラム 10.1 参照）。

9.5　海藻藻場：藻類が提供する餌とすみ場所

　海のなかの森林　潮下帯の岩礁上に，ホンダワラ科やコンブ目の大型藻類が形成する群落を海藻藻場と呼ぶ（図 9.1 参照）。前者を**ガラモ場**と呼び，後者には主に**アラメ・カジメ場**と**コンブ場**が含まれる。日本沿岸では，ガラモ場は全国で見られ，アラメ・カジメ場が九州から本州の黒潮・対馬暖流の影響域に，コンブ場は東北地方太平洋岸から北海道沿岸に形成される。砂泥底に形成される海草藻場とあわせて，森林と対比されることが多い。

　森林との共通点は，藻類という植物が他の動植物にすみ場所を提供していることだろう。海藻表面に微細あるいは小型の藻類が付着し（**葉上藻類**），それを餌とする端脚目や小型の腹足類などの**葉上動物**が集まる様子は（図 9.7），森林の樹木に着生植物や昆虫類が付き，昆虫がそこで餌を得る状況に似ていないだろうか。藻体上には小型のフジツボ類や多毛類，コケムシ類などの固着動物も付着している（青木 2002; 環境省自然環境局生物多様性センター 2008 の第 4 章）。葉上動物は魚類にとって格好の餌であり，昆虫を餌とする鳥が森林に集まるように，多くの魚類が藻場を餌場として利用している。また，群生する大型藻類は基質上の動植物を波浪から守り，複雑な形状を持つ藻体の隙間や藻体間は海水の流れや捕食者からの隠れ場所になる。そのため，保育場や**産卵場所**として藻場を利用する種も多い（上村 2011）。そのなかには水産有用種も多く，水産資源の増殖や漁場といった視点でも重要視されている（小路 2009）。

図 9.7　海藻藻場に生息する生物たち　(a) 鹿児島県錦江町のガラモ場，(b) 葉上動物を採餌する魚類，(c) 藻体に産み付けられたイカ類の卵，(d) 基質上のサザエなどのベントス，(e) 藻体上のワレカラ類，(f) ヨコエビ類，(g) 巻貝類。同一の藻場で撮影された写真ではないが，藻場に生息する代表的な生物を集めた。(撮影：(a)(c) 寺田竜太氏，(b)(d) 島袋寛盛氏，(e)(f) 川野昭太氏，(g) 多留聖典氏)

藻場における大型藻類の役割　藻場とサンゴ礁は海域において最も生産性の高い生態系であるとされており，1 年間に面積当たり生産される有機物量は熱帯雨林にも匹敵する（表 9.1 参照）。岩礁上に生物による基質が提供されるという意味でも，海藻藻場はサンゴ礁に似ているが，藻場を形成する大型藻類は高さが 10 m 近くになることもあり，造礁サンゴより大きな空間構造を提供する。森林との類似点は前述のとおりだが，相違点も多い。まず，幹のような強い支持器官を必要としない。海水による浮力が働く上，ホンダワラ類は先端に気胞と呼ばれる器官を持ち，これが浮き袋の役割を果たしている。また，周辺の海水から栄養塩を吸収できるため，陸上植物のように，土壌中の水分や栄養塩を吸収する根や光合成を担う葉，両者をつなぐ支持組織である幹といった分化（千原 1999）が明確でない。根のように見える構造は岩に付着するための付着器である。樹木の幹は，セルロースやリグニンといった難分解性の多糖類で構

成されており（加藤 1997），動物にとってたいへん消化しにくい。一方，藻場では，ウニ類や腹足類などの大型ベントスが藻類を食べることもできる。

　このように，藻場は大型藻類による空間構造と食物の提供によって多くの生物を養う生態系といえる。大型藻類によって形成されるため，二酸化炭素や栄養塩の吸収という機能（西垣ら 2004）も持っているが，そのためには太陽光が不可欠であり，一定の透明度が必要だ。また，ガラモ場を形成するホンダワラ類には，一年生の種や，ある季節になると基部を残して藻体が流出する種が多く，海面を漂う**流れ藻**となる。流れ藻は，捕食者からの隠れ場所ともなるため，さまざまな種の分散手段に利用されている（平田 2002）。ブリの幼魚モジャコは，流れ藻の下に蝟集して早春に東シナ海を北上することが知られており，ブリ養殖の種苗としてこれを採捕するモジャコ漁が行われる。一方で，海岸に打ち上げられた流れ藻は潮間帯上部のベントスに利用されており（Inglis 1989），海洋から陸上への物質の流れをもたらす数少ない経路になりうると考えられる（八谷 2005）。このように海藻藻場にはさまざまな生態系機能があり，ベントスはその空間構造をハビタットとして利用するとともに，藻体に付着して大型藻類の光合成を阻害する微細藻類を除去する（向井 1994），藻場に蝟集する多くの動物の餌になるなど，藻場が持つ生態系機能の一端を担っている。

　藻場をとりまく問題　1990 年からの 20 年間に，日本沿岸の藻場面積（海藻藻場と海草藻場の合計）は約 2 割減少している（藤田ら 2010）。その要因としては，海岸の埋め立てや富栄養化による植物プランクトンの増加がもたらす透明度の低下，陸域からの栄養塩流入の削減や植物プランクトンとの競合による貧栄養など（吉田ら 2011; 山本 2014），人間による環境改変が考えられる。なお，海水温の上昇といった地球規模での環境変動がもたらす直接間接の影響については第 10 章で扱う（10.4 節参照）。

9.6　海草藻場：根を張る植物が形成する林

　海藻と海草　砂泥質の潮下帯では，藻類ではなく，海域に適応した**種子植物**である海草による群落が形成される。海藻（かいそう）藻場と区別するため**海草（うみくさ）藻場**と呼ぶこともある。海藻藻場との違いはまず，海草は一度陸上に進出した**維管束植物**の仲間であり，花を咲かせ受粉によって種子をつくるという点である（図 9.8）。海草は根と地下茎を持ち，柔らかい基質，すな

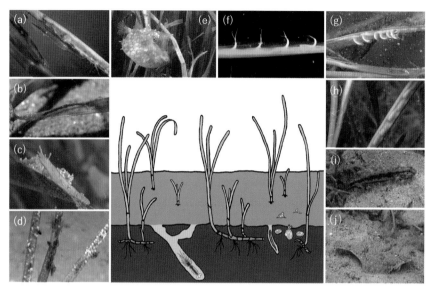

図 9.8　海草藻場に生息する動物たち　葉上に生息する（a）モエビ類，（b）ワレカラ類，（c）アメフラシ類（ウミナメクジ），（d）ウズマキゴカイと微小巻貝類，（e）草体間を遊泳するハコフグ類（ウミスズメ），（f）アマモの雌花，（g）アマモの雄花，（h）アマモの種子，（i）底質上のハゼ類，（j）マコガレイ。同一のアマモ場で撮影された写真ではないが，アマモ場に生息する代表的な生物を集めた。(撮影：(a)(b)(c)(d)(e)(i) 多留聖典氏，(f) 寺田竜太氏，(g) 伊藤美菜子氏，(h)(j) 島袋寛盛氏，イラスト：木下そら氏)

わち砂泥底が海草藻場成立の条件となる。砂泥底は波当たりの弱い場所に多く，海草藻場は内湾の河口域やサンゴ礁の礁池によく見られる。また，草体はセルロースやリグニンなど高分子で難分解性の多糖類を多く含んでいる。

　海草類の種数は，世界でも 60 種，日本沿岸で 25 種程度と少ない。南北に長い日本沿岸では，温帯域にはアマモやタチアマモを中心としたアマモ場が，南西諸島にはリュウキュウスガモなど背の低い熱帯性の海草を中心にした藻場が形成される。

　海草が形成する藻場の特徴　海草は大型褐藻，とくにホンダワラ類に比べて体表の形状が単純である。とはいえ，砂泥底のなかに着底基質が提供されるため，海草上には，珪藻類などの微細藻類や小型藻類が付着する。小型の多毛類やコケムシ類などの固着動物，葉上植物を採餌する小型の腹足類，端脚類など葉上動物が見られ（豊原ら 2000）（図 9.8），魚類や大型甲殻類の餌となっている。

また，捕食者からの隠れ場所や産卵場所として利用する水産有用種も多く，水産業においては海藻藻場と同様に重要な漁場である（堀之内 2011）。

海藻藻場では植物が基質であると同時に餌として機能していたが，一般に海産ベントスはセルロースなどの多糖類を分解できないため（例外については Box 8.1 を参照），陸上植物に起源を持つ海草の場合は少し事情が異なる。海草の植食者には，ある種の魚類やウミガメ類のような爬虫類，ジュゴンやマナティといった哺乳類，オオハクチョウといった鳥類など，脊椎動物が多い（Valentine & Heck 1999）。ウニなど無脊椎動物は，主に枯死した海草を利用していると考えられている。枯死した海草はある程度分解されて**腐食連鎖**の源となり，底質中に生息する懸濁物食者や堆積物食者にも利用される。

底質の表面だけでなく内部までベントスのハビタットがあるという点でも，海草藻場と海藻藻場は異なっており，埋在性の多毛類や二枚貝綱などが生息している。このようなベントスにとって，底質の安定性は生息環境を決定する重要な要因である。第 8 章では，生物攪拌によって底質を不安定化させる生物（destabilizer）が生態系エンジニアの例として挙げられているが（8.6 節参照），根と地下茎を持つ海草は，底質を安定させる stabilizer として働き，これによって底質の巻き上げや海水の濁りが抑えられている。

また，光合成を行って草体に有機炭素を蓄積するだけでなく，底質を安定させて堆積物中に炭素を隔離するなど，海草藻場は地球上の二酸化炭素の吸収・貯蓄に大きく寄与していると考えられている（堀 2017）。

海草藻場保全における課題　海水の流動が少ない内湾に形成される海草藻場は，人為的な環境改変の影響を受けやすく，埋め立てや透明度の低下など海藻藻場と同様の原因によって，その面積は大幅に減少している（吉田 2012）。種子植物である海草，とくにアマモについては，種苗の移植によって人工的に藻場を回復させる試みが行われることもある。アマモは北半球の温帯から亜寒帯という広い分布域を持つが，遺伝的な地域間変異が大きい（島袋ら 2012）。安易な移植は地域集団の遺伝的構造を攪乱することから，配慮が必要である。

コラム 9.3　化学合成生態系

　本章で紹介している沿岸域の生態系は光合成によって支えられているが，海洋の大部分は太陽光が届かない暗黒の世界である。そこにすむ動物はわずかな有機物を食べて細々と生きているのかというと，なかにはベントスが密集する場所がある。化学合成細菌が一次生産者となる化学合成生態系である（Van Dover 2000）。

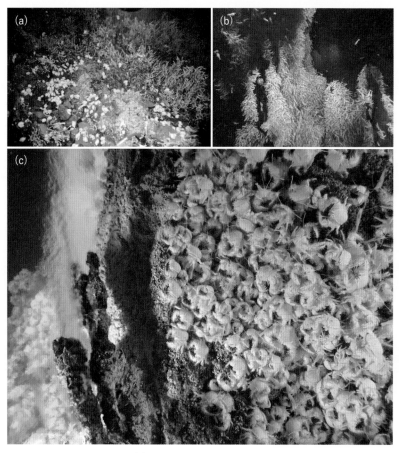

深海の化学合成生態系　（a）熱水噴出孔付近に生息するインドシンカイヒバリガイとスケーリーフット（巻貝類）（インド洋中央海嶺ソリティアフィールド）（水深約 2600 m），（b）熱水に群がるカイレイツノナシオハラエビ（インド洋中央海嶺かいれいフィールド）（水深約 2400 m），（c）熱水に群がるゴエモンコシオリエビ（南西諸島鳩間海丘）（水深約 1500 m）。（写真提供：JAMSTEC）

　光合成では，光エネルギーを受けて水（H_2O）から分離したプロトン（H^+）にによって二酸化炭素を還元し，有機物（高分子の炭素化合物）を合成するのに対して，化学合成では，硫化水素やメタンなどの化学物質の酸化によって二酸化炭素を還元する（表 8.1 参照）（丸山ら 2012）。このシステムが成り立つのはこのような化学物質が豊富にある場所に限られる。たとえば，海底に浸透した海水がマグマなどの熱源によって加熱され，マグマから脱ガスする二酸化炭素，メタン，硫化水素などを溶かして勢いよく噴き出す場所，熱水噴出域である。実際に熱水が噴き出す場所は熱水噴出孔と呼ばれ，水圧が高い深海底では沸点が上昇するため，400°C 近い熱水が噴き出す場合もある。熱水には銅，亜鉛，鉄などの金属も溶け込んでいるが，物理化学的条件が異なる周辺海水と接することによって，金属元素は硫化水素などと反応して析出し，煙突状の構造物，チムニーをつくることがある（中西・沖野 2016 の第 4 章）。一方で，プレートの沈み込み帯などで熱源をともなわず，海底から流体が湧き出す場所を湧水域と呼ぶ。湧水はアンモニアやメタン，硫化水素を含んでいる（石橋・土岐 2012）。実は，生物による有機物生産活動としては化学合成のほうが光合成より起源が古い。しかし光合成のほうが生産効率は高く，現在，化学合成生態系は光の届く場所ではほとんど見られない。

　写真（a）は，熱水噴出孔の周辺に，鰓に化学合成細菌を共生させるシンカイヒバリガイ類が付着しているところ，（c）はゴエモンコシオリエビが密集しているところである。ゴエモンコシオリエビは腹部の毛に化学合成細菌を付着させ，それを採餌しているとされている（Tsuchida et al. 2011）。化学合成細菌の宿主として知られるハオリムシ類は，環形動物門の多毛類に含まれるが，口や消化管，肛門を持たず，外部から食物を取り込むことはない。鰓から酸素とともに硫化水素や二酸化炭素を取り込んで栄養体と呼ばれる器官に共生する硫黄酸化細菌に供給し，代わりに化学合成産物を得ている（Felbeck 1981）。このような特殊な環境に適応した限られた種のみが大量に生息するというのが，化学合成生態系の特徴である。

CHAPTER
10

ベントスの保全と利用

　第1章から第9章で私たちは沿岸環境の概要やそこに生息する海洋ベントスについて，さまざまな生態学的側面を学んできた。本章ではそれらを踏まえて，海洋ベントスと人間との関わりに焦点を当てる。豊かな生態系には私たちがすべてを把握しきれないほど多くの生物が生きており，それらの間におびただしい数の関係が結ばれ，そのなかでさまざまな生態系機能が生まれている。私たちヒトは生態系機能を含む，生態系の働きによってもたらされるさまざまなサービスを意識的・無意識的に利用しながら生活している。生態系の働きからとくに私たちヒトが受けているあらゆるめぐみを**生態系サービス**という。私たちは生態系サービスを都会に住んでいても田舎に住んでいても受けていて，それなしには生きていけないのだ。本章ではまず生態系サービスの観点から，沿岸生態系や生物多様性を保全することがなぜ大切なのかを明らかにしていく。次に人間活動が海洋ベントスの生物多様性に及ぼす影響について，水産生物および絶滅危惧種と外来生物の面から概説する。また，地球規模の環境変動が沿岸生態系やベントスに与えると考えられている影響を知り，沿岸生態系の保全にとって何が重要な課題なのかを考えたい。最後に現在，生態系の管理や多様性保全のためにどのような法律が施行されているかを知り，実際に私たちが調査研究を行う際に注意すべきことを見ていこう。

10.1　生態系サービス

　沿岸域の生態系サービス　生態系サービスは，基盤サービス，供給サービス，調節サービス，文化的サービスの4つに大きく区分されている（図10.1）（Millennium Ecosystem Assessment 2005; 堀 2011）。沿岸の生態系サービスのなかで最も

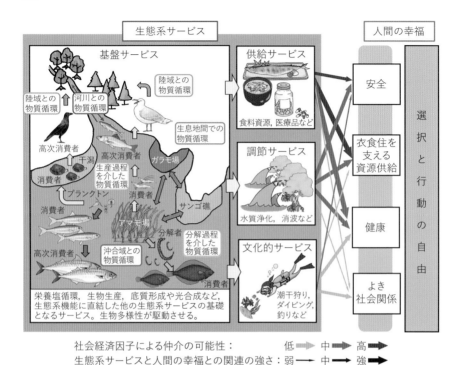

社会経済因子による仲介の可能性： 　　低 ⇨　中 ⇒　高 ⇛

生態系サービスと人間の幸福との関連の強さ：弱 ── 中 ━ 強 ▬

図 10.1　浅海域における 4 つの生態系サービスおよびそれらと人間の幸福とのかかわり
（堀 2011; Millennium Ecosystem Assessment 2005 を基に作成）

わかりやすい例は食料という**供給サービス**だろう。私たちは生きるために他の生物を食べる必要があり，魚や貝類，甲殻類，海藻類などの水産物はその代表である。供給サービスには食料の他にも木材やバイオマスのような建材や燃料，さまざまな遺伝資源や医薬品など，暮らしや生産に有用な資源の供給が含まれる。カブトガニは日本では絶滅危惧種となっているが，アメリカではアメリカカブトガニを持続的に利用して，血液から毒性試験の試薬がつくられている（Kawasaki et al. 2000）。

　調節サービスは，私たちが安全，快適に暮らす条件を整えるサービスである。**水質浄化作用**は干潟生態系の調節サービスとしてよく知られている。人間が排出した有機的汚物は，底泥中で微生物の働きにより分解され無機化されるとともに，硝化や脱窒により無機態窒素が除去される。この微生物活性はベントスの生物攪拌（8.6 節参照）により，さらに活性化する。ベントスは水中の

無機態窒素やリンにより増殖した底生微細藻類や植物プランクトン，有機物が凝集し沈降したデトリタスを餌にして，高密度に増殖し，魚や鳥や人に食べられ，食物連鎖を通じて系外に運ばれる。このような生態系の過程を経て結果的に水質が浄化される。この過程は生物によって動いているため，そこに生息する種が異なり，生物的な特性が異なれば，当然その質や規模も変化する。したがって生態系サービスの解明や持続的な利用のためには，生物群集の構成種の解析や変動，各種の濾過能力などの生態的特性の知見を収集することが非常に重要である。また，調節サービスには，湿地の貯水による水量調整や土壌侵食の緩和などの減災の働きもある。熱帯地域においては台風などの気象災害に遭遇した海岸地域の経済的回復が，マングローブ林の保全状態が良いほど早いことが報告されている（Hochard et al. 2019）。さらに調節サービスとして，塩性湿地のヨシ原やマングローブ，浅海の海草藻場が，地球温暖化の要因となる二酸化炭素を隔離し，貯留する働きがある（9.6 節参照）。森林など陸上植物が大気中の二酸化炭素を取り込んだ炭素のことをグリーンカーボンという。それに対し，前述の海洋生物が取り込んだ炭素は**ブルーカーボン**と呼ばれ，近年その働きが注目されている（Nellemann et al. 2009; 堀・桑江 2017）。

　生態系サービスは物質的な利益だけではなく，精神的な恵みももたらす。美しい海辺の景色を眺めて得る安らぎ，バードウォッチングや磯遊び，ビーチコーミングなどの自然を利用したレクリエーションやレジャーなど，生態系の存在によって得られる精神的・文化的利益を**文化的サービス**という。とくに沿岸生態系は人間の生活圏に近く，古くから浮世絵をはじめとする絵画にも描かれ，芸術的なインスピレーションを与えてきた。

　そして，**基盤サービス**は水の供給や土壌の形成，栄養塩循環などすべてのサービスの基礎となる生態系の根本的な生態系機能のことである。このサービスにより多様な生物に生息地が提供され，生物多様性が維持される。さらに希少種の生息や地域個体群の存続作用（＝遺伝的多様性の維持）も含まれる。サンゴ礁やマングローブ林，藻場や干潟などを含む沿岸域は単位面積当たりの生物多様性と生態系機能が海洋で最も高い海域である。地球全体に占める沿岸域の割合はわずか 9 ％ に過ぎないが，海洋の総一次生産量の約 4 分の 1 をその沿岸域が担っている（表 9.1 参照）。

　このように沿岸域は私たち人類に多大な恩恵を与えている生態系である。しかし，近年の環境変動や人為的環境破壊に伴い，重要な生態系機能の劣化や生

物多様性の減少が各地で報告されるようになった。こうしたなか，国際連合の主導によって 2000 年に地球規模の生態系アセスメント「ミレニアム生態系評価」が実施され，直近の数十年間に生じた生態系改変に関する評価がなされた（Millennium Ecosystem Assessment 2005）。海洋に関しては世界のサンゴ礁の 20 ％ が消失，20 ％ が劣化したこと，マングローブ林の 35 ％ が消失したこと，漁業対象種の 4 分の 1 は乱獲によってすでに資源が崩壊状態であることなどが報告されている。これらの事実は社会に大きな衝撃を与え，関連する政策や行政にまで反映された。国際的には生物多様性条約国会議，国内では生物多様性国家戦略において，年限を区切った戦略計画と目標が決定されている。2015 年には生物多様性の保全と持続可能な利用に関する問題を含む**持続可能な開発目標**（SDGs：Sustainable Development Goals）が国際連合の全加盟国により掲げられた（環境省 2017）。

生態系サービスの値段　生態系サービスの価値を社会的にわかりやすく示すために，その生態系が持つ生物多様性と生態系機能そのものを**自然資本**と捉え，それから生み出される生態系サービスを経済的貨幣価値へ換算する取り組みが行われている。沿岸域の生態系サービスの価値見積もりでは，判明している生態系サービスだけでも，単位面積当たりでは外洋域のおよそ 16 倍であり，全面積でも外洋域の 1.5 倍である（Costanza et al. 2014）。藻場と干潟を例に挙げると，これらの生態系は単位面積当たりの生態系サービスが地球上で最も高く，その値は熱帯雨林の約 10 倍である。全海洋面積の 1 ％ に満たないにもかかわらず，海洋面積の約 91 ％ を占める外洋域と同等の総合的価値を有している計算になる（表 10.1）。2014 年に環境省が評価した，日本の干潟が 1 年間に提供する 1 ha 当たりの経済的価値は，年間では 1242 万円となり，日本全体の干潟面積で換算すると 1 年間に 6000 億円以上の経済的価値があるとされた（環境省自然環境局 2014）。しかし，生態系サービスをすべて「お金」に換算することはとても難しい。環境省の干潟の経済評価では，供給サービスのすべては水産資源に関するもので，なかでも地域的で漁獲量が少ないために統計データのない水産物は未評価になっている。また，塩や貝製品などの原材料，鑑賞魚類の供給サービスは評価方法が確立されていないため未評価である。

　また，生態系には多様なサービスを同時に提供するという特徴がある。干潟生態系の水質浄化の機能に関しては，人工的な浄水施設で代替できるかもしれないが，干潟はその他のサービスを複数同時に提供している。複合的なサービ

表 10.1　地球上におけるさまざまな生物群系（biome）の面積と
その経済価値評価（Costanza et al. 2014 を基に作成）

生物群系	面積 (10^6ha)	経済価値評価	
		原単位 （万円/ha/yr）	総評価額 （兆円/yr）
海域全体	36,302	14	4,970
外海	33,200	7	2,190
沿岸域	3,102	89	2,770
河口域	180	289	520
海草／海藻藻場	234	289	680
サンゴ礁	28	3,522	990
大陸棚	2,660	22	590
陸域全体	15,323	49	7,510
森林	4,261	38	1,620
熱帯林	1,258	54	680
温帯林／寒帯林	3,003	31	940
草地／放牧地	4,418	42	1,840
湿地	188	1,402	2,640
塩性湿地／マングローブ	128	1,938	2,480
湿原／氾濫原	60	257	150
湖沼／河川	200	125	250
砂漠	2,159		
ツンドラ	433		
氷／岩	1,640		
耕作地	1,672	56	930
市街地	352	67	230
計	51,625		12,480

スという点でも生態系サービスを評価することが重要だろう。

　生態系サービスの適切な管理とは　ここで，それぞれの生態系内の生態系サービス間の関係を考えてみよう。たとえば干潟のアサリは漁業資源としての供給サービスと，浄化機能を支える調節サービスを担っている。もしアサリの漁獲量を増やすと供給サービスは増加するが，一方でアサリが減少して，濾過能力が低下し，調節サービスが低下する。漁獲量を増やすことで短期的には経済的収益は高くなるが，長期的に見れば資源量の低下や浄化機能の低下などの生態系機能の劣化をもたらし，長期的収益は低くなるかもしれない。このような生態系サービス間の**トレードオフ**による利益・不利益の差し引きは，今後，生態系サービスの管理を考える上で考慮していくべき課題となる（Elmqvist et al.

2011)。消費者，企業株主や従業員，行政，地域住民などの**利害関係者（ステークホルダー）**間の協議では，その判断基準となる基礎的な情報の有無や正確さが重要となってくる。

　長期的な視点に加え，生態系に対する空間的な視点を広げることも必要である。とくに沿岸域は陸域と海洋の中間に位置するエコトーンであるため（9.2節参照），陸域から河川を介した栄養塩・物質の流入や，沖合域への物質・生物の移出入などが頻繁に生じる。これは沿岸域の生態系サービスを考える上で，沿岸域だけでなく，陸域や沖合の生態系とも関連があることを示している。たとえば，河川におけるダムや砂防などの整備により，流下する土砂が抑制され，沿岸部の砂浜や干潟面積が減少し，海岸侵食の増大を招く（大垣 1983; 河田ら 1997）。

　また，生態系の上位構造である景観は，沿岸域の場合，海域と陸域の両方の環境が交わることでより複雑になり，**景観多様性**が高くなる。沿岸域の生物多様性は景観多様性と深い関わりがある（松田・堀 2010）。複数の生態系のつながりを意識し，景観多様性と生態系サービスの関係を明らかにすることは，生態系管理の重要な課題であろう。

10.2　ベントスと水産

　水産資源としてのベントス　沿岸域の生態系サービスにおいて，ベントスは水産資源そのものと水産資源生物の餌という供給サービスとしての役割がよく知られている。

　海に囲まれた日本は古来から食料の多くを水産物に頼ってきた。ベントスのうち，エビ・カニ類に代表される節足動物，貝類やタコ類などの軟体動物，ウニ，ナマコなどの棘皮動物が漁獲されたり，養殖されたりして，食用に供されている。1980 年代以降の沖合漁業の魚類，イカ類の急激な漁獲減少もあり，総漁獲量に対するベントスの漁獲割合は近年，相対的に増加している。2015 年の我が国の総漁獲量は約 460 万トンであったのに対し，ベントスの総漁獲量は海面漁業と養殖漁業を合わせると約 80 万トンであり，総漁獲量の 2 割を占めている（農林水産省 海面漁業生産統計調査より）。

　ベントスの総漁獲量の長期変動は種によってその傾向は異なっている（図10.2）。ホタテガイは 1960 年代まで漁獲量はわずかだったが，70 年代以降の養殖漁業の確立と養殖稚貝の地まき放流による海面漁業の漁獲増加により，漁獲量が急激に増加し，最も漁獲量の多い種になっている。養殖カキ類は 1960 年以降 15 万トン以上の生産量を維持している。それに対して，1980 年代まで漁獲量が多かったアサリは漁獲量減少に歯止めがかからない。

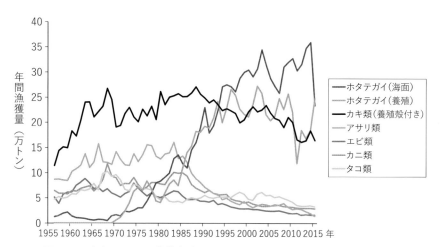

図 10.2　水産ベントスの漁獲変動（農林水産省 海面漁業生産統計調査を基に作成）

　ベントスの生態を利用した漁業　漁獲量が安定的なホタテガイやマガキ漁業は，ベントスの生活史を巧みに利用している好例である。なかでも北海道のオホーツク海で行われている地まきホタテガイ漁業は，生活史を利用し養殖と放流（栽培漁業）で成功した世界的に見ても稀有な例であり，現在では日本からの農林水産物の輸出の主力産物にもなっている。

　ホタテガイは孵化後 35 日間ほど浮遊幼生期を過ごし，構造物に足糸で付着し稚貝に変態する（丸 1985）。1 cm ほどに成長した後に足糸が切れて海底に降り立ち，親と同じ底生生活に入る。浮遊生活後，構造物に付着する性質を利用して，加入稚貝を大量に採取する漁網製の採苗器が開発されている。採苗器に付着した稚貝は網袋内で成長するため，足糸が切れる時期になっても網目から出られず，大量に稚貝が確保できるようになり，放流種苗や養殖種苗に利用されている。一般に移動力の小さいベントスの多くは同じ地域に生息し続けるため，放流個体も一定の禁漁期間を設けて管理を行えば，商品サイズまで成長した後に漁獲することが可能になる。商品サイズに達するまでの成長期間を保証し，成長に応じた年数分に相当する複数の禁漁区を設定して，年ごとに異なる区画を順に漁獲する方法を**輪採制**という（五嶋 2003）。また，各区画の年間漁獲量を予測して安定的な出荷を行うために，生態学の基本であるコドラート（方形枠）を用いた個体数推定法が行われている（Goshima & Fujiwara 1994）。

　マガキ養殖も浮遊幼生の着底適期を予測して，ホタテガイの殻やプラスチックでつくられた採苗器の付着基質を漁場に吊して天然採苗をすることが多い。また，カキ類幼生は同種の成体の貝殻や軟体組織の水溶性タンパク質に誘引されることが明らかになっており（平田 1998），この習性を利用して種苗生産場ではカキ殻の粉砕粒子に 1 個体ずつ幼生を着底させ，扱いが容易で需要も多い一粒カキ（シングルシード）の種苗を生産している。

　ベントスの分布要因や生息地特性の解明は，漁場の決定や漁礁を設置する場合に役立つ。人工採苗され放流される種でも，天然の同種が高密度で生息している海域が適していると予想される。たとえば，北海道ではマナマコの稚仔の分布調査から，稚ナマコの生息環境に類似した人工礁を設置し，成果を上げている例もある（山名ら 2014; 古川ら 2016）。

　今後は種ごとの生活史や行動生態学，個体群動態の研究など，生態学的な基礎研究を意識的に水産増養殖や資源管理に生かしていくことが重要であろう。

　水産資源の餌としてのベントス　漁獲される魚類の胃内容物の調査から，水

産対象種の餌としてベントスが利用される場合が多いことがわかっている（西川・園田 2005）。漁獲される魚類はそれと同じ場所に生息している生物を食べるだけではない。干潟では満潮時にカレイやエイ類などの大型魚類が来遊し，ゴカイ類や貝類などを利用している（重田・薄 2012）。また，藻場では葉上のエビ類やヨコエビ類などの甲殻類が，メバル類稚魚の餌として利用されている（Kamimura et al. 2011）。

　沖合の有用魚類のなかには生活史により生息域を変え，その場のベントスを利用する種も知られている。たとえば伊勢・三河湾系群のトラフグは，志摩半島沖の水深 50 m ほどの砂質底で産卵し孵化した後，伊勢湾内に移動し砕波帯で着底し，ヨコエビ類や多毛類などのベントスやカニ類の幼生を食べ，沿岸で稚魚に成長した後に再び沖合に移動する（中島 2011; 津本 2013）。

減少する水産有用種　ホタテガイやカキ類などでは安定した漁業供給が得られている一方で，漁獲量が減少しているベントスは多い。

　たとえばアサリは沿岸の貝類のなかでも日本人に最も親しまれ，食用として利用されるだけでなく，レジャーの潮干狩りの対象にもなっている。しかし，アサリの全国の漁獲量は 1980 年代前半の 16 万トンをピークに年々減少し，2017 年にはわずか 7000 トンまで減少してしまった（図 10.3）。国内のアサリ漁獲量の減少は，いったい何が原因なのだろうか？　まず第 1 にアサリの生息

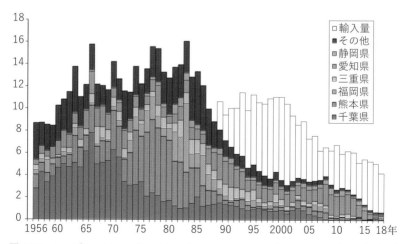

図 10.3　1956 年から 2018 年までのアサリの都道府県別年間漁獲量と輸入量（千トン）
（農林水産省 海面漁業生産統計調査; 農林水産物輸出入概況を基に作成）

している干潟が減ったことが考えられる。1945 年から 1980 年までに東京湾
では約 9 割の干潟が干拓で消滅し，生産地である千葉県のアサリ減少の大きな
要因となったと考えられている（佐々木 1998）（図 10.4）。一方，1980 年代から
の急激な減少は，そのころ最も多くの漁獲量があった熊本県の有明海の減産が
大きな影響を与えている。有明海を擁する熊本県の干潟面積は，現在最も漁獲
のある愛知県よりもずっと大きいが，アサリの漁獲量は減り続け，回復が見ら
れない。これは干潟面積の減少だけが要因ではないことを示している。漁獲量
の減少が起きている海域に共通の現象として，稚貝が減少していることが挙げ
られ，アサリの初期生態に関する研究が盛んに行われた（石井・関口 2002; 粕谷ら
2003; 堤 2005; Toba et al. 2007 など）。その他にも乱獲，水質汚染による水中の酸素
不足，底質のヘドロ化，赤潮，病気，寄生生物，エサとなる植物プランクトン
の変化，捕食などさまざまな要因が考えられているが，アサリ減少の正確な要
因は突き止められておらず，養殖の試みもあるが資源量の回復までにはいたっ
ていない（鳥羽 2017）。

　また，1980 年代以降はアサリの漁獲の減少を補うように海外からの輸入量
が増加した（図 10.3 参照）。1994 年以降はついに国内漁獲量より輸入量のほ
うが多くなった。主な輸出国は中国，韓国と北朝鮮である（2006 年以降，北朝

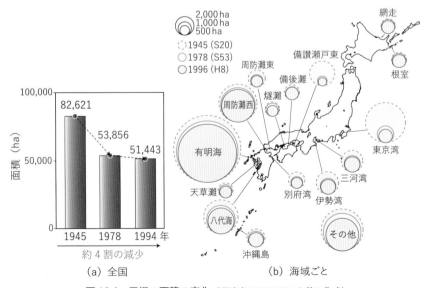

図 10.4　干潟の面積の変化（環境庁 1980, 1994 を基に作成）

鮮からの輸入は禁止されている）。アサリ輸入の特徴として，生きたままの貝を輸入し，各地に運ぶ。この際に海外から一緒に運び込まれたのが，腹足類のサキグロタマツメタである（図 10.5 c）。この種は肉食性で，アサリなどの二枚貝を主なエサとしている。以前から有明海のごく一部に生息していたが，絶滅が危惧される種として扱われていた。一方で輸入アサリに混じってきたサキグロタマツメタは，あちこちに移入定着し，アサリを食害するようになった。この種の食害はとくに東北地方の産地で深刻で，潮干狩り場が閉鎖された例もある（大越 2011）。東北地方では駆除事業が続けられ，さらに 2011 年の東日本大震災後には津波や地盤沈下により多くの干潟が消失し，底質が大きく変わったが，現在もサキグロタマツメタは生き残っている（佐藤 2016）。

　また，エビ類の漁獲量も種苗の放流努力にもかかわらず減少している。クルマエビ類の養殖は世界規模で行われ，国内には養殖エビが大量に輸入されている。しかし多くの場合，その生産は持続的ではない。南方海域ではマングローブを伐採し，養殖池をつくっているが，一方でマングローブ林は稚エビの生育場であり，その伐採が問題となっている（Primavera 2006）。またウイルスの発生などにより，養殖池が持続的に維持できない問題もある（桃山・室賀 2005）。

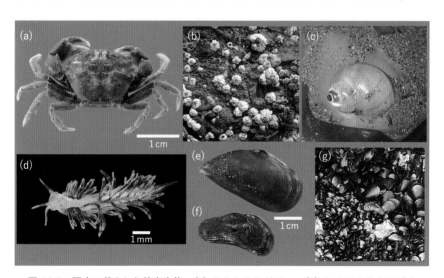

図 10.5　国内に移入した外来生物　(a) ミナトオウギガニ，(b) キタアメリカフジツボ，(c) サキグロタマツメタ，(d) *Trinchesia perca*，(e) ムラサキイガイ，(f) コウロエンカワヒバリガイ，(g) ムラサキイガイとコウロエンカワヒバリガイの生息状況（撮影：(a) (e) (f) 木村昭一氏，(b) 加戸隆介氏，(d) 中野秀彦氏）

　沿岸の生態系には水産対象種だけでなく多様な種が生息しており，減少している種は少なからずいる。ではいったい，そのような生物はどのくらいいるのだろうか？

10.3　生物多様性の危機

　絶滅危惧種はどれだけいるのか？　人為的な環境悪化により，かつてないスピードで地球上の種が絶滅しているという。絶滅の危機にある生物種のことを**絶滅危惧種**と呼ぶ（Box 10.1）。海洋生物には絶滅危惧種はいるのだろうか？　ジュゴンやウミガメ類，クロマグロが絶滅危惧種だとは聞いたことがあるかもしれない。ではベントスではどうだろうか？

　2012 年に日本ベントス学会がまとめた干潟生物のレッドリストでは，国内の干潟には 651 種のベントスの絶滅危惧種がいるとされた（これには絶滅種や準絶滅危惧種を含む）（日本ベントス学会 2012; 逸見ら 2014）。そのうち約 7 割の 462 種が軟体動物（腹足類と二枚貝類）で占められ，次いで節足動物，環形動物と続く（図10.6）。貝類で絶滅危惧種がとくに多いのは，分類学的な研究が早くから進み，生息状況の知見が多いためと考えられる（逸見ら 2014）。全国の干潟に生息していると推定される 2200 種のうち，約 20 ％ が

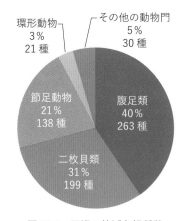

図 10.6　干潟の絶滅危惧種数
（日本ベントス学会 2012 を基に作成）

絶滅危惧種になっている。また，水産対象種であるアゲマキ，ハマグリ，タイラギなども絶滅危惧種に指定されている（図10.7）。これらの種は 2014 年に環境省のレッドリストでも絶滅危惧種に指定された。貝類ではトウガタガイ科，ウロコガイ科など，甲殻類ではカクレガニ科のカニ類などの共生種が多く，宿主となる動物に影響を受ける種は減少が著しい。一方，多毛類は現存量・種数ともに貝類や甲殻類と並んで上位に位置する重要な動物群だが，分類学的な研究が遅れているため，個々の種の絶滅のおそれを評価することが難しく，挙げられている種数が少ないと考えられる。

　また，地理的には南西諸島以南のみに分布域を持つ絶滅危惧種は全体の 36 ％を占め 236 種と最も多い（逸見ら 2014）。南西諸島の干潟は亜熱帯気候の島嶼環境に発達しており，マングローブ湿地や複数種からなる海草藻場，サンゴ礁，サンゴ砂など，九州以東では見られない環境要素も含んだ多様な環境で構成されているため，基本的に生息種数が多い。さらに島は干潟面積が狭く，生息環境も小さく，人為改変を継続的に受けている。生物多様性の保持のためには最も保全すべき海域といえる。それに次いで絶滅危惧種が多いのは関東から九州の範囲で，63 種が指定されている。東京湾，伊勢・三河湾，瀬戸内海など干潟が存在する湾奥部や大河川の河口で干拓や埋め立てが盛んに行われて，干潟が消滅するか，生息条件が悪化して減少した種が多いものと考えられる。とくに絶滅のおそれが高いカテゴリー上位の種は有明海や瀬戸内海，沖縄など西日本に多い。

図 10.7　絶滅危惧種　（a）マキガイイソギンチャク，（b）カブトガニ（幼体），（c）ウチノミカニダマシ（ツバサゴカイと共生），（d）ツバサゴカイ，（e）ハクセンシオマネキ，（f）オカミミガイ，（g）ズベタイラギ，（h）アゲマキ（撮影：(a)(d)(e)(g)(h) 木村昭一氏）

Box 10.1　レッドリスト

　絶滅のおそれのある野生生物の種のリストをレッドリストという。レッドリストは野生生物について，それぞれの分類群の専門家で構成される検討会が，生物学的観点から個々の種の絶滅のおそれを科学的・客観的に評価し，その結果をリストにまとめたものである。またレッドリストに掲載された種について生息状況などをまとめて編纂したものを，レッドデータブックと呼ぶ。国際的には IUCN（国際自然保護連合），国内では環境省，地方自治体，学会などがレッドリストを作成し，更新している。レッドリストへの掲載は，捕獲規制などの直接的な法的効果を伴うものではないが，社会への警鐘として広く情報を提供することにより，さまざまな場面で多様な活用が図られている。

絶滅のおそれのある種のカテゴリー（ランク）（環境省ホームページより）

絶滅（EX）	我が国ではすでに絶滅したと考えられる種
野生絶滅（EW）	飼育・栽培下あるいは自然分布域の明らかに外側で野生化した状態でのみ存続している種
絶滅危惧I類（CR＋EN）	絶滅の危機に瀕している種
絶滅危惧IA類（CR）	ごく近い将来における野生での絶滅の危険性が極めて高いもの
絶滅危惧IB類（EN）	IA類ほどではないが，近い将来における野生での絶滅の危険性が高いもの
絶滅危惧II類（VU）	絶滅の危険が増大している種
準絶滅危惧（NT）	現時点での絶滅危険度は小さいが，生息条件の変化によっては「絶滅危惧」に移行する可能性のある種
情報不足（DD）	評価するだけの情報が不足している種
絶滅のおそれのある地域個体群（LP）	地域的に孤立している個体群で，絶滅のおそれが高いもの

　ベントスの減少原因は何か？　ベントスはどのような要因で減少するのだろうか。絶滅危惧種はとくに干潟などの沿岸域で多いため，まず沿岸域での生息条件の悪化が考えられる。干潟では埋め立てや干拓，浚渫などにより干潟面積が減少し，その生息場所が失われた。1920 年から 1994 年までの約 70 年間に日本の約 4 割の干潟が消失したと推定されている（図 10.4 参照）。干潟面積の減少は東京湾や大阪湾などの大都市圏で著しい（図 10.4 参照，図 10.8）。ま

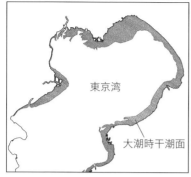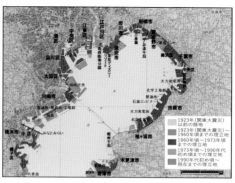

図 10.8　東京湾の干潟の減少　左は明治時代の東京湾の干潟の分布（1908 年）（運輸省港湾局 1998 より），右は大正時代以降の東京湾の干潟の埋め立て変遷（小荒井・中埜 2013 より）。

た，多くの特産種が生息する九州の有明海奥部の諫早湾では，大規模な干拓事業が実行され，1997 年に湾口の潮受け堤防が閉め切られ，2900 ha の干潟が消失した。

　干潟のなかでも地盤の高い場所に形成されるヨシ原やマングローブ林などの塩性湿地は，成立する環境条件が限られているだけでなく（9.3 節参照），人の生活圏に近いためとくに改変を受けやすい。ヨシ原やマングローブ林に生息するオカミミガイ科貝類に関しては，日本で記録されているほぼ全種が絶滅危惧種に指定されている（図 10.7 参照）。

　水質の変化も重要な減少要因となる。都市の発達により，内湾や内海では生活排水や産業排水に含まれる栄養塩が増加し，海水中の富栄養化が進んだ。その結果，大量のプランクトンが発生し，赤潮が発生する（図 10.9）。これらの赤潮プランクトンの死骸や流入する有機物の増加に伴い，有機物が海底に大量に堆積する。これらの有機物の分解によって酸素が消費され，溶存酸素濃度が低下する。このときに塩分や水温の成層構造が発達していると，とくに底層では溶存酸素が生物の死亡を引き起こすほど減少した水塊が発達することがある。これを貧酸素化現象と呼ぶ（図 10.10）。貧酸素化により，呼吸に使う酸素がなくなるだけでなく，硫酸還元菌の活性化により，生物にとって有毒な硫化水素が発生する。貧酸素水塊が陸地に吹き寄せられ，水面に上がってくると水色に見える。これを青潮と呼ぶ（図 10.9）。この現象により，内湾域ではベントスの個体群が安定的に維持できず，しばしば大量死が起こる。

206

図 10.9　赤潮（左）と青潮（右）（写真提供：三重県環境生活部大気水環境課）

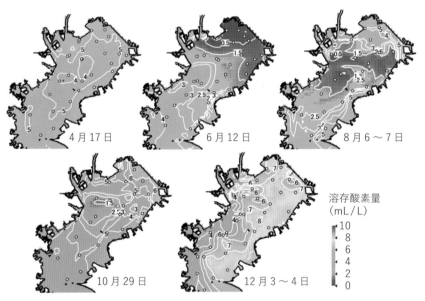

図 10.10　2018 年東京湾底層の貧酸素水塊の季節変動
（千葉県水産総合研究センター 貧酸素水塊速報より）

　水質の化学物質による汚染としては有機水銀，PCB（ポリ塩化ビフェニール），ダイオキシン類，TBT（トリブチルスズ）などが挙げられる。いずれも強い毒性を示す物質であり，工場排水や工業製品の廃棄が汚染原因であることが多いが，TBT は船底や漁網に生物が付着するのを防ぐために積極的に利用されてきた。これらの化学物質は廃棄時には死にいたらない低濃度だったもの

が，低次栄養段階から高次栄養段階へ移動する際に，有害物質が体外に排出されずに生物体内で濃縮される（**生物濃縮**）。1960 年代の八代海（やつしろかい）では，工場排水に含まれていた有機水銀の一種，メチル水銀が魚介類の体内に生物濃縮され，その魚介類を食べた多くの人々が重大な神経障害を被った（西村・岡本 2006）。また，低濃度でもホルモンのような働きをする**内分泌攪乱物質**として，腹足類の雌の雄性化など，生物の繁殖に悪影響を与えるインポセックスを起こすことがある（堀口 2007）。近年ではプラスチック廃棄物が磨耗して生成する**マイクロプラスチック**が問題となっている。サンゴがマイクロプラスチックを大量に取り込んだ際に，本来共生している褐虫藻を取り込めなくなる現象が報告されている（Okubo et al. 2018）。また，プラスチックは PCB などの有機汚濁物質を吸着しやすい性質があるため，表面積の大きなマイクロプラスチックを介して，化学物質が生物体内に蓄積される可能性が指摘されている（Mato et al. 2001）。

　また，生物種間の相互作用により減少する種もある。たとえばサンゴに共生するサンゴガニは生きたサンゴに共生している。何らかの理由でサンゴが死ぬと，サンゴガニはすみかも餌も失い，生きてはいけない。干潟の絶滅危惧種もまた寄生種，共生種の割合が高い。これらの種の保全のためには，宿主，共生種を含めて考えなければいけない。

　外来生物とは何か？　　生物多様性を脅かす要因として，外来生物の影響も大きいと考えられている。**外来生物**とは，それまですんでいなかったところに，人間によって運び込まれた生物のことである。海はつながっているため自由に行き来できるようにも思うが，実際は海流や海峡によって生物の行動範囲は制限されている。また，それぞれの生物には生存に適した温度や塩分の濃度があり，本来の分布域が決まっている。人間が本来の分布域を超えて生物を移動させ，そこで定着してしまうと，移動した先でさまざまな問題が発生することがある。そこで，その場所にもともとすんでいた生物（**在来生物**）と区別するために外来生物と呼ぶ。「外来」というと外国からの生物（**国外外来生物**）だけを指すと思うかもしれないが，それだけではなく，1 つの国のなかで本来の分布域から，別の分布域に移動させられた生物についても外来生物（**国内外来生物**）と呼んでいる。

　日本に定着した外来生物　では日本の海にはどのくらい外来生物がいるのだろうか？ 2018 年の時点で，日本で確認されている国外起源の外来生物は，もともと日本にいなかった種が 86 種（岩崎 2009; Scholz et al. 2003; 柏尾・濱谷 2018; 金

森ら 2014; 西川 2017; Komai & Furota 2013; 野方ら 2015; 内田 2017)，日本には自然分布し
ているけれども明らかに海外から持ち込まれている種が 26 種とされる（岩崎ら
2004）。

　一方，国内起源の外来生物は 100 種以上いると考えられている。外来生物か
どうかの判定には，種名を明らかにすることや，それぞれの種の自然の分布域
がわかっている必要があり，まだ研究途上のものも数多く残されている。外来
生物と疑われているがはっきりした証拠がないために**起源不明種**と呼ばれて，
外来生物と区別されている種も多数いる。

　図 10.11 に日本で見つかっている国外起源の外来生物 86 種を，分類群ごと
に分けて示した。軟体動物（腹足類 10 種，二枚貝類 12 種），甲殻類（フジツ
ボ類 11 種，エビ・カニ類 14 種），魚類（10 種）などが多い（図 10.5）。その
他にも海藻類，病原性寄生生物（ウイルス，細菌，扁形動物，真菌），環形動物
の多毛類，被嚢動物のホヤ類などがいる。魚類と病原性寄生生物を除く 64 種
は，すべてベントスである。外国の海洋外来生物もベントスが多い傾向がある
（岩崎 2009）。

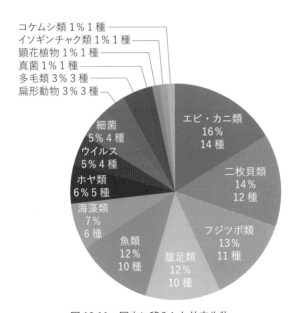

図 10.11　国内に移入した外来生物

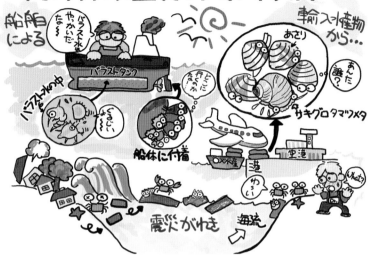

　どのように運び込まれるのか？　　外来生物は人間の活動とともにさまざま
な手段で運び込まれる。そのうち何らかの利用目的があって外来生物が運び込
まれることを意図的導入という。人間は食料や観賞に利用するために，数多く
の海の生物たちを船や飛行機に乗せて運び込んでいる。運ばれた動植物のなか
には野生化して定着拡散し，さらに分布を広げる生物がいる。その代表が食材
とするためのアサリやシナハマグリなどの水産生物の運搬である。

　海洋の外来生物では，このような人間の意図的な導入よりも，人間が運ぶ物
資に混ざったり付着したりして，人間の意図とは関係なく導入されてしまう非
意図的導入による種が多くを占めるのが特徴である。その代表的な導入手段が
大型船舶のバラスト水への混入である。大型の貨物船は荷物を陸揚げして船が
軽くなると安定が保てなくなり，強い波を受けると沈没する可能性が出てく
る。そこで，その港で海水を積み込んで重しにして，次の港へまた航海してい
く。その水をバラスト水と呼ぶ。海水には，細菌やウイルスなどの微小な生物
だけでなく，海の生物の卵や胞子，プランクトンなどがたくさん含まれてい
る。こういった生物たちがバラスト水とともに船に取り込まれ，海を越えて運
搬されて，荷物の積み入れ港で海中に放出される。このような生物のなかには
ベントスのプランクトン幼生も含まれており，このようにして運ばれてきた幼

生が定着し，繁殖する場合がある。日本は国内生産され輸出される製品より，輸入する原料や燃料の重量がずっと大きいため，バラスト水は国内に運び込まれる量より，国外へ運び出される量のほうがずっと多い（大村ら 2014）。

　また，船舶ではバラスト水だけではなく，船体に付着して導入されることもある。船の表面にはカキなどの二枚貝や海藻，フジツボなど数多くの生物が付着している。また，バラスト水やエンジンの冷却水を取り込むシーチェストや，プロペラの軸を保護するプロペラカバーにも二枚貝やフジツボが付着し，その隙間には小さなカニやゴカイ，巻貝などの動き回る動物たちが隠れている（大谷 2009）。その動物たちが船とともに運ばれ，これまで分布していなかった港へ移動し，そこで卵や幼生を放出して，外来生物が増えていく。それが船体付着による導入である。

　アサリなどの輸入水産物や種苗にも，前述のサキグロタマツメタなど，別種の巻貝やカニなどが混入していることがある。その水産物を野外で蓄養したり，撒いたりした際に，混入していた生物が大発生し，害を与えることがある。たとえば，日本を含むアジアに生息しているマヒトデは，カキ種苗に混入し，オーストラリアに生息する二枚貝を中心に大きな食害被害をもたらした（Ross et al. 2002）。

　2011 年の東日本大震災では大規模な津波が発生し，数百万トンもの大量のがれきが太平洋上に流出したと考えられている。環境省の推定では数十万トンのがれきが北米西岸に漂着するとされた。2012 年 6 月にアメリカのオレゴン州に漂着したコンクリート製の浮桟橋には，289 種もの日本に生息している種が確認された（Carlton et al. 2017）。地震や津波は自然現象だが，これをきっかけに本来移動しない人工構造物に生息している生物が海流に乗って，生息していなかった海域に到達することがあり，タイプの異なる侵入手段として注意する必要がある。

　外来生物の影響　外来生物の被害は，前述の食害の他にもさまざまな形で経済的あるいは生態的な影響を与えている。とくに外来生物にはフジツボ類やイガイ科の二枚貝のように硬い基盤に付着するベントスが多いため，船や港の構造物，火力発電所や原子力発電所の冷却水取り込み用水路に付着する。これらの除去費用には多くの継続した費用が必要で，経済的な影響は大きい（岩崎 2006）。

　また，このような付着性の外来ベントスの生態的な影響として，すみ場所を

めぐる競争によって在来種を駆逐してしまうことがある。たとえば，地中海原産のイガイ科の二枚貝類ムラサキイガイは，国内で最も早期に侵入し定着した外来生物であり，いまでは全国の岩礁潮間帯に生息している（図 10.12）（岩崎ら 2004）。ムラサキイガイは岩や石などの硬い基盤に付着して，その表面を覆いつ

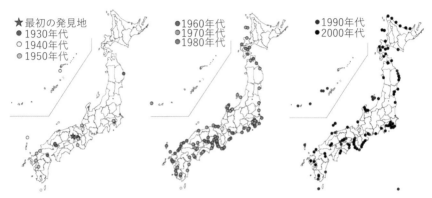

図 10.12　ムラサキイガイの分布拡大（岩崎ら 2004 より）

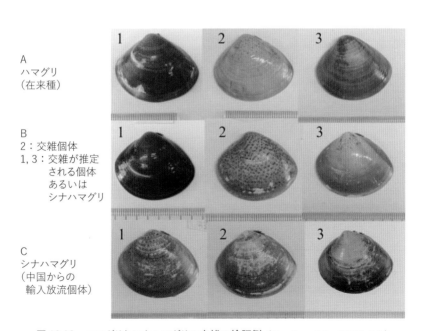

図 10.13　ハマグリとシナハマグリの交雑の検証例（Yamakawa & Imai 2012 より）

くしてしまう。すると岩や石の表面に生える藻類を食べていた在来の巻貝やカニなどの生息地が奪われる。また在来のフジツボやカキなどの二枚貝の硬い殻に付着して覆いつくし，殺してしまう場合もある。こうして在来の生態系をつくり変えてしまう（Hoshiai 1961）。

　在来種と近縁な外来種とが交雑して雑種が生まれてしまうという例もある。たとえば 2000 年初めには中国や朝鮮半島から輸入されたシナハマグリが干潟に撒かれたが，香川県の一部地域では同所的に生息していた在来種のハマグリと交雑していたことが遺伝的な検証により確認された（図 10.13）（Yamakawa & Imai 2012）。ムラサキイガイでも在来種キタノムラサキイガイとの交雑が確認されている（岩崎ら 2020）。

　海岸の特定外来生物　生態系は長い時間をかけて食う–食われるといったことを繰り返し，微妙なバランスの下で成立している。ここに外から侵入することにより，生態系や人の生命・身体，農林水産業に大きな悪影響を及ぼす種がいる。とくに海外から持ち込まれる種のなかには，環境省によって**特定外来生物**と指定され，輸入，運搬，飼育，栽培の禁止などの法的な規制が課せられている種がある。海洋生物の特定外来生物はいまのところ，両側回遊型のカニ類のモクズガニ属全種（在来のモクズガニを除く）と，干潟に生息するイネ科植物の *Spartina* 属全種である。*Spartina* 属の一種ヒガタアシ（*Spartina alterniflora*）は 2008 年に愛知県豊橋市で国内初の生息が確認されて以来，三河湾奥の干潟において急速に分布を拡大した（木村ら 2016）（図 10.14）。また，2009 年には熊本県でも定着が確認され，同様に分布が拡大している。本種は干潟においてヨシなどの在来の塩性植物よりも低潮位への侵入が可能であり，旺盛な繁殖力から干潟の底質環境や地盤高を変化させ，生態系や水産業に大きな影響を与えることが海外で報告されている（ISSG 2005; Wan et al. 2009; Neira et al. 2005）。愛知県では積極的に駆除が行われ，2020 年現在ほぼ根絶されたが，熊本県では現在も分布が拡大している。外来生物の防除には，導入初期に発見し，素早く状況対応を行うことが最も重要である。

　外来生物の管理　船舶による外来生物の移動はこれまでにも大きな問題を発生させている。船舶が国家間を移動させるバラスト水は，年間に 30 億～50 億トンと言われている。このバラスト水の管理のために国際海事機関（IMO）において審議が行われた。国際条約「船舶のバラスト水及び沈殿物の規制及び管理のための国際条約」いわゆる**バラスト水管理条約**が，2017 年に発効した。こ

2012 年 10 月：防除前の分布の様子

2012 年 10 月：人力による刈り取りと抜き取り

2013 年 10 月：刈り取りと抜き取り後も
さらに拡大

2013 年 11 月：防草シートの設置
設置後にヒガタアシは枯死した

図 10.14　ヒガタアシの分布拡大と防除（環境省中部地方環境事務所 2013, 2014 より）

　の発効により 2023 年までにすべての船舶はバラスト水処理装置を設置することになった。規制基準を達成すれば，バラスト水に伴う生物移入量は全海域において大幅に削減できることになるだろう。
　一方，生物の船体付着の問題は，かつては生物が付着することによって船の燃費が悪くなり，操作性も悪化するという観点だった。しかし，バラスト水問題により生物の移動がクローズアップされるようになると，船体付着も外来生物の導入手段として注目されるようになった。2011 年には「船体付着生物管理ガイドライン」が IMO の海洋環境保護委員会で採択され，現在ガイドラインで勧告された手順に基づいてその効果への評価が行われ，実効性のある手法が模索されている。

10.4　地球規模の変動とアセスメント

　これまで，沿岸域の生態系において生物多様性，生態系機能，生態系サービスがそれぞれ非常に高いことを見てきた。しかし，人間活動の拡大にともない生態系がさまざまな影響を受け，著しいスピードで劣化してきている。さらに近年進行している地球規模の気候変動は，大気中の二酸化炭素濃度の上昇による水温上昇や，海氷が溶けることによる海水面の上昇，二酸化炭素が海水中に溶け込むことによる海水の酸性化など，さまざまな環境の変化を通じて沿岸生態系に深刻な影響を与えつつある。たとえば，多くのサンゴの生育に最適な水温は 20〜28 °C であり，一般に 30 °C を超える水温が数週間続くとサンゴは白化する。サンゴは褐虫藻を失って白化し，それが長期間続くとサンゴは死滅する（茅根 2011）。世界のサンゴ礁は 2008 年の段階で 19 % 失われ，35 % が危機的状況にあるとされた（Global Coral Reef Monitoring Network 2008）。熱帯地域でサンゴの生息が難しくなる一方，温暖化によって冬期の水温が下がらず，温帯地域へ向けた北上も進んでいる（Kumagai et al. 2018）。日本沿岸の温帯と亜熱帯の境界域では，海水温の上昇によるアラメ・カジメ類や温帯性のホンダワラ類の衰退，亜熱帯性のホンダワラ類への交代が報告されている（Tanaka et al. 2012）。コラム 10.1 では，日本沿岸の藻場と北上してきた造礁サンゴとの基質をめぐる競争と，将来予測の研究を紹介しよう（図 10.15）。

コラム 10.1　気候変動：藻場からサンゴ群集へ（熊谷直喜）

　地球の気候変動にともない，生物の分布範囲はより生息に適した環境へと移動を繰り返してきた。しかし現代の人為的気候変動は地質年代史上かつてない速さで進行しており，生息環境の日・季節変動が小さい海洋においてとくに急速に生物分布が移動し始めている。分布移動速度は一律ではなく，移動分散能力と関連して異なっているが，生態系を構成する主要な生物群の分布が変化すると，関連する多くの生物へと影響が連鎖しうる。たとえば，造礁サンゴや海藻は沿岸生態系を構成する主要な生物群だが，海水温の上昇によって分布が変化しつつある。国内では，九州から関東にかけての温帯ではサンゴの分布が拡大する一方で，海藻の分布は縮小する傾向にある（図 10.15 参照）。このような温帯の生態系の“熱帯化”は近年，世界各地から断片的に報告されており，その実態とメカニズムの解明が急務となっている。Kumagai et al. 2018（以降，「本研究」）は，温帯藻場がサンゴ群集へ置き換わる“熱帯化”について，海藻を食害する魚類やサンゴを熱帯・亜熱帯

から温帯へと連れてくる海流との関係から定量的に解析・解明することに初めて成功した。これらの気候変動影響の下での海流による輸送の影響を検証する上で，熱帯から亜寒帯にわたる日本列島は最適な研究場所である。

　本研究は，まず国内の主要な海藻とサンゴ，食害魚類の 60 年以上にわたる長期的な分布変化を文献記録から検出し，国内の温帯で進行している海藻藻場の分布縮小と造礁サンゴ群集の分布拡大の全貌を明らかにした。さらにその分布変化を説明するために，海水温の長期的変化と海流の流速分布を用い，海水温変動と海流の影響，さらに海藻を食害する魚類の影響を組み込んだ解析を行った。浮遊期が長く，海流を利用した移動分散に長けた食害魚類やサンゴは，温暖化によって新たに生息可能になった海域へとより速く分布を拡大するが，浮遊期が短く，移動分散能力の低い海藻は徐々にしか分布を更新できなかった。このため魚類による海藻の食害に加え，サンゴの加入による空間を巡る競争とも関連し，海藻藻場の分布が縮小し，しだいにサンゴ群集へと置き換わることがわかった（図参照）。さらに今後も温帯では海藻藻場の減少とサンゴ群集の増加が進行する予測結果が得られた。

　温帯で増加するサンゴには熱帯で衰退する種が含まれており，温帯性海藻が衰退する代償として，熱帯化した温帯沿岸はサンゴにとっての気候変動からの避難地として機能しうる。さらに，分布拡大するサンゴの周囲には，関連する南方性の魚類や無脊椎動物も増加し始めている。たとえば，共生性のサンゴガニやサンゴ捕食者のオニヒトデが北限域のサンゴ群集においても確認されているし，見栄えのよい南方性魚類へ交替すると，水産有用種が減少する一方でレジャーダイビング産業の対象としては適している。このように気候変動にともなう生物の分布変化は，関連し合う生物間の相互作用を通じ，生態系機能だけでなく生態系サービスや社会構造にさえも波及する大きな影響をもたらす。

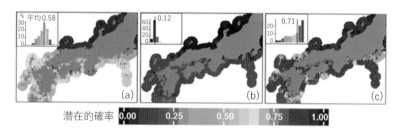

分布変化のモデルを利用した分布拡大速度の差に基づく群集移行の潜在的な確率　（a）海藻藻場からサンゴ群集へ移行する潜在的確率，（b）その移行メカニズムの代表としての，サンゴとの直接的な競合によって移行する相対的確率，（c）魚が海藻藻場を食害することでサンゴ群集へと移行する相対的確率。（Kumagai et al. 2018 を基に作成）

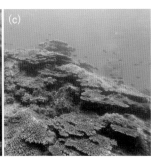

図 10.15　海藻藻場からサンゴ礁への移行　（a）温帯における本来の海藻藻場（温帯性のコンブ類とホンダワラ類が主体）から，（b）海藻とサンゴが共存する群集を経て，（c）熱帯化したサンゴ主体の群集へ至るまでの，各移行段階を示す。（撮影：熊谷直喜氏）

　サンゴ礁や藻場の減少は世界的な温暖化だけでなく，埋め立てや富栄養化による透明度の低下など人間による環境改変による衰退や，捕食者による食害などの地域的な環境悪化が同時かつ複合して進行している。一定面積の藻場が消失して回復しないという現象は，海の砂漠化「磯焼け」と呼ばれる（藤田ら 2006, 2008; 谷口ら 2008; 藤田 2012）。この要因として温暖化とともにウニや植食性魚類の食害が挙げられている（Vergés et al. 2014, 2019）。

　このように複合した状況から今後の沿岸生態系の変動を正確に予測することは難しい。しかし，生物多様性や生態系機能の変化は，生態系サービスの変容を通じて人間社会に多大な影響を与える。さらに重要な点は，気候変動の進行にともなう生態系の変動は，今後の人間の経済活動の選択によって大きく異なってくることにある。そのため，今後の生態系の変動の予測およびそれに基づく生態系管理方法の立案・実施にあたる国際組織として，「生物多様性及び生態系サービスに関する政府間科学–政策プラットホーム（IPBES）」が 2012 年に設立された。

　一方，多くの生態系において，人間活動による変遷を正確に評価できるためのベースラインとなる長期的な調査例は乏しい。その例の 1 つが和歌山県の畠島における 1960 年代から 2010 年代までのウニ類の長期変動調査である（Ohgaki et al. 2019）。この 50 年以上にわたる調査により，ムラサキウニは富栄養化による赤潮の影響を，熱帯性のナガウニ類は冬期の水温の影響を受けて 1970 年代後半から 80 年代にかけて急激に減少し，90 年代後半以降は徐々に回復していることなどが明らかになった。

　沿岸域における国による長期調査の活動として，重要生態系監視地域モニタリング推進事業（モニタリングサイト 1000）が行われている。これは 2002 年に地球環境保全に関する関係閣僚会議で決定された「新生物多様性国家戦略」の基本戦略事業の 1 つである。磯，干潟，アマモ場，藻場，サンゴ礁の各生態系について全国の海域ごとに調査サイトが決められ，サンゴ礁は 2004 年から，その他の生態系は 2008 年から，継続的に生物の種組成やその量の評価を行っている。調査の実施にあたっては，研究者や地域の専門家，NPO，市民ボランティアの連携が欠かせない。沿岸域の調査は，多数の生物種の同定やダイビング調査など，専門性が高いものが多く，継続的に事業を進めていくためには，一般市民への啓蒙とともに組織的な研究者育成の努力が不可欠である。

10.5　保全と利用にかかわる法令

　近年，生物の多様性を保全するための法令が国内外で次々と整備されている。法令は希少種や水産生物の保護のためであったり，場を保全するためであったりするが，複数の省庁が規制をかけている場合もある（表 10.2）。

表 10.2　海洋生物の保全と利用にかかわる法令

目的	法令名（略称）	所管
希少生物の捕獲や殺傷を禁止することで，種を保存すること	絶滅のおそれのある野生動植物の種の保存に関する法律（種の保存法） 文化財保護法（天然記念物）	環境省 文化庁
水産資源となっている種を保護する	漁業法 水産資源保護法	水産庁 水産庁
外来生物に関する法律	植物防疫法 特定外来生物による生態系等に係る被害の防止に関する法律（外来生物法）	農林水産省 環境省・ 農林水産省
開発や森林伐採等の自然改変や採取等の行為を面的に規制する法律	自然公園法 自然環境保全法 森林法	環境省 環境省 林野庁
大規模事業時の環境保全のための影響調査	環境影響評価法（環境アセスメント法）	環境省

　1993 年（平成 5 年）に生物多様性条約が発効した。それ以後，遺伝資源である生物の国外への持ち出しを規制する国内法を制定する国が急増している。各国に生育・生息する生物は，その国が持つ貴重な遺伝的資源であるため，その利用から生ずる利益を公正かつ衡平に配分する（ABS：Access and Benefit-Sharing）ために，原則として締約国の許可なく生物を国外へ持ち出してはならないとする法律が多くの国々で施行されている。

　法令で採集等が規制されていても，研究・教育の目的で許可を得れば採集等が可能となる場合もある。したがって，採集に出かける前に，その生物や場所に法令等による規制がかけられていないかを確認し，各法令等を所管する官公庁へ問い合わせ，許可申請や届出の必要性を調べなくてはならない。

　前述のように，多くの種について法令により採集等の規制がかけられているが，ベントスについては，現状では絶滅危惧種を含め，法令や条例により採集等が規制されている種はごくわずかである。一方で，環境省や地方自治体のレッドリストに掲載されている絶滅危惧種については，開発工事などの事業が着手される前に行われる環境影響評価において配慮すべき対象とすることで，保護が図られている。

　海洋ベントスの多くの種については生態的な知見が乏しく，明確な指針が示されないために，適切な保全対策が講じられないまま生息地が破壊されている例が多く見られる。今後，保全のためにより詳しい生態学的な知見を蓄積し，法整備などに反映させていく必要があるだろう。また，調査を行う際には多少の差こそあれ，環境の改変が伴う（Keough & Quinn 1998）。ベントスには石や死サンゴ，倒木などの微小環境を利用する種も多いことから，このような攪乱を最小限にとどめるためには，調査前の状態に復帰するというマナーを，個人個人が心がけることが大事である。

さらに学びたい人へ

　本書を読んで，この分野の背景をもっと詳しく知りたいと思った人のために，生態学のそれぞれの分野や海洋生物の生態に関することなどについて，より専門的な書籍を紹介します。現在は入手困難なものもありますが，大学の図書館などでお探しください。

➤ 生態学一般

シリーズ現代の生態学（共立出版）日本生態学会編
遺伝子，個体の行動から生態系まで，海洋から森林まで，階層と対象に応じて，時代を越えて変わらない普遍的な生態学原理から，近年めざましく発展した新しい分野まで，全 11 巻に幅広くまとめられている。

生態学（京都大学学術出版会）ベゴン M・ハーパー JL・タウンセンド CR（堀道雄監訳）
1986 年の初版から，生態学を専攻する大学院生の必読書であった。個体から生態系へ，バランス良くかつわかりやすくまとめられており，2013 年の第 4 版では，構成を組み替え最新の研究成果が数多く取り入れられた。

動物生態学（海游舎）嶋田正和・山村則男・粕谷英一・伊藤嘉昭
個体群を中心に進化から群集まで，生態学の基本理論が大変ていねいに解説されている。

シリーズ群集生態学（京都大学学術出版会）
地球上のすべての生物が他種と関わって生きているということを考えると，群集こそ進化から物質循環まですべての生態学的事象を結ぶインターフェースといえるかもしれない。そのような視点に立って，群集生態学の最新の知見が全 6 巻にまとめられている。

進化の教科書（講談社）ジンマー C・エムレン DJ（更科功ら訳）
進化生物学の包括的な入門書であり，化石から遺伝子，そして行動の進化まで，多岐にわたるトピックが全 3 巻でわかりやすく解説され，また，さまざまな実例も紹介されている。

シリーズ共生の生態学（平凡社）
生物間の「共生」に関する研究は，1980～90 年代に急速に発展した。そのなかでも，住み場所提供や化学物質を介した共生など，特徴的な関係が取り上げられており（全 6 巻），ベントスの事例も多い。

➤ 生物の多様性

バイオディバーシティ・シリーズ（裳華房）
生態学を理解する上で分類・系統・形態の知識は不可欠である。このシリーズでは，植

物から脊椎動物まで分類群別に特徴がまとめられており（全7巻），大きな助けになる。

➤ 海洋生物

海洋学（東海大学出版会）ピネ PR（東京大学大気海洋研究所監訳）
海洋全般を扱う入門書。海洋環境の物理学，地球化学的，地質学的成り立ちからそこに暮らす生物が形成する生態系まで，豊富なカラー図版を用いて解説されている。

海洋ベントスの生態学（東海大学出版会）日本ベントス学会編
ベントスに特異的な生態学的事象やその背景，研究方法などが多数の事例とともに詳細に紹介されている。

潮間帯の生態学（文一総合出版）ラファエリ D・ホーキンズ S（朝倉彰訳）
潮間帯に対象を絞り，物理化学的環境要因の特性やそこに暮らす生物たちの生理・生態的特性，そこで起こる生態学的事象について，さまざまな研究を例示してまとめてある（上・下巻）。また，潮間帯を舞台にして発展した研究，潮間帯で用いる調査手法についての解説も詳しい。

➤ 海洋生物の利用と保全

水産学シリーズ（恒星社厚生閣）日本水産学会監修
1973年から2017年までに187巻が刊行され，資源としての水圏生物の生態や生息環境をテーマとしている巻も多い。

海の外来生物（東海大学出版会）日本プランクトン学会・日本ベントス学会編
外来海洋生物について，ベントスとプランクトン両面から迫った本。導入手段も詳しく書かれている。

干潟絶滅危惧動物図鑑（東海大学出版会）日本ベントス学会編
日本の干潟の絶滅危惧動物651種について，分布，生息環境，生態，減少要因などをまとめた日本ベントス学会版レッドデータブック。ほぼ全種の美しい生態写真，標本写真が掲載されている。

　また，本書を読んでみて，書かれていることについてもっと知りたい，こんなこと書いてあるけど本当かな，確かめてみたい，と思ったら，まずは引用文献を読んでみましょう。論文をはじめとする科学的文章では，書かれている内容の根拠となる文献（その結果を導き出した研究論文など）を示すことになっています。本書でも，重要文献を本文中の該当箇所で引用するとともに，このページの後に章毎のリストにしてあります。

引用文献

第 1 章

Abe H et al (2014) Swimming behavior of the spoon worm *Urechis unicinctus* (Annelida, Echiura). Zoology 117:216–223
Brusca RC, Brusca GJ (2003) Invertebrates. Sinauer Associates
林勇夫（2006）水産無脊椎動物学入門. 恒星社厚生閣
Irvine SQ, Chaga O, Martindale MQ (1999) Larval ontogenetic stages of *Chaetopterus*: developmental heterochrony in the evolution of chaetopterid polychaetes. Biol Bull 197:319–331
石川久治（1938）実験・応用釣餌蟲利用の研究. 釣餌料研究会
加藤真（1999）日本の渚―失われゆく海辺の自然―. 岩波新書
菊池泰二（2003）ベントスとはどういうものか. 日本ベントス学会（編）海洋ベントスの生態学. 東海大学出版会 pp1–31
気象庁（1999）海洋観測指針（第 1 部）. 財団法人気象業務支援センター
Matsuo M (1998) Larval development of two pinnotherid crabs, *Asthenognathus inaequipes* Stimpson, 1858 and *Tritodynamia rathbunae* Shen, 1932 (Crustacea, Brachyura), under laboratory conditions. Crust Res 27:122–149
三重県(2014)藻場造成ガイドブック 改訂版 2013. 三重県農林水産部水産基盤整備課. https://www.jfa.maff.go.jp/j/study/keikaku/pdf/6-moba-siryo3_2.pdf（2020 年 7 月 20 日にアクセス）
西川輝昭（1995）ユムシ・イムシのルーツを訪ねて―動物和名の一考察. 海洋と生物 17:512–517
西村三郎・山本虎夫（1974）海辺の生物. 保育社
大城匡平・平林勲・遠見由美・後藤龍太郎（2020）サナダユムシ（環形動物門：ユムシ綱：サナダユムシ科）の紀伊半島，日本海及び奄美大島からの記録. 日本ベントス学会誌 74:93–97
佐藤隼夫（1943）ユムシの生態的観察. 動物学雑誌 55:368
田島工幸（2013）大しけ後だけの海の幸. 北海道新聞全道版 平成 25 年 1 月 9 日（水曜日）朝刊
UNESCO (2009) Global Open Oceans and Deep Seabed (GOODS): biogeographic classification. IOC Technical Series, No.84. UNESCO-IOC
Watling L et al (2013) A proposed biogeography of the deep ocean floor. Prog Oceanogr 111:91–112

第 2 章

Adachi N, Wada K (1998) Distribution of two intertidal gastropods, *Batillaria multiformis* and *B. cumingi* (Batillariidae) at a co-occurring area. Venus 57:115–120
Akihito et al (2008) Evolution of Pacific Ocean and the Sea of Japan populations of the gobiid species, *Pterogobius elapoides* and *Pterogobius zonoleucus*, based on molecular and morphological analyses. Gene 427:7–18
Allmon WD, Martin RE (2014) Seafood through time revisited: the Phanerozoic increase in marine trophic resources and its macroevolutionary consequences. Paleobiology 40:256–287
Appeltans W et al (2012) The magnitude of global marine species diversity. Curr Biol 22:2189–2202
Arendt J, Reznick DN (2008) Convergence and parallelism reconsidered: What have we learned about the genetics of adaptation? Trends Ecol Evol 23:26–32
Bailey DM, Johnston IA, Peck LS (2005) Invertebrate muscle performance at high latitude: swimming activity in the Antarctic scallop, *Adamussium colbecki*. Polar Biol 28:464–469
Bakker VJ, Kelt DA (2000) Scale-dependent patterns in body size distributions of neotropical mammals. Ecology 81:3530–3547
Baums IB, Boulay JN, Polato NR, Hellberg ME (2012) No gene flow across the Eastern Pacific Barrier in the reef-building coral *Porites lobata*. Mol Ecol 21:5418–5433
Bernal MA, Gaither MR, Simison WB, Rocha LA (2017) Introgression and selection shaped the evolutionary history of sympatric sister-species of coral reef fishes (genus: *Haemulon*). Mol Ecol 26:639–652
Bouchet P, Lozouet P, Maestrati P, Heros V (2002) Assessing the magnitude of species richness in tropical marine environments: exceptionally high numbers of molluscs at a New Caledonia site. Biol J Linn Soc 75:421–436
Bowen BW et al (2013) The origins of tropical marine biodiversity. Trends Ecol Evol 28:359–366
Branch G, Branch M (1981) The living shores of southern Africa. Struik
Brayard A et al (2009) Good genes and good luck: ammonoid diversity and the end-Permian mass extinction. Science 325:1118–1121
Butlin RK, Galindo J, Grahame JW (2008) Sympatric, parapatric or allopatric: the most important way to classify speciation? Philos Trans R Soc B 363:2997–3007
Carpenter KE et al (2011) Comparative phylogeography of the Coral Triangle and implications for marine management. J Mar Biol 2011:396982

222

Collin R (2001) The effects of mode of development on phylogeography and population structure of North Atlantic *Crepidula* (Gastropoda: Calyptraeidae). Mol Ecol 10:2249–2262

Darwin C (1859) On the origin of species by means of natural selection, or, the preservation of favoured races in the struggle for life. J. Murray

Fujikura K et al (2010) Marine biodiversity in Japanese waters. PLoS ONE 5:e11836

Fukumori H, Takano T, Hasegawa K, Kano Y (2019) Deepest known gastropod fauna: species composition and distribution in the Kuril–Kamchatka Trench. Prog Oceanogr 178:102176

Furota T, Sunobe T, Arita S (2002) Contrasting population status between the planktonic and direct-developing batillariid snails *Batillaria multiformis* (Lischke) and *B. cumingi* (Crosse) on an isolated tidal flat in Tokyo Bay. Venus 61:15–23

Gage JD, Tyler PA (1991) Deep-sea biology: a natural history of organisms at the deep-sea floor. Cambridge University Press

Gaston KJ, Spicer JI (2004) Biodiversity: an introduction. 2nd edition. Blackwell Science

Gili C, Martinell J (1994) Relationship between species longevity and larval ecology in nassariid gastropods. Lethaia 27:291–299

Grant PR, Grant BR (2008) How and why species multiply: the radiation of Darwin's finches. Princeton University Press

Hamilton AJ et al (2010) Quantifying uncertainty in estimation of tropical arthropod species richness. Am Nat 176:90–95

Hansen TA (1978) Larval dispersal and species longevity in lower Tertiary gastropods. Nature 199:885–887

Hirase S, Ikeda M (2014) Long-term vicariance and post-glacial expansion in the Japanese rocky intertidal goby *Chaenogobius annularis*. Mar Ecol Prog Ser 499:217–231

Jablonski D, Lutz RA (1983) Larval ecology of marine benthic invertebrates: paleobiological implications. Biol Rev 58:21–89

Jablonski D, Hunt G (2006) Larval ecology, geographic range, and species survivorship in Cretaceous mollusks: organismic versus species-level explanations. Am Nat 168:556–564

Jablonski D, Roy K, Valentine JW (2006) Out of the Tropics: evolutionary dynamics of the latitudinal diversity gradient. Science 314:102–106

Kase T, Hayami I (1992) Unique submarine cave mollusc fauna: composition, origin and adaptation. J Molluscan Stud 58:446–449

Kojima S, Segawa R, Hayashi I (1997) Genetic differentiation among populations of the Japanese turban shell *Turbo (Batillus) cornutus* corresponding to warm currents. Mar Ecol Prog Ser 150:149–155

Kojima S et al (2001) Molecular phylogeny of Japanese gastropods in the genus *Batillaria*. J Molluscan Stud 67:377–384

Kojima S et al (2003) Phylogenetic relationships between the tideland snails *Batillaria flectosiphonata* in the Ryukyu Islands and *B. multiformis* in the Japanese Islands. Zool Sci 20:1423–1433

Kojima S et al (2004) Phylogeography of an intertidal direct-developing gastropod *Batillaria cumingi* around the Japanese Islands. Mar Ecol Prog Ser 276:161–172

Krug PJ (2011) Patterns of speciation in marine gastropods: A review of the phylogenetic evidence for localized radiations in the sea. Am Malacol Bull 29:169–186

Lambshead PJD, Boucher G (2003) Marine nematode deep-sea biodiversity—hyperdiverse or hype? J Biogeogr 30:475–485

Mannion PD, Upchurch P, Benson RBJ, Goswami A (2014) The latitudinal biodiversity gradient through deep time. Trends Ecol Evol 29:42–50

Mazel F et al (2017) The geography of ecological niche evolution in mammals. Curr Biol 27:1369–1374

Meyer CP, Paulay G (2005) DNA barcoding: Error rates based on comprehensive sampling. PLoS Biol 3:e422

Mittelbach GG et al (2007) Evolution and the latitudinal diversity gradient: speciation, extinction and biogeography. Ecol Lett 10:315–331

Miura O et al (2012) Flying shells: historical dispersal of marine snails across Central America. Proc R Soc B 279:1061–1067

Mora C et al (2003) Patterns and processes in reef fish diversity. Nature 421:933–936

Mora C et al (2011) How many species are there on Earth and in the ocean? PLoS Biol 9:e1001127

Nilsson D (2013) Eye evolution and its functional basis. Visual Neurosci 30:5–20

O'Dea A et al (2016) Formation of the Isthmus of Panama. Sci Adv 2:e1600883

Ponder WF, Lindberg DR (1997) Towards a phylogeny of gastropod molluscs: an analysis using morphological characters. Zool J Linn Soc 119:83–265

Prozorova LA, Volvenko IE, Noseworthy R (2012) Distribution and ecological morphs of northwestern Pacific gastropod *Batillaria attramentaria* (G.B. Sowerby II, 1855) (Cenogastropoda: Batillariidae). In: KA Lutaenko (ed) Proceedings of the Russia–China bilateral symposium on marine ecosystems under the global change in the Northwestern Pacific. A.V. Zhirmunsky Institute of Marine Biology pp139–144

Puillandre N et al (2014) Molecular phylogeny and evolution of the cone snails (Gastropoda, Conoidea). Mol Phylogenet Evol 78:290–303

Roberts CM et al (2002) Marine biodiversity hotspots and conservation priorities for tropical reefs. Science

295:1280–1284

Robertson D et al (2009) The Smithsonian Tropical Research Institute: marine research, education, and conservation in Panama. Smithson Contrib Mar Sci 38:73–93

佐藤正典・狩野泰則（2016）環形動物の分類学研究．月刊海洋号外 57:5–11

Simmonds SE et al (2020) Genomic signatures of host-associated divergence and adaptation in a coral-eating snail, *Coralliophila violacea* (Kiener, 1836). Ecol Evol 10:1817–1837

Spalding MD et al (2007) Marine ecoregions of the world: a bioregionalization of coastal and shelf areas. BioScience 57:573–583

Shuto T (1974) Larval ecology of prosobranch gastropods and its bearing on biogeography and paleontology. Lethaia 7:239–256

Strathmann MF, Strathmann RR (2007) An extraordinarily long larval duration of 4.5 years from hatching to metamorphosis for teleplanic veligers of *Fusitriton oregonensis*. Biol Bull 213:152–159

Tittensor DP et al (2010) Global patterns and predictors of marine biodiversity across taxa. Nature 466:1098–1101

Verheyen E, Salzburger W, Snoeks J, Meyer A (2003) Origin of the superflock of cichlid fishes from Lake Victoria, East Africa. Nature 300:325–329

Vermeij GJ (1977) The Mesozoic Marine Revolution: evidence from snails, predators and grazers. Paleobiology 3:245–258

Vermeij GJ (1987) Evolution and escalation: an ecological history of life. Princeton University Press

Vermeij GJ (1993) A Natural History of Shells. Princeton University Press

Weigert A et al (2014) Illuminating the base of the annelid tree using transcriptomics. Mol Biol Evol 31:1391–1401

Yamada M et al (2014) Phylogeography of the brackish water clam *Corbicula japonica* around the Japanese archipelago inferred from mitochondrial COII gene sequences. Zool Sci 31:168–179

Yoshida M, Ogura A (2011) Genetic mechanisms involved in the evolution of the cephalopod camera eye revealed by transcriptomic and developmental studies. BMC Evol Biol 11:180

第 3 章

Backwell PRY, Jennions MD (2004) Coalition among male fiddler crabs. Nature 430:417

Backwell PRY, Passmore NI (1996). Time constraints and multiple choice criteria in the sampling behaviour and mate choice of the fiddler crab, *Uca annulipes*. Behav Ecol Sociobiol 38:407–416

Bertin A, Cézilly F (2005) Density-dependent influence of male characters on mate-locating efficiency and pairing success in the waterlouse *Asellus aquaticus*: an experimental study. J Zool 265:333–338

Brockmann HJ (2002) An experimental approach to altering mating tactics in male horseshoe crabs (*Limulus polyphemus*). Behav Ecol 13:232–238

Bywater CL, Angilletta Jr. MJ, Wilson RS (2008) Weapon size is a reliable indicator of strength and social dominance in female slender crayfish (*Cherax dispar*). Funct Ecol 22:311–316

Caldwell RL (1979) Cavity occupation and defensive behaviour in the stomatopod *Gonodactylus festae*: evidence for chemically mediated individual recognition. Anim Behav 27:194–201

千葉聡（2017）歌うカタツムリ 進化とらせんの物語．岩波書店

Chiba S et al (2016) Population divergence in cold tolerance of the intertidal gastropod *Littorina brevicula* explained by habitat-specific lowest air temperature. J Exp Mar Biol Ecol 481:49–56

Christy JH (1995) Mimicry, mate choice, and the sensory trap hypothesis. Am Nat 146:171–181

Conover DO, Munch SB (2002) Sustaining fisheries yields over evolutionary time scales. Science 297:94–96

deRivera CE (2005) Long searches for male-defended breeding burrows allow female fiddler crabs, *Uca crenulata*, to release larvae on time. Anim Behav 70:289–297

Duffy JE (1996) Eusociality in a coral-reef shrimp. Nature 381:512–514

Elwood RW, Neil SJ (1992) Assessments and decisions: a study of information gathering by hermit crabs. Chapman & Hall 192pp

Faurby S et al (2011) Intraspecific shape variation in horseshoe crabs: The importance of sexual and natural selection for local adaptation. J Exp Mar Biol Ecol 407:131–138

Fitzpatrick MJ, Feder E, Rowe L, Sokolowski MB (2007) Maintaining a behaviour polymorphism by frequency-dependent selection on a single gene. Nature 447:210–213

Fujishima Y, Wada K (2013) Allocleaning behavior by the sentinel crab *Macrophthalmus banzai*: a case of mutual cooperation. J Ethol 31:219–221

Grant PR, Grant BR (2002) Unpredictable evolution in a 30-year study of Darwin's finches. Science 296:707–711

Gherardi F, Cenni F, Parisi G, Aquiloni L (2010) Visual recognition of conspecifics in the American lobster, *Homarus americanus*. Anim Behav 80:713–719

Gherardi F, Tiedemann J (2004) Binary individual recognition in hermit crabs. Behav Ecol Sociobiol 55:524–530

Hazlett BA (1969) "Individual" recognition and agonistic behaviour in *Pagurus bernhardus*. Nature 222:268–269

Hori M (1993) Frequency-dependent natural selection in the handedness of scale-eating cichlid fish. Science 260:216–219

Iwata Y et al (2019) How female squid inseminate their eggs with stored sperm. Curr Biol 29:R48–R49

Jiménez-Morales N et al (2018) Who is the boss? Individual recognition memory and social hierarchy formation in crayfish. Neurobiol Learn Mem 147:79–89

Jormalainen V, Merilaita S (1995) Female resistance and duration of mate-guarding in three aquatic peracarids (Crustacea). Behav Ecol Sociobiol 36:43–48

Kamio M, Matsunaga S, Fusetani N (2002) Copulation pheromone in the crab *Telmessus cheiragonus* (Brachyura: Decapoda). Mar Ecol Prog Ser 234:183–190

Kamio M, Reidenbach MA, Derby CD (2008) To paddle or not: context dependent courtship display by male blue crabs, *Callinectes sapidus*. J Exp Biol 211:1243–1248

Kasatani A, Wada K, Yusa Y, Christy JH (2012) Courtship tactics by male *Ilyoplax pusilla* (Brachyura, Dotillidae). J Ethol 30:69–74

Kishida O, Mizuta Y, Nishimura K (2006) Reciprocal phenotypic plasticity in a predator–prey interaction between larval amphibians. Ecology 87:1599–1604

Kishida O, Trussell GC, Nishimura K (2007) Geographic variation in a predator-induced defense and its genetic basis. Ecology 88:1948–1954

Lombardo RC, Goshima S (2010) Female copulatory status and male mate choice in *Neptunea arthritica* (Gastropoda: Buccinidae). J Molluscan Stud 76:317–322

Mathews LM (2002) Territorial cooperation and social monogamy: factors affecting intersexual behaviours in pair-living snapping shrimp. Anim Behav 63:767–777

メイナード-スミス J（1985）進化とゲーム理論（寺本英・梯正之訳）．産業図書

Maynard Smith J, Harper D (2003) Animal signals. Oxford University Press

Mery F et al (2007) Natural polymorphism affecting learning and memory in Drosophila. Proc Nat Acad Sci USA 104:13051–13055

Milner RNC, Jennions MD, Backwell PRY (2010) Safe sex: male–female coalitions and pre-copulatory mate-guarding in a fiddler crab. Biol Lett 6:180–182

Miranda RM, Lombardo RC, Goshima S (2008) Copulation behavior of *Naptunea arthritica*: baseline considerations on broodstocks as the first step for seed production technology development. Aquac Res 39:283–290

Miura O, Nishi S, Chiba S (2007) Temperature-related diversity of shell colour in the intertidal gastropod *Batillaria*. J Molluscan Stud 73:235–240

Miura O (2012) Social organization and caste formation in three additional parasitic flatworm species. Mar Ecol Prog Ser 465:119–127

Murai M, Backwell PRY (2006) A conspicuous courtship signal in the fiddler crab *Uca perplexa*: female choice based on display structure. Behav Ecol Sociobiol 60:736–741

Ng TPT, Williams GA (2014) Size-dependent male mate preference and its association with size-assortative mating in a mangrove snail, *Littorina ardouiniana*. Ethology 120:995–1002

O'Dea A et al (2014) Evidence of size-selective evolution in the fighting conch from prehistoric subsistence havesting. Proc R Soc B 281:20140159

Osborne et al. (1997) Natural behavior polymorphism due to a cGMP-dependent protein kinase of *Drosophila*. Science 277:834–836

Petraitis PS (2002) Effects of intraspecific competition and scavenging on growth of the periwinkle *Littorina littorea*. Mar Ecol Prog Ser 236:179–187

Reaney LT (2009) Female preference for male phenotypic traits in a fiddler crab: do females use absolute or comparative evaluation? Anim Behav 77:139–143

Rowe C (1999) Receiver psychology and the evolution of multicomponent signals. Anim Behav 58:921–931

Salmon M, Atsaides SP (1968) Visual and acoustical signalling during courtship by fiddler crabs (genus *Uca*). Am Zool 8:623–639

Sanford E et al (2003) Local selection and latitudinal variation in a marine predator–prey interaction. Science 300:1135–1137

Sato N, Kasugai T, Munehara H (2014) Female pygmy squid cryptically favour small males and fast copulation as observed by removal of spermatangia. Evol Biol 41:221–228

Sato N, Yoshida M, Kasugai T (2016) Impact of cryptic female choice on insemination success: larger sized and longer copulating male squid ejaculate more, but females influence insemination success by removing spermatangia. Evolution 71:111–120

Shuster SM, Wade MJ (1991) Equal mating success among male reproductive strategies in a marine isopod. Nature 350:608–610

Takeshita F (2019) Color changes of fiddler crab between seasons and under stressful conditions: Patterns of changes in lightness differ between carapace and claw. J Exp Mar Biol Ecol 511:113–119

Takeshita F, Lombardo RC, Wada S, Henmi Y (2011) Increased guarding duration reduces growth and offspring number in females of the skeleton shrimp *Caprella penantis*. Anim Behav 81:661–666

Takeshita F, Murai M (2016) The vibrational signals that male fiddler crabs (*Uca lactea*) use to attract females into their burrows. Sci Nat 103:49

Takeshita F, Murai M (2019) Courtship interference by neighboring males potentially prevents pairing in fiddler crab *Austruca lactea*. Behav Ecol Sociobiol 73:164

Therkildsen N et al (2019) Contrasting genomic shifts underlie parallel phenotypic evolution in response to fishing. Science 365:487–490

Wada K (1984) Barricade building in *Ilyoplax pusillus* (De Haan) (Crustacea: Brachyura). J Exp Mar Biol Ecol 83:73–88

Wada K (1987) Neighbor burrow-plugging in *Ilyoplax pusillus* (Crustacea: Brachyura: Ocypodidae). Mar Biol 95:299–303

Wada K (1993) Territorial behavior, and sizes of home range and territory, in relation to sex and body size in *Ilyoplax pusilla* (Crustacea: Brachyura: Ocypodidae). Mar Biol 115:47–52

Wada T, Takegaki T, Mori T, Natsukari Y (2005) Alternative male mating behaviors dependent on relative body size in captive oval squid *Sepioteuthis lessoniana* (Cephalopoda, Loliginidae). Zool Sci 22:645–651

Wilson RS et al (2007) Dishonest signals of strength in male slender crayfish (*Cherax dispar*) during agonistic encounters. Am Nat 170:284–291

Yamamura N, Jormalainen V (1996) Compromised strategy resolves intersexual conflict over pre-copulatory guarding duration. Evol Ecol 10:661–680

Yasuda C, Suzuki Y, Wada S (2011) Function of the major cheliped in male–male competition in the hermit crab *Pagurus nigrofascia*. Mar Biol 158:2327–2334

Yasuda CI, Matsuo K, Hasaba Y, Wada S (2014) Hermit crab, *Pagurus middendorffii*, males avoid the escalation of contests with familiar winners. Anim Behav 96:49–57

Yasuda CI., Matsuo K, Wada S (2015) Previous mating experience increases fighting success during male–male contests in the hermit crab *Pagurus nigrofascia*. Behav Ecol Sociobiol 69:1287–1292

Yoshiura K et al. (2006) A SNP in the ABCC11 gene is the determinant of human earwax type. Nat Genet 38:324–330

Yusa Y (2007) Nuclear sex-determining genes cause large sex-ratio variation in the apple snail *Pomacea canaliculata*. Genetics 175:179–184

Yusa Y, Kumagai N (2018) Evidence of oligogenic sex determination in the apple snail *Pomacea canaliculata*. Genetica 146:265–275

Yusa Y, Suzuki Y (2003) A snail with unbiased population sex ratios but highly biased brood sex ratios. Proc R Soc London B 270:283–288

第 4 章

Agatsuma Y, Seki T, Kurata K, Taniguchi K (2006) Instantaneous effect of dibromomethane on metamorphosis of larvae of the sea urchins *Strongylocentrotus nudus* and *Strongylocentrotus intermedius*. Aquaculture 251:549–557

Allen JD, Pernet B (2007) Intermediate modes of larval development: bridging the gap between planktotrophy and lecithotrophy. Evol Dev 9:643–653

青木優和（2003）フクロエビ類は子煩悩．朝倉彰（編）甲殻類学．東海大学出版会

Baeza JA (2019) Sexual systems in shrimps (Infraorder Caridea Dana, 1852), with special reference to the historical origin and adaptive value of protandric simultaneous hermaphroditism. In: Leonard JL (ed) Transitions Between Sexual Systems. Springer pp269–310

Bergström BI (2000) The biology of *Pandalus*. Adv Mar Biol 38:55–245

Breton S, Capt C, Guerra D, Stewart D (2019) Sex-determining mechanisms in bivalves. In: Leonard JL (ed) Transitions Between Sexual Systems. Springer pp165–192

Caballes CF, Pratchett MS (2017) Environmental and biological cues for spawning in the crown-of-thorns starfish. Plos One 12:e0173964

Charnov EL (1982) The Theory of Sex Allocation. Princeton University Press

Chiba S (2007) A review of ecological and evolutionary studies on hermaphroditic decapod crustaceans. Plankton Benthos Res 2:107–119

Chiba S et al (2013) Maladaptive sex ratio adjustment by a sex-changing shrimp in selective-fishing environments. J Anim Ecol 82:632–641

Chow S (1982) Artificial insemination using preserved spermatophores in the palaemonid shrimp *Macrobrachium rosenbergii*. Nippon Suisan Gakkaishi 48:1693–1695

Chow S et al (2011) Genetic isolation between the western and eastern pacific populations of pronghorn spiny lobster *Panulirus penicillatus*. Plos One 6:e29280

Cowen RK, Sponaugle S (2009) Larval dispersal and marine population connectivity. Annu Rev Mar Sci 1:443–466

Dan K, Kubota H (1960) Data of spawning of *Comanthus japonica* between 1937 and 1955. Embryologia 5:21–37

de Meeus T, Prugnolle F, Agnew P (2007) Asexual reproduction: genetics and evolutionary aspects. Cell Mol Life Sci 64:1355–1372

Dunn AM, Hogg JC, Kelly A, Hatcher MJ (2005) Two cues for sex determination in *Gammarus duebeni*: adaptive variation in environmental sex determination? Limnol Oceanogr 50:346–353

Ellner S (1997) You bet your life: life-history strategies in fluctuating environments. In: Othmer HG, Adler FR, Lewis MA, Dallon JC (eds) Case Studies in Mathematical Modeling: Ecology, Physiology, and Cell Biology.

Prentice-Hall pp3–24

Epifanio CE, Cohen JH (2016) Behavioral adaptations in larvae of brachyuran crabs: a review. J Exp Mar Biol Ecol 482:85–105

Fautin DG (2002) Reproduction of Cnidaria. Can J Zool 80:1735–1754

Fujikura K et al (2007) Long-term in situ monitoring of spawning behavior and fecundity in *Calyptogena* spp. Mar Ecol Prog Ser 333:185–193

藤永克昭・中尾繁（1995）ヒメエゾボラ *Neptunea arthritica* の孵化率と胚の死亡要因．日水誌 61:531–539

Fusetani N (2004) Biofouling and antifouling. Nat Prod Rep 21:94–104

Galtsoff PS (1938) Physiology of reproduction of *Ostrea virginica*. II. Stimulation of spawning in the female oyster. Biol Bull 75:286–307

Ghiselin MT (1969) The evolution of hermaphroditism among animals. Quart Rev Biol 44:189–208

Gutekunst J et al (2018) Clonal genome evolution and rapid invasive spread of the marbled crayfish. Nat Ecol Evol 2:567–573

Hadfield MG (2011) Biofilms and marine invertebrate larvae: what bacteria produce that larvae use to choose settlement sites. Annu Rev Mar Sci 3:453–470

Haramoto S, Komatsu M, Yamazaki Y (2007) Patterns of asexual reproduction in the fissiparous seastar *Coscinasterias acutispina* (Asteroidea: Echinodermata) in Japan. Zool Sci 24:1075–1081

Hayakawa J et al (2009) The settlement cues of an articulated coralline alga *Marginisporum crassissima* for the Japanese top shell *Turbo cornutus*. J Shellfish Res 28:569–575

Heyland A, Degnan S, Reitzel AM (2011) Emerging patterns in the regulation and evolution of marine invertebrate settlement and metamorphosis. In: Flatt T, Heyland A (eds) Mechanisms of Life History Evolution. Oxford University Press pp29–42

日高道雄（2011）サンゴの生活史と共生．日本サンゴ礁学会（編）サンゴ礁学．東海大学出版会 pp120–152

Irie T, Iwasa Y (2005) Optimal growth pattern of defensive organs: the diversity of shell growth among mollusks. Am Nat 165:238–249

Ishibashi R et al (2003) Androgenetic reproduction in a freshwater diploid clam *Corbicula fluminea* (Bivalvia: Corbiculidae). Zool Sci 20:727–732

神保忠雄・水本泰・村上恵祐・浜崎活幸（2018）イセエビフィロソーマ幼生の成長に伴う走光性の変化．日水誌 84:361–368

角井敬知（2016）タナイスの多様性—特に性様式について．Cancer 25:131–136

Kingsford MJ et al (2002) Sensory environments, larval abilities and local self-recruitment. Bull Mar Sci 70:309–340

Kitamura H, Kitahara S, Koh HB (1993) The induction of larval settlement and metamorphosis of 2 sea-urchins, *Pseudocentrotus depressus* and *Anthocidaris crassispina*, by free fatty-acids extracted from the coralline red alga *Corallina pilulifera*. Mar Biol 115:387–392

Knott KE, McHugh D (2012) Introduction to symposium: poecilogony—a window on larval evolutionary transitions in marine invertebrates. Integr Comp Biol 52:120–127

小林啓二（1989）ズワイガニの増殖に関する研究．鳥取水試報 31:1–95

Komaru A, Kawagishi T, Konishi K (1998) Cytological evidence of spontaneous androgenesis in the freshwater clam *Corbicula leana* Prime. Dev Genes Evol 208:46–50

Krug PJ (2009) Not my "type": Larval dispersal dimorphisms and bet-hedging in opisthobranch life histories. Biol Bull 216:355–372

Lee T, Siripattrawan S, Ituarte CF, Foighil DÓ (2005) Invasion of the clonal clams: *Corbicula* lineages in the New World. Am Malacol Bull 20:113–122

Leonard JL (2019) The evolution of sexual systems in animals. In: Leonard JL (ed) Transitions Between Sexual Systems. Springer pp1–58

Levins R (1968) Evolution in Changing Environments. Princeton University Press

Levinton JS (2017) Marine Biology. Oxford University Press

Levitan DR (1993) The importance of sperm limitation to the evolution of egg size in marine invertebrates. Am Nat 141:517–536

Levitan DR, Sewell MA, Chia FS (1992) How distribution and abundance influence fertilization success in the sea-urchin *Strongylocentrotus franciscanus*? Ecology 73:248–254

Lively CM (1992) Parthenogenesis in a fresh-water snail—reproductive assurance versus parasitic release. Evolution 46:907–913

Lively CM et al (2004) Host sex and local adaptation by parasites in a snail-trematode interaction. Am Nat 164:S6–S18

Lorenzi MC, Sella G, Schleicherova D, Ramella L (2005) Outcrossing hermaphroditic polychaete worms adjust their sex allocation to social conditions. J Evol Biol 18:1341–1347

Luttikhuizen PC, Honkoop PJC, Drent J (2011) Intraspecific egg size variation and sperm limitation in the broadcast spawning bivalve *Macoma balthica*. J Exp Mar Biol Ecol 396:156–161

Marshall DJ, Bonduriansky R, Bussiere LF (2008) Offspring size variation within broods as a bet-hedging strategy in unpredictable environments. Ecology 89:2506–2517

Marshall DJ, Keough MJ (2003) Variation in the dispersal potential of non-feeding invertebrate larvae: the desperate larva hypothesis and larval size. Mar Ecol Prog Ser 255:145–153

Marshall DJ et al (2012) The biogeography of marine invertebrate life histories. Annu Rev Ecol Evol Sys 43:97–114

益子計夫（1992）テナガエビの大卵少産・小卵多産．遺伝 別冊 4:7–16

益子計夫（1993）テナガエビの繁殖形質と幼生分散の進化生態学．月刊海洋 25:295–300

益子計夫（2001）種多様性の起源:淡水エビ類．後藤章・井口恵一朗（編）水生動物の卵サイズ．海游舎 pp130–148

McCabe J, Dunn AM (1997) Adaptive significance of environmental sex determination in an amphipod. J Evol Biol 10:515–527

Michiels NK, Newman LJ (1998) Sex and violence in hermaphrodites. Nature 391:647

Miyake Y et al (2015) Roles of vertical behavior in the open-ocean migration of teleplanic larvae: a modeling approach to the larval transport of Japanese spiny lobster. Mar Ecol Prog Ser 539:93–109

Mladenov PV (1996) Environmental factors influencing asexual reproductive processes in echinoderms. Oceanol Acta 19:227–235

Montgomery JC et al (2006) Sound as an orientation cue for the pelagic larvae of reef fishes and decapod crustaceans. Adv Mar Biol 51:143–196

Morgan SG (1990) Impact of planktivorous fishes on dispersal, hatching, and morphology of estuarine crab larvae. Ecology 71:1639–1652

Morgan SG, Christy JH (1996) Survival of marine larvae under the countervailing selective pressures of photodamage and predation. Limnol Oceanogr 41:498–504

仲岡雅裕（2003）個体群動態と生活史．日本ベントス学会（編）海洋ベントスの生態学．東海大学出版会 pp33–115

Nielsen C (2018) Origin and diversity of marine larvae. In: Carrier TJ, Reitzel AM, Heyland A (eds) Evolutionary Ecology of Marine Inverrebrate Larvae. Oxford University Press pp3–15

西川潮ら（2017）西日本におけるマーモクレブスの初記録と淡水生態系への脅威．Cancer 26:5–11

Onitsuka T et al (2008) Effects of sediments on larval settlement of abalone *Haliotis diversicolor*. J Exp Mar Biol Ecol 365:53–58

Paul AJ (1984) Mating frequency and viability of stored sperm in the tanner crab *Chionoecetes bairdi* (Decapoda, Majidae). J Crust Biol 4:375–381

Pawlik JR (1992) Chemical ecology of the settlement of benthic marine invertebrates. Oceanogr Mar Biol 30:273–335

Pineda J, Reyns N (2018) Larval transport in the coastal zone: biological and physical processes. In: Carrier TJ, Reitzel AM, Heyland A (eds) Evolutionary Ecology of Marine Invertebrate Larvae. Oxford University Press pp141–159

Queiroga H, Blanton J (2005) Interactions between behaviour and physical forcing in the control of horizontal transport of decapod crustacean larvae. Adv Mar Biol 47:107–241

Reitzel AM, Stefanik D, Finnerty JR (2011) Asexual reproduction in Cnidaria: Comparative developmental processes and candidate mechanisms. In: Flatt T, Heyland A (eds) Mechanisms of Life History Evolution. Oxford University Press pp101–113

Reuter KE, Levitan DR (2010) Influence of sperm and phytoplankton on spawning in the echinoid *Lytechinus variegatus*. Biol Bull 219:198–206

Rodríguez SR, Ojeda FP, Inestrosa NC (1993) Settlement of benthic marine invertebrates. Mar Ecol Prog Ser 97:193–207

Roff DA (1992) The evolution of life histories; theory and analysis. Chapman and Hall

Sainte-Marie B, Raymond S, Brethes JC (1995) Growth and maturation of the benthic stages of male snow crab, *Chionoecetes opilio* (Brachyura, Majidae). Can J Fish Aquat Sci 52:903–924

Sasaki A, Ellner S (1995) The evolutionarily stable phenotype distribution in a random environment. Evolution 49:337–350

Sato M, Tsuchiya M (1987) Reproductive behavior and salinity favorable for early development in two types of the brackish-water polychaete *Neanthes japonica* (Izuka). Benthos Res 31:29–42

Schärer L (2009) Tests of sex allocation theory in simultaneously hermaphroditic animals. Evolution 63:1377–1405

Scheltema RS (1971) Larval dispersal as a means of genetic exchange between geographically separated populations of shallow-water benthic marine gastropods. Biol Bull 140:284–322

Schmitt V, Anthes N, Michiels NK (2007) Mating behaviour in the sea slug *Elysia timida* (Opisthobranchia, Sacoglossa): hypodermic injection, sperm transfer and balanced reciprocity. Front Zool 4

Scholtz G et al (2003) Parthenogenesis in an outsider crayfish. Nature 421:806

Sekiguchi H, Inoue N (2002) Recent advances in larval recruitment processes of scyllarid and palinurid lobsters in Japanese waters. J Oceanogr 58:747–757

諸喜田茂充（1979）琉球列島の陸水エビ類の分布と種分化について II．琉球大学理学部紀要 28:193–278

Sousa R, Antunes C, Guilhermino L (2008) Ecology of the invasive Asian clam *Corbicula fluminea* (Muller, 1774) in aquatic ecosystems: an overview. Ann Limnol - Int J Lim 44:85–94

Starr M, Himmelman JH, Therriault JC (1990) Direct coupling of marine invertebrate spawning with phytoplankton blooms. Science 247:1071–1074

Stearns SC (1992) The evolution of life histories. Oxford University Press

Steinberg PD, De Nys R, Kjelleberg S (2002) Chemical cues for surface colonization. J Chem Ecol 28:1935–1951

Subramoniam T (2017) Sexual Biology and Reproduction in Crustaceans. Academic Press

Takami H, Kawamura T (2018) Ontogenetic habitat shift in abalone *Haliotis discus hannai*: a review. Fish Sci 84:189–200

Tomlinson J (1966) Advantages of hermaphroditism and parthenogenesis. J Theor Biol 11:54–58

Vermeij GJ, Signor PW (1992) The geographic, taxonomic and temporal distribution of determinate growth in marine gastropods. Biol J Linn Soc 47:233–247

Vogt G et al (2015) The marbled crayfish as a paradigm for saltational speciation by autopolyploidy and parthenogenesis in animals. Biol Open 4:1583–1594

Warner RR (1975) The adaptive significance of sequential hermaphroditism in animals. Am Nat 109:61–82

山口幸（2015）海の生き物はなぜ多様な性を示すのか．共立出版

山内淳（2012）進化生態学入門．共立出版

Yasuoka N, Yusa Y (2016) Effects of size and gregariousness on individual sex in a natural population of the Pacific oyster *Crassostrea gigas*. J Molluscan Stud 82:485–491

Yasuoka N, Yusa Y (2017) Direct evidence of bi-directional sex change in natural populations of the oysters *Saccostrea kegaki* and *S. mordax*. Plankton Benthos Res 12:78–81

Yoshimura T, Yamakawa H, Kozasa E (1999) Distribution of final stage phyllosoma larvae and free-swimming pueruli of *Panulirus japonicus* around the Kuroshio Current off southern Kyusyu, Japan. Mar Biol 133:293–306

Yoshioka E (1988) Spawning periodicities coinciding with semidiurnal tidal rhythms in the chiton *Acanthopleura japonica*. Mar Biol 98:381–385

吉岡英二（2016）ヒザラガイの繁殖リズム．中嶋康裕（編）貝のストーリー．東海大学出版会 pp67–98

Yosho I (2000) Reproductive cycle and fecundity of *Chionoecetes japonicus* (Brachyura : Majidae) off the coast of central Honshu, Sea of Japan. Fish Sci 66:940–946

Yusa Y (1993) Copulatory load in a simultaneous hermaphrodite *Aplysia kurodai* Baba, 1937 (Mollusca: Opisthobranchia). Publ Seto Mar Biol Lab 36:79–84

Yusa Y (2019) Hermaphrodites, dwarf males, and females: evolutionary transitions of sexual systems in barnacles. In: Leonard JL (ed) Transitions Between Sexual Systems. Springer pp221–245

Yusa Y et al (2012) Adaptive evolution of sexual systems in pedunculate barnacles. Proc Royal Soc B 279:959–966

第 5 章

阿部直哉（1983）ツタノハガイ科のカサガイ 3 種の肉食性腹足類に対する逃避行動．南紀生物 25:193–194

Cheney KL, Côté IM (2005) Mutualism or parasitism? The variable outcome of cleaning symbioses. Biol Lett 1:162–165

Cheung SG et al (2009) Anti-predator behaviour in the green-lipped mussel *Perna viridis*: byssus thread production depends on the mussel's position in clump. Mar Ecol Prog Ser 378:145–151

Connell JH (1961) The influence of interspecific competition and other factors on the distribution of the barnacle *Chthamalus stellatus*. Ecology 42:710–723

Côté IM (2000) Evolution and ecology of cleaning symbioses in the sea. Oceanog Mar Biol 38:311–355

Estes JA (2016) Serendipity: an ecologist's quest to understand nature. Univ of California Press

Fenchel T (1975) Character displacement and coexistence in mud snails (Hydrobiidae). Oecologia 20:19–32

Franke HD, Janke M (1998) Mechanisms and consequences of intra- and interspecific interference competition in *Idotea baltica* (Pallas) and *Idotea emarginata* (Fabricius) (Crustacea: Isopoda): A laboratory study of possible proximate causes of habitat segregation. J Exp Mar Biol Ecol 227:1–21

藤原義弘（2012）鯨骨生物群集．藤倉克則ほか（編）潜水調査船が観た深海生物．東海大学出版会 pp80–84

Gause CF (1934) Experimental studies on the struggle for existence. J Exp Biol 9:389–402

Goto R et al (2012) Molecular phylogeny of the bivalve superfamily Galeommatoidea (Heterodonta, Veneroida) reveals dynamic evolution of symbiotic lifestyle and interphylum host switching. BMC Evol Biol 12:172

Grudemo J, Bohlin T (2000) Effects of sediment type and intra- and interspecific competition on growth rate of the marine snails *Hydrobia ulvae* and *Hydrobia ventrosa*. J Exp Mar Biol Ecol 253:115–127

Hay ME, Pawlik JR, Duffy JE, Fenical W (1989) Seaweed-herbivore-predator interactions: host-plant specialization reduces predation on small herbivores. Oecologia 81:418–427

Henmi Y, Itani G (2014) Burrow utilization in the goby *Eutaeniichthys gilli* associated with the mud shrimp *Upogebia yokoyai*. Zool Sci 31:523–528

Henmi Y, Okada Y, Itani G (2017) Field and laboratory quantification of alternative use of host burrows by the varunid crab *Sestrostoma toriumii* (Takeda, 1974) (Brachyura: Varunidae). J Crustacean Biol 37:235–242

Henmi Y, Okada Y, Itani G (2020) Occasional utilization of crustacean burrows by the estuarine goby *Mugilogobius abei*. J Exp Mar Biol Ecol 528:151383

Henmi Y et al (2018) Field survey and resin casting of *Gymnogobius macrognathos* spawning nests in the Tatara River, Fukuoka Prefecture, Japan. Ichthyol Res 65:168–171

Imafuku M, Yamamoto T, Ohta M (2000) Predation on symbiont sea anemones by their host hermit crab *Dardanus pedunculatus*. Mar Freshw Behav Physiol 33:221–232

Ishida S, Iwasaki K (1999) Immobilization of muricid whelks by byssa lthreads of an intertidal mussel, *Hormomya mutabilis*. Venus 58:55–59

伊谷行（2003）巣穴の中の共生関係．朝倉彰（編）甲殻類学．東海大学出版会 pp233–253

伊谷行（2008）干潟の巣穴をめぐる様々な共生．石橋信義・名和行文（編）寄生と共生．東海大学出版会 pp217–237

Karplus I, Thompson AR (2011) The partnership between gobiid fishes and burrowing alpheid shrimp. In: Patzner RA et al (eds) Biology of gobies. Science Publishers pp559–608

加藤真（2009）共生の視点から見た陸上生態系と海洋生態系．塚本勝巳（編）海と生命―「海の生命観」を求めて―．東海大学出版会 pp278–296

Kato M, Itani G (1995) Commensalism of a bivalve, *Peregrinamor ohshimai*, with a thalassinidean burrowing shrimp *Upogebia major*. J Mar Biol Assoc UK 75:941–947

Lafferty KD, Kuris AM (1993) Mass mortality of abalone *Haliotis cracherodii* on the California Channel Islands: tests of epidemiological hypotheses. Mar Ecol Prog Ser 96:239–248

Lafferty KD, Morris AK (1996) Altered behavior of parasitized killifish increases susceptibility to predation by bird final hosts. Ecology 77:1390–1397

Lyons PJ (2013) The benefit of obligate versus facultative strategies in a shrimp-goby mutualism. Behav Ecol Sociobiol 67:737–745

MacGinitie GE, MacGinitie N (1949) Natural history of marine animals. MacGraw-Hill

Mebs D (2009) Chemical biology of the mutualistic relationships of sea anemones with fish and crustaceans. Toxicon 54:1071–1074

Miura O et al (2006) Parasites alter host phenotype and may create a new ecological niche for snail hosts. Proc Roy Soc B 273:1323–1328

Morton B (1988) Partnerships in the Sea: Hong Kong's marine symbioses. Hong Kong University Press

長澤和也（2002）魚介類に寄生する生物．成山堂書店

長澤和也（2003）さかなの寄生虫を調べる．成山堂書店

長澤和也編（2004）フィールドの寄生虫学．東海大学出版会

大塚攻（2006）カイアシ類・水平進化という戦略―海洋生態系を支える微小生物の世界．NHK ブックス

Ollerton J, McCollin D, Fautin DG, Allen GR (2007) Finding NEMO: nestedness engendered by mutualistic organization in anemonefish and their hosts. Proc Roy Soc B 274:591–598

Peres PA, Azevedo-Silva M, Andrade SCS, Leite FPP (2019) Is there host-associated differentiation in marine herbivorous amphipods? Biol J Linn Soc 126:885–898

Poore AGB, Gutow L, Lörz AN, Thiel M (2018) Nest building by a small mesograzer limits blade size of the giant kelp *Macrocystis pyrifera*. Mar Biol 165:184

Pratchett MS (2001) Influence of coral symbionts on feeding preferences of crown-of-thorns starfish *Acanthaster planci* in the western Pacific. Mar Ecol Prog Ser 214:111–119

Robinson EM, Lunt J, Marshall CD, Smee DL (2014) Eastern oysters *Crassostrea virginica* deter crab predators by altering their morphology in response to crab cues. Aquat Biol 20:111–118

佐藤正典（2008）海洋における共生システム：ゴカイ類を中心に．石橋信義・名和行文（編）寄生と共生．東海大学出版会 pp191–216

Stachowitsch M (1979) Movement, activity pattern, and rôle of a hermit crab population in a sublittoral epifaunal community. J Exp Mar Biol Ecol 39:135–150

Stewart HL et al (2013) Determinants of the onset and strength of mutualistic interactions between branching corals and associate crabs. Mar Ecol Prog Ser 493:155–163

高倉耕一・西田隆義（2018）繁殖干渉―理論と実態―．名古屋大学出版会

Thanh PD, Wada K, Sato M, Shirayama Y (2004) Decorating behaviour by the majid crab *Tiarinia cornigera* as protection against predators. J Mar Biol Assoc UK 83:1235–1237

Tsubaki R, Kato M (2014) A novel filtering mutualism between a sponge host and its endosymbiotic bivalves. PLoS One 9:e108885

土屋誠（2003）種間関係．日本ベントス学会（編）海洋ベントスの生態学．東海大学出版会 pp147–194

Vermeij GJ (1987) Evolution and escalation: an ecological history of life. Princeton University Press

Wada Y, Iwasaki K, Yusa Y (2013) Changes in algal community structure via density- and trait-mediated indirect interactions in a marine ecosystem. Ecology, 94:2567–2574

Yanagisawa S (1978) Studies on the interspecific relationship between gobiid fish and snapping shrimp I. Gobiid fishes associated with snapping shrimps in Japan. Publ Seto Mar Biol Lab 24:269–325

第 6 章

Levins R (1969) Some demographic and genetic consequences of environmental heterogeneity for biological control. Bull Entomol Soc Am 15:237–240

Mougi A, Iwasa Y (2011) Unique coevolutionary dynamics in a predator–prey system. J Theor Biol 277:83–89

マレー JD（2014）マレー数理生物学入門（三村昌泰・瀬野裕美・河内一樹・中口悦史訳）丸善出版

Oba T, Wada S, Goshima S (2008) Shell partitioning of two sympatric hermit crabs, *Pagurus middendorffii* and *P. brachiomastus*, in north-eastern Hokkaido, Japan. J Mar Biol Assoc UK 88:103–109

Yoshida T et al (2003) Rapid evolution drives ecological dynamics in a predator–prey system. Nature 424:303–306

第 7 章

Abe H, Kobayashi G, Sato-Okoshi W (2016a) Ecological impacts of the Great East Japan Earthquake and Tsunami and the following succession on the subtidal macrobenthic community in Onagawa Bay, Northeastern Japan, with special reference to the dominant taxon, polychaetes. In: Nakashizuka T, Urabe J (eds) Ecological impacts of tsunamis on coastal ecosystems: lessons from the Great East Japan Earthquake. Springer pp59–84

Abe H, Kondoh T, Sato-Okoshi W (2016b) First report of the morphology and rDNA sequences of two *Pseudopolydora* species (Annelida: Spionidae) from Japan. Zool Sci 33:650–658

Arakaki S, Tokeshi M (2011) Analysis of spatial niche structure in coexisting tidepool fishes: null models based on multi-scale experiments. J Anim Ecol 80:137–147

アユタカ チッティマ・菊池泰二（1988）アマモ葉上のメイオベントス群集，特に自由生活線虫類を中心に（予報）．日本ベントス研究会誌 33/34:53–60

Benedetti-Cecchi L, Trussell GC (2014) Intertidal rocky shores. In: Bertness MD, Bruno JF, Silliman BR, Stachowicz JJ (eds) Marine community ecology and conservation. Sinauer Associates pp203–225

Broitman BR et al (2008) Spatial and temporal variability in the recruitment of intertidal invertebrates along the West Coast of the United States. Ecol Monogr 78:403–421

Bustamante RH, Branch GM, Eekhout S (1995a) Maintenance of an exceptional intertidal grazer biomass in South Africa: subsidy by subtidal kelps. Ecology 76:2314–2329

Bustamante RH et al (1995b) Gradients of intertidal primary productivity around the coast of South Africa and their relationships with consumer biomass. Oecologia 102:189–201

Byers JE, Grabowski JH (2014) Soft-sediment communities. In: Bertness MD, Bruno JF, Silliman BR, Stachowicz JJ (eds) Marine community ecology and conservation. Sinauer Associates pp227–249

Connell JH (1978) Diversity in tropical rain forests and coral reefs. Science 199:1302–1310

Connell JH, Slatyer RO (1977) Mechanisms of succession in natural communities and their role in community stability and organization. Am Nat 111:1119–1144

Connor EF, McCoy ED (1979) The statistics and biology of the species-area relationship. Am Nat 5:397–411

Connolly SR, Roughgarden J (1998) A latitudinal gradient in northeast Pacific intertidal community structure: evidence for an oceanographically based synthesis of marine community theory. Am Nat 151:311–326

Connolly SR, Menge BA, Roughgarden J (2001) A latitudinal gradient in recruitment of intertidal invertebrates in the northeast Pacific Ocean. Ecology 82:1799–1813

Dayton PK (1971) Competition, disturbance, and community organization: the provision and subsequent utilization of space in a rocky intertidal community. Ecol Monogr 41:351–389

Fine PVA, Ree RH (2006) Evidence for a time-integrated species-area effect on the latitudinal gradient in tree diversity. Am Nat 168:796–804

Fukaya K et al (2017) A multistate dynamic site occupancy model for spatially aggregated sessile communities. Methods Ecol Evol 8:757–767

風呂田利夫（2006）干潟底生動物の種多様性とその保全．地球環境 11:183–190

Graham MH, Vásquez JA, Buschmann AH (2007) Global ecology of the giant kelp Macrocystis: from ecotypes to ecosystems. Oceanogr Mar Biol 45:39–88

林勇夫・北野裕（1988）若狭湾主湾部のマクロベントス群集–I—春季相．日水研報告 38:133–158

林真由美・山本智子（2011）北限域のマングローブ林における底生生物相：亜熱帯域との比較．Nature Kagoshima 37:143–147

Hori M, Noda T (2001) Spatio–temporal variation of avian foraging in the rocky intertidal food web. J Anim Ecol 70:122–137

Hoshiai T (1964) Synecological study on intertidal communities. V. The interrelation between *Septifer virgatus* and *Mytilus edulis*. Bull Mar Biol Stn Asamushi Tohoku Univ 12:37–41

Hubbell SP (2009) 群集生態学：生物多様性学と生物地理学の統一中立理論（平尾聡秀・島谷健一郎・村上正志 訳）．文一総合出版

稲留陽尉・山本智子（2005）桜島転石海岸の潮間帯における貝類群集と転石の特性の関連．Venus 64:177–190

入江治行・時田恵一郎・羽原浩史（2005）ベントスの種個体数分布と種数面積関係．数理解析研究所講究録 1432:116–120

Iwasaki A, Noda T (2018) A framework for quantifying the relationship between intensity and severity of impact of disturbance across types of events and species. Sci Rep 8:795

Jones CG et al (2010) A framework for understanding physical ecosystem engineering by organisms. Oikos 119:1862–1869

Kado R, Nanba N (2016) Normality of succession of an intertidal community after the Great East Japan Earthquake. In: Nakashizuka T, Urabe J (eds) Ecological impacts of tsunamis on coastal ecosystems: lessons from the Great East Japan Earthquake. Springer pp11–24

Kanaya G et al (2018) Spatial and interspecific variation in the food sources of sympatric estuarine nereidid polychaetes: stable isotopic and enzymatic approaches. Mar Biol 165:101

Kanaya G, Suzuki T, Kikuchi E (2015) Impacts of the 2011 Tsunami on sediment characteristics and macrozoobenthic assemblages in a shallow eutrophic lagoon, Sendai Bay, Japan. PLoS ONE 10:e0135125

金谷弦ら（2012）2011 年巨大津波が宮城県蒲生潟の地形，植生および底生動物相に及ぼした影響．日本ベントス学会誌 67:20–32

金澤拓心（2005）諫早湾潮止め後の有明海における二枚貝群集の変化．日本ベントス学会誌 60:30–42

菊池泰二（1970）ベントス群集としての生物生産を如何に求めるか．日本ベントス研究会連絡誌 1:45–48

Kitahashi T, Jenkins GR, Kojima S, Shimanaga M (2018) High resilience of harpacticoid copepods in the landward slope of the Japan Trench against disturbance of the 2011 Tohoku Earthquake. Limnol Oceanogr 63:2751–2761

古賀庸憲・佐竹潔・矢部徹（2005）マクロベントス相における種の豊富さ，現存量，多様度指数，絶滅危惧種を用いた干潟の評価．保全生態学研究 10:35–45

Kondoh T, Abe H, Sato-Okoshi W (2017) Reproduction and larval development of two sympatric *Pseudopolydora* species (Annelida: Spionidae) in Japan. Invertebr Reprod Dev 61:172–181

Krebs CJ (1999) Ecological methodology, 2nd ed. Addison-Wesley Educational Publishers inc

Krebs CJ (2001) Ecology, 5th ed. Benjamin Cummings

Kumagai N, Aoki M (2003) Seasonal changes in the epifaunal community on the shallow-water gorgonian *Melithaea flabellifera*. J Mar Biol Assoc UK 83:1221–1222

Losos JB, Schluter D (2000) Analysis of an evolutionary species-area relationship. Nature 408:847–850

MacArthur RH, Wilson EO (1967) The theory of island biogeography. Princeton University Press

Matsumasa M (1994) Effect of secondary substrate on associated small crustaceans in a brackish lagoon. J Exp Mar Biol Ecol 176:245–256

Menge BA et al (2016) Sea star wasting disease in the keystone predator *Pisaster ochraceus* in Oregon: insights into differential population impacts, recovery, predation rate, and temperature effects from long-term research. PLoS One 11:e0153994

Menge BA et al (1997) Benthic–pelagic links and rocky intertidal communities: bottom-up effects on top-down control? Proc Natl Acad Sci USA 94:14530–14535

Menge BA et al (1999) Top-down and bottom-up regulation of New Zealand rocky intertidal communities. Ecol Monogr 69:297–330

Menge BA, Menge DNL (2013) Dynamics of coastal meta-ecosystems: the intermittent upwelling hypothesis and a test in rocky intertidal regions. Ecol Monogr 83:283–310

Menge BA, Sutherland JP (1987) Community regulation: variation in disturbance, competition, and predation in relation to environmental stress and recruitment. Am Nat 130:730–757

宮下直・野田隆史（2003）群集生態学．東京大学出版会

Miyamoto Y, Noda T (2004) Effects of mussels on competitively inferior species: competitive exclusion to facilitation. Mar Ecol Prog Ser 276:293–298

Mori K, Tanaka M (1989) Intertidal community structures and environmental conditions of exposed and sheltered rocky shores in Amakusa, Japan. Pubs Amakusa Mar Biol Lab Kyushu Univ 10:41–64

Morin PJ (2011) Community ecology, 2nd Edition. Wiley

向井宏（1994）藻場（海中植物群落）の生物群集（6）―葉上性動物の豊富さと多様性―．海洋と生物 16:460–463

中尾繁（1976）函館湾の底生生物群集．生理生態 17:173–177

中尾繁（1977）有珠湾における多毛類群集の多様度と底質環境．北大水産彙報 28:20–28

Nakaoka M, Mukai H, Chunhabundit S (2002) Impacts of dugong foraging on benthic animal communities in a Thailand seagrass bed. Ecol Res 17:625–638

仲岡雅裕・渡辺健太郎・恵良拓哉・石井光廣（2007）内海性浅海域の生物多様性・生態系機能関係の評価の試み：東京湾のアマモ場を実例に．日本ベントス学会誌 62:82–87

Navarrete SA, Wieters EA, Broitman BR, Castilla JC (2005) Scales of benthic–pelagic coupling and the intensity of species interactions: From recruitment limitation to top-down control. Proc Natl Acad Sci USA 102:18046–18051

西平守孝（1992）造礁サンゴの種間関係．大串隆之（編）さまざまな共生―生物間の多様な相互作用．平凡社 pp139–157

Ohgaki S, Takenouchi K, Hashimoto T, Nakai K (1999) Year-to-year changes in the rocky shore malacofauna of Bansho Cape, central Japan: rising temperature and increasing abundance of southern species. Benthos Res 54:47–58

大田直友・高田宜武・森敬介（1996）転石地潮間帯におけるフジツボパッチ内外の貝類群集組成の比較．Benthos Res 51:1–11

大森浩二（1988）西表島マングローブ域のベントス群集（予報）．日本ベントス研究会誌 33/34:91–94

Okuda T et al (2010) Contribution of environmental and spatial processes to rocky intertidal metacommunity structure. Acta Oecol (Montrouge) 36:413–422

Okuda T et al (2004) Latitudinal gradient of species diversity: multi-scale variability in rocky intertidal sessile assemblages along the Northwestern Pacific coast. Popul Ecol 46:159–170

Paine RT (1966) Food web complexity and species diversity. Am Nat 100:65–75

Paine RT, Levin SA (1981) Intertidal landscapes: disturbance and the dynamics of pattern. Ecol Monogr 51:145–178

Power ME et al (1996) Challenges in the quest for keystones. BioScience 46:609–620

Sahara R et al (2016) Larval dispersal dampens population fluctuation and shapes the interspecific spatial distribution patterns of rocky intertidal gastropods. Ecography 39:487–495

酒井一彦（1995）いろいろな種類のサンゴの共存．西平守孝ら（著）サンゴ礁—生物がつくった生物の楽園．平凡社 pp15–80

佐野光彦（1995）サンゴ礁魚類の多種共存に関わる造礁サンゴの役割．西平守孝ら（著）サンゴ礁—生物がつくった生物の楽園．平凡社 pp81–118

芹澤如比古ら（2003）静岡県下田市田牛地先の異なる水深における褐藻カジメ・アラメ群落の特徴．水産増殖 51:287–294

Simberloff D, Wilson EO (1969) Experimental zoogeography of islands: the colonization of empty islands. Ecology 50:278–296

Simberloff D, Wilson EO (1970) Experimental zoogeography of islands: a two-year record of colonization. Ecology 51:934–937

Sousa WP (1979) Disturbance in marine intertidal boulder fields: the nonequilibrium maintenance of species diversity. Ecology 60:1225–1239

Suzuki H et al (2017) Distributional changes of the kelp community at a subtidal reef after the subsidence caused by the 2011 Tohoku Earthquake. Reg Stud Mar Sci 14:73–83

Takada Y, Abe O, Shibuno T (2012) Variations in cryptic assemblages in coral-rubble interstices at a reef slope in Ishigaki Island, Japan. Fish Sci 78:91–98

Takada Y et al (2018) Environmental factors affecting benthic invertebrate assemblages on sandy shores along the Japan Sea coast: implications for coastal biogeography. Ecol Res 33:271–281

Takada Y, Kikuchi T (1990) Mobile molluscan communities in boulder shores and the comparison with other intertidal habitats in Amakusa. Pubs Amakusa Mar Biol Lab Kyushu Univ 10:145–168

高田宜武・手塚尚明（2016）干潟漁場における多様度指数．海洋と生物 227:633–640

玉置昭夫（2008）局所群集からメタ群集を組み立てる：海洋ベントスから考える．大串隆之・近藤倫生・野田隆史（編）シリーズ群集生態学 5 メタ群集と空間スケール．京都大学学術出版会 pp87–111

田中重光ら（2011）有明海底泥中の細菌群集構造解析．生物工学会誌 89:161–169

Tokeshi M (2009) Species coexistence: ecological and evolutionary perspectives. John Wiley & Sons

Tsuchiya M (1999) Effect of mass coral bleaching on the community structure of small animals associated with the hermatypic coral *Pocillopor damicornis*. Garaxea 1:65–72

Tsuchiya M, Nishihira M (1985) Islands of *Mytilus edulis* as a habitat for small intertidal animals: effect of *Mytilus* age structure on the species composition of the associated fauna and community organization. Mar Ecol Prog Ser 31:171–178

土屋誠（2003）種間関係．日本ベントス学会（編）海洋ベントスの生態学．東海大学出版会 pp147–194

堤裕昭・竹口知江・丸山渉・中原康智（2000）アサリの生産量が激減した後の緑川河口干潟に生息する底生生物群集の季節変化．日本ベントス学会誌 55:1–8

上杉誠ら（2012）諫早湾潮止め後 10 年間の有明海における主な底生動物相の変化．日本ベントス学会誌 66:82–92

Vellend M (2019) 生物群集の理論：4 つのルールで読み解く生物多様性（松岡俊将・辰巳晋一・北川涼・門脇浩明訳）．共立出版

Williams SL (1990) Experimental studies of Caribbean seagrass bed development. Ecol Monogr 60:449–469

Wilson EO, Simberloff D (1969) Experimental zoogeography of islands: defaunation and monitoring techniques. Ecology 50:267–278

Wootton JT (1993) Size-dependent competition: effects on the dynamics vs. the end point of mussel bed succession. Ecology 74:195–206

矢島孝昭（1980）日本海の潮間帯生物群集に関する基礎的研究–IV．男鹿半島の夏季における垂直分布．日本海域研報告 12:1–17

Yamada K et al (2007) Temporal and spatial macrofaunal community changes along a salinity gradient in seagrass meadows of Akkeshi-ko estuary and Akkeshi Bay, northern Japan. Hydrobiologia 592:345–358

Yoshino K et al (2014) Community assembly by limited recruitment in a hypoxia stressed soft bottom: a case study of macrobenthos in Ariake Bay. Plankton Benthos Res 9:57–66

第 8 章

Aikins S, Kikuchi E (2002) Grazing pressure by amphipods on microalgae in Gamo Lagoon, Japan. Mar Ecol Prog Ser 245:171–179

Altieri AH, Witman JD (2006) Local extinction of a foundation species in a hypoxic estuary: integrating individuals to ecosystem. Ecology 87:717–730

Antonio ES et al (2010) Consumption of terrestrial organic matter by estuarine molluscs determined by analysis of their stable isotopes and cellulase activity. Estuar Coast Shelf Sci 86:401–407

Capone DG, Kiene RP (1988) Comparison of microbial dynamics in marine and freshwater sediments: Contrasts in anaerobic carbon catabolism. Limnol Oceanogr 33:725–749

Caraco N et al (1997) Zebra mussel invasion in a large, turbid river: phytoplankton response to increased grazing. Ecology 78:588–602

Diaz RJ, Rosenberg R (2008) Spreading dead zones and consequences for marine ecosystems. Science 321:926–929

Doi H et al (2005) Spatial shifts in food sources for macrozoobenthos in an estuarine ecosystem: carbon and nitrogen stable isotope analyses. Estuar Coast Shelf Sci 64:316–322

Fenchel TM, Riedl RJ (1970) The sulfide system: a new biotic community underneath the oxidized layer of marine sand bottoms. Mar Biol 7:255–268

Graf G (1989) Benthic-pelagic coupling in a deep-sea benthic community. Nature 341:437–439

Hargrave BT, Holmer M, Newcombe CP (2008) Towards a classification of organic enrichment in marine sediments based on biogeochemical indicators. Mar Pollut Bull 56:810–824

Hori M, Noda T (2001) Spatio-temporal variation of avian foraging in the rocky intertidal food web. J Anim Ecol 70:122–137

Kamimura S, Tsuchiya M (2004) The effect of feeding behavior of the gastropods *Batillaria zonalis* and *Cerithideopsilla cingulata* on their ambient environment. Mar Biol 144:705–712

金谷弦（2010）炭素・窒素安定同位体比測定法による大型底生動物の餌資源推定―汽水域生態系への適用．日本ベントス学会誌 65:28–40

Kanaya G (2014) Effects of infaunal bivalves on associated macrozoobenthic communities in estuarine soft-bottom habitats: a bivalve addition experiment in a brackish lagoon. J Exp Mar Bio Ecol 457:180–189

Kanaya G et al (2009) Contribution of organic matter sources to cyprinid fishes in the Chany Lake-Kargat River estuary, western Siberia. Mar Freshw Res 60:510–518

Kanaya G et al (2018) Spatial and interspecific variation in the food sources of sympatric estuarine nereidid polychaetes: stable isotopic and enzymatic approaches. Mar Biol 165:101

Karlson AML, Nascimento FJA, Näslund J, Elmgren R (2010) Higher diversity of deposit-feeding macrofauna enhances phytodetritus processing. Ecology 91:1414–1423

Kawaida S, Kimura T, Toyohara H (2013) Habitat segregation of two dotillid crabs *Scopimera globosa* and *Ilyoplax pusilla* in relation to their cellulase activity on a marsh-dominated estuarine tidal flat in central Japan. J Exp Mar Bio Ecol 449:93–99

Kelly JR, Scheibling RE (2012) Fatty acids as dietary tracers in benthic food webs. Mar Ecol Prog Ser 446:1–22

Kikuchi E (1986) Contribution of the polychaete, *Neanthes japonica* (Izuka), to the oxygen uptake and carbon dioxide production of an intertidal mud-flat of the Nanakita River estuary, Japan. J Exp Mar Bio Ecol 97:81–93

Kinoshita K (2002) Burrow structure of the mud shrimp *Upogebia major* (Decapoda: Thalassinidea: Upogebiidae). J Crustac Biol 22:474–480

Kinoshita K, Wada M, Kogure K, Furota T (2003) Mud shrimp burrows as dynamic traps and processors of tidal-flat materials. Mar Ecol Prog Ser 247:159–164

Kohata K, Hiwatari T, Hagiwara T (2003) Natural water-purification system observed in a shallow coastal lagoon: Matsukawa-ura, Japan. Mar Pollut Bull 47:148–154

Komorita T et al (2014) Food sources for *Ruditapes philippinarum* in a coastal lagoon determined by mass balance and stable isotope approaches. PLOS ONE 9:e86732

栗原康（編）（1988）河口・沿岸域の生態学とエコテクノロジー．東海大学出版会

Layman CA et al (2012) Applying stable isotopes to examine food-web structure: an overview of analytical tools. Biol Rev 87:545–562

Liu W et al (2014) Distribution of gastropods in a tidal flat in association with digestive enzyme activities. Plankt Benthos Res 9:156–167

Lohrer AM, Thrush SF, Gibbs MM (2004) Bioturbators enhance ecosystem function through complex biogeochemical interactions. Nature 431:1092–1095

Meysman FJR, Middelburg JJ, Heip CHR (2006) Bioturbation: a fresh look at Darwin's last idea. Trends Ecol Evol 21:688–695

Meziane T, Tsuchiya M (2000) Fatty acids as tracers of organic matter in the sediment and food web of a mangrove/intertidal flat ecosystem, Okinawa, Japan. Mar Ecol Prog Ser 200:49–57

向井徹雄ら（1984）沿岸海域における海水の光学的性質およびそれらの季節変動．水質汚濁研究 7:11–19

Nealson KH (1997) Sediment bacteria: Who's there, what are they doing, and what's new? Annu Rev Earth Planet Sci 25:403–434

Nakamura Y (2001) Filtration rates of the Manila clam, *Ruditapes philippinarum*: dependence on prey items including bacteria and picocyanobacteria. J Exp Mar Bio Ecol 266:181–192

中野伸一（2015）湖沼・海洋沖帯の微生物ループにおける原生生物の生態学的役割．Jpn J Protozool 48:21–30

Niiyama T, Toyohara H (2011) Widespread distribution of cellulase and hemicellulase activities among aquatic invertebrates. Fish Sci 77:649–655

Pearson TH (2001) Functional group ecology in soft-sediment marine benthos: the role of bioturbation. Oceanogr Mar Biol An Annu Rev 39:233–267

Polis GA, Anderson WB, Holt RD (1997) Toward an integration of landscape and food web ecology: the dynamics of spatially subsidized food webs. Annu Rev Ecol Syst 28:289–316

Post DM (2002) Using stable isotopes to estimate trophic position: models, methods, and assumptions. Ecology 83:703–718

Rhoads DC (1974) Organism-sediment relations on the muddy sea floor. Oceanogr Mar Biol An Annu Rev 12:263–300

Robertson AI (1979) The relationship between annual production: biomass ratios and lifespans for marine macrobenthos. Oecologia 38:193–202

西条八束（1964）海洋の基礎生産. 化学教育 12:455–461

Sakamaki T, Shum JYT, Richardson JS (2010) Watershed effects on chemical properties of sediment and primary consumption in estuarine tidal flats: Importance of watershed size and food selectivity by macrobenthos. Ecosystems 13:328–337

Sakamoto K et al (2007) Cellulose digestion by common Japanese freshwater clam *Corbicula japonica*. Fish Sci 73:675–683

櫻井泉・柳井清治・伊藤絹子・金田友紀（2007）河口域に堆積する落ち葉を起点とした食物連鎖の定量評価. 北水試研報 72:37–45

左山幹雄（2011）富栄養化内湾堆積物における硫化水素溶出抑制機構：長距離細胞外電子伝達が機能している可能性. J Environ Biotechnol 11:25–32

Seike K et al (2020) Benthic filtering reduces the abundance of primary producers in the bottom water of an open sandy beach system (Kashimanada coast, Japan). Geophys Res Lett 47:e2019GL085338

Strayer DL, Hattala KA, Kahnle AW (2004) Effects of an invasive bivalve (Dreissena polymorpha) on fish in the Hudson River estuary. Can J Fish Aquat Sci 61:924–941

Tamaki A (1994) Extinction of the trochid gastropod, *Umbonium* (*Suchium*) *moniliferum* (Lamarck), and associated species on an intertidal sandflat. Res Popul Ecol 36:225

Tamaki A, Ueno H (1998) Burrow morphology of two callianassid shrimps, *Callianassa japonica* Ortmann, 1891 and *Callianassa* sp. (= *C. japonica*: de Man, 1928) (Decapoda: Thalassinidea). Crustac Res 27:28–39

Tanaka Y, Aoki S, Okamoto K (2017) Effects of the bioturbating crab *Macrophthalmus japonicus* on abiotic and biotic tidal mudflat characteristics in the Tama River, Tokyo Bay, Japan. Plankt Benthos Res 12:34–43

富永修・高井則之（2008）安定同位体スコープで覗く海洋生物の生態―アサリからクジラまで. 恒星社厚生閣

Yamanaka T, Mizota C, Maki Y, Matsumasa M (2013) Assimilation of terrigenous organic matter via bacterial biomass as a food source for a brackish clam, *Corbicula japonica* (Mollusca: Bivalva). Estuar Coast Shelf Sci 126:87–92

Yokoyama H et al (2005) Isotopic evidence for phytoplankton as a major food source for macrobenthos on an intertidal sandflat in Ariake Sound, Japan. Mar Ecol Prog Ser 304:101–116

Yoshino K et al (2012) Intertidal bare mudflats subsidize subtidal production through outwelling of benthic microalgae. Estuar Coast Shelf Sci 109:138–143

第9章

青木優和（2002）海藻と葉状動物. 堀輝三・大野正男・堀口健雄（編）21世紀初頭の藻学の現況. 日本藻類学会 pp1–3

Bertness MD, Leonard GH (1997) The role of positive interactions in communities: lessons from intertidal habitats. Ecology 78:1976–1989

ブラウン AC・マクラクラン A（2002）砂浜海岸の生態学（須田有輔・早川康博訳）. 東海大学出版会

千原光雄（1999）藻類の多様性. 千原光雄（編）藻類の多様性と系統. 裳華房 pp2–4

Danielsen et al (2005) The Asian Tsunami: A Protective Role for Coastal Vegetation. Science 310:643

Felbeck H (1981) Chemoautotrophic Potential of the Hydrothermal Vent Tube Worm, *Riftia pachyptila* Jones (Vestimentifera). Science 213:336–338

藤田大介・桑原久美・村瀬昇（2010）藻場を見守り育てる知恵と技術. 成山堂書店

福岡雅史・両角健太・南條楠士・河野裕美（2011）西表島浦内川のマングローブ域におけるキバウミニナ *Terebralia palustris* の分布様式と環境要因. 東海大学海洋研究所研究報告 32:1–10

浜口昌巳・藤浪祐一郎・山下洋（2011）河口・干潟域における漁業資源生産. 小路淳・堀正和・山下洋（編）浅海域の生態系サービス. 恒星社厚生閣 pp78–92

Hedgpeth JW (1957) Estuarine and lagoons: Biological aspects. In: Hedgpeth JW (ed) Treatise on marine ecology and paleo ecology vol.1, Ecology. Mem Geol Soc Am 67:693–729

日高道雄（2011）サンゴの生活史と共生. 日本サンゴ礁学会（編）サンゴ礁学. 裳華房 pp120–152

平田徹（2002）流れ藻生物群集の群集生態研究と展望. 堀輝三・大野正男・堀口健雄（編）21世紀初頭の藻学の現況. 日本藻類学会 pp95–97

堀正和（2009）相互作用の変異性と群集動態. 大串隆之・近藤倫生・難波利幸（編）シリーズ群集生態学3 生物間ネットワークを紐とく. 京都大学学術出版会 pp94–121

堀正和（2017）ブルーカーボンとは. 堀正和・桑江朝比呂（編）ブルーカーボン. 地人書館 pp1–32

堀之内正博（2011）アマモ場―シェルター機能の再検討―. 小路淳・堀正和・山下洋（編）浅海域の生態系サービス. 恒星社厚生閣 pp67–77

今田一郎・山口峰生・松岡数充（2016）有害有毒プランクトンの科学. 恒星社厚生閣

Inglis G (1989) The colonization and degradation of stranded *Macrocystis pyrifera* (L.) C. Ag. by the macrofauna of a New Zealand sandy beach. J Exp Mar Biol Ecol 125:203–217

Inman DL (1952) Measures for describing the size distribution of sediments. J Sed Petrol 22:125–145

井龍康文（2011）サンゴ礁のなりたち．日本サンゴ礁学会（編）サンゴ礁学．東海大学出版会 pp3–26

石橋純一郎・土岐知弘（2012）深海の化学．藤倉克則・奥谷喬司・丸山正（編）潜水調査船が観た深海生物．東海大学出版会 pp10–22

岩崎敬二（2002）間接効果と種間相互作用のネットワーク．佐藤宏明・山本智子・安田弘法（編）群集生態学の現在．京都大学学術出版会 pp51–72

John DM, Lawson GW (1991) Littoral ecosystems of tropical western Africa. In: Mathieson AC & Nienhuis PH (eds) Intertidal and littoral ecosystems. Elsevier pp297–323

帰山雅秀（2005）水辺生態系の物質循環に果たす遡河回遊魚の役割．日本生態学会誌 55:51–59

鎌田磨人・小倉洋平（2006）那賀川汽水域における先生湿地植物群落のハビタット評価．応用生態工学 8:245–261

上村泰洋（2011）ガラモ場における稚魚生産．小路淳・堀正和・山下洋（編）浅海域の生態系サービス．恒星社厚生閣 pp67–77

環境省水・大気局（2012）底質調査方法．https://www.env.go.jp/water/teishitsu-chousa/（2020/8/14 確認）

環境省自然環境局生物多様性センター（2008）浅海域生態系調査（藻場調査）報告書．生物多様性センター

加藤雅啓（1997）陸上植物の出現．加藤雅啓（編）植物の多様性と系統．裳華房 pp2–10

Kawai T, Tokeshi M (2007) Testing the facilitation-competition paradigm under the stress-gradient hypothesis: Decoupling multiple stress factors. Proc Roy Soc B 274:2503–2508

茅根創・宮城豊彦（2002）サンゴとマングローブ．岩波書店

木村昭一・木村妙子（1999）三河湾および伊勢湾河口域におけるアシ原湿地の腹足類相．日本ベントス学会誌 54:44–56

国土交通省水管理・国土保安局（2014）河川砂防技術基準 調査編．https://www.mlit.go.jp/river/shishin_guideline/gijutsu/gijutsukijunn/chousa/（2020/8/14 確認）

小見山章（2017）マングローブ林．京都大学学術出版会

今李悦・黒directoの壽（2009）タイ国南部のマングローブ域におけるマクロベントス群集の食物網構造．月刊海洋 41:177–183

Kon K et al (2012) Importance of allochthonous material in benthic macrofaunal community functioning in estuarine salt marshes. Estuar Coast Shelf Sci 96:236–244

栗原康（編）（1988）河口・沿岸域の生態学とエコテクノロジー．東海大学出版会

Lewis JR (1964) The ecology of rocky shores. English University Press

丸山正・藤原義弘・吉田尊雄（2012）深海における海産無脊椎動物と微生物の共生．藤倉克則・奥谷喬司・丸山正（編）潜水調査船が観た深海生物．東海大学出版会 pp37–51

宮下直・野田隆史（2003）群集生態学．東京大学出版会

Morton B, Morton J (1983) The sea shore ecology of Hong Kong. Hong Kong University Press

本川達雄（2008）サンゴとサンゴ礁のはなし．中公新書

向井宏（1994）藻場（海中植物群落）の生物群集（2）―葉状体の上の生活―．海洋と生物 16:19–22

中嶋亮太・田中森章（2014）サンゴ礁生態系の物質循環におけるサンゴ粘液の役割―生物地球化学・生態学の視点から―．日本サンゴ礁学会誌 16:3–27

中村武久・中須賀常雄（1998）マングローブ入門．めこん

中村洋平（2011）サンゴ礁の魚たち．日本サンゴ礁学会（編）サンゴ礁学．裳華房 pp153–176

中西正男・沖野郷子（2016）海洋底地球科学．東京大学出版会

日本ベントス学会（2012）干潟の絶滅危惧動物図鑑―海岸ベントスのレッドデータブック．東海大学出版会

西垣友和・八谷光介・道家章生・和田洋蔵（2004）ヤツマタモク，ヨレモクの栄養塩吸収能力．京都府立海洋センター研究報告 26:21–29

西平守孝（1998）サンゴ礁における多種共存機構．井上民二・和田英太郎（編）生物多様性とその保全．岩波書店 pp161–195

西平守孝（2011）サンゴの生態．日本サンゴ礁学会（編）サンゴ礁学．東海大学出版会 pp95–119

ラファエリ D・ホーキンズ S（1999）潮間帯の生態学（上）（朝倉彰訳）．文一総合出版

酒井一彦（1995）いろいろな種類のサンゴの共存．西平守孝ら（著）サンゴ礁．平凡社 pp15–80

佐々木克之（1989）干潟域の物質循環．沿岸海洋研究ノート 26:172–190

小路淳（2008）仔稚魚生育場としての河口域高濁度水塊．山下洋・田中克（編）森川海のつながりと河口・沿岸域の生物生産．恒星社厚生閣 pp11–22

小路淳（2009）藻場とさかな―魚類生産学入門―．成山堂書店

島袋寛盛ら（2012）鹿児島湾に生育する一年生アマモ局所個体群間の遺伝的分化．日本水産学会誌 78:204–211

Stephenson TA, Stephenson A (1972) Life between tidemarks on rocky shores. W. H. Freeman

角靖夫（1967）礫岩・礫層のしらべ方 3．地質ニュース 159:30–42

諏訪僚太・井口恭（2008）造礁サンゴに共生する褐虫藻の分子系統学的研究に関するレビュー．日本サンゴ礁学会誌 10:13–23

鈴木廣志（2019）潮上帯から陸域で暮らす生き物たち．鹿児島大学生物多様性研究会（編）奄美大島の水生生物．南方新社 pp58–74

鈴木啓太ら（2014）由良川河口域における魚類群集と餌生物の季節変動．水産海洋研究 89:1–12

鈴木輝明（2006）干潟の物質循環と水質浄化機能．地球環境 11:161–171

鈴木款（2011）サンゴ礁の見えない世界―ミクロな生態系の謎―．日本サンゴ礁学会（編）サンゴ礁学．東海大学出版会 pp49–72

豊原哲彦・河内直子・仲岡雅裕（2000）海草藻場における葉上動物の生態．海洋と生物 22:557–565

Tsuchida S et al (2010) Epibiotic association between filamentous bacteria and the vent-associated galatheid crab, *Shinkaia crosnieri* (Decapoda: Anomura). J Mar Biol Assoc UK 23:23–32

土屋誠・藤田陽子（2009）サンゴ礁のちむやみ．東海大学出版会

土屋誠ら（2013）美ら海の生物ウォッチング 100．東海大学出版会

上杉陽（1971）ふるいを用いた粒度分析方法の吟味．地理学評論 42:839–857

Valentine JF, Heck KL Jr. (1999) Seagrass herbivory: evidence for the continued grazing of marine grasses. Mar Ecol Prog Ser 176:291–302

Van Dover CL (2000) The Ecology of Deep-Sea Hydrothermal Vents. Princeton University Press

Wentworth CK (1922) A scale of grade and class terms for clastic sediments. J Geol 30:377–392

ホイッタカー RH（1979）生態学概説：生物群集と生態系（第 2 版）（宝月欣二訳）．培風館

山田勇（1983）東南アジアの低湿地林：1．マングローブ．東南アジア研究 21:209–234

山本民次（2014）瀬戸内海の貧栄養化について（再考）．日本マリンエンジニアリング学会誌 49:71–76

山崎真一・森田真郷・山下俊彦（2003）河川水中の懸濁粒子の海水混合による凝集・沈降特性．海岸工学論文集 50:961–965

八谷光介（2005）ホンダワラ藻場の生産・流失過程に関する研究．京都府立海洋センター研究論文 7:1–41

吉田吾郎・新村陽子・樽谷賢治・浜口昌巳（2011）海藻類の一次生産と栄養塩の関係に関する研究レビューおよび瀬戸内海藻場の栄養塩環境の相対評価．水研センター研報 34:1–31

吉田吾郎（2012）瀬戸内海の藻場と漁業生産．水産工学 49:77–83

柚原剛・高木俊・風呂田利夫（2016）東京湾における先生湿地依存性の絶滅危惧ベントスの分布特性．日本ベントス学会誌 70:50–64

第 10 章

Carlton JT et al (2017) Tsunami-driven rafting: Transoceanic species dispersal and implications for marine biogeography. Science 357:1402–1406

千葉県水産総合研究センター（2018）貧酸素水塊速報．https://www.pref.chiba.lg.jp/lab-suisan/suisan/suisan/suikaisokuhou/index.html（2020/8/16 確認）

Costanza R et al (2014) Changes in the global value of ecosystem services. Global Environmental Change 26:152–158

Elmqvist T, Tuvendal M, Krishnaswamy J, Hylander K (2011) Managing trade-off in ecosystem services. The United Nations Environment Programme 1–14

藤田大介（2012）磯焼け．渡邉信（編）藻類ハンドブック．NTS Inc pp437–439

藤田大介・野田幹雄・桑原久実（編）（2006）海藻を食べる魚たち―生態から利用まで―．成山堂書店

藤田大介・町口裕二・桑原久実（2008）磯焼けを起こすウニ―生態・利用から藻場回復まで―．成山堂書店

古川奈未・古川佳道・山名裕介・柏尾翔・植草亮人・五嶋聖治（2016）人工礁に放流した稚ナマコの成長と生残．北海道大学水産科学研究彙報 66:39–46

Global Coral Reef Monitoring Network (2008) Status of Coral Reefs of the World. https://www.icriforum.org/wp-content/uploads/2019/12/GCRMN_Status_Coral_Reefs_2008.pdf（2020/8/16 確認）

Goshima S, Fujiwara H (1994) Distribution and abundance of cultured scallop *Patinopecten yessoensis* in extensive sea beds as assessed by underwater camera. Mar Ecol Prog Ser 110:151–158

五嶋聖治（2003）ベントス生態学と水産のかかわり．日本ベントス学会（編）海洋ベントスの生態学．東海大学出版会 pp369–406

逸見泰久ら（2014）日本の干潟における絶滅の危機にある動物ベントスの現状と課題．日本ベントス学会誌 69:1–17

平田靖（1998）成貝の付着誘引効果を用いたマガキ人工採苗技術の改良．Nippon Suisan Gakkaishi 64:610–617

Hochard JP, Hamilton S, Barbier EB (2019) Mangroves shelter coastal economic activity from cyclones. PNAS 116:12232–12237

堀口敏広（2007）腹足類の内分泌系とインポセックスの発症機構．Biomed Res Trace Elements 18:231–240

堀正和（2011）浅海域の生態系サービス―生物生産と生物多様性の役割．小路淳・山下洋・堀正和（編）浅海域の生態系サービス，海の恵みと持続的利用．恒星社厚生閣 pp11–25

堀正和・桑江朝比呂（2017）ブルーカーボン―浅海における CO_2 隔離・貯留とその活用．地人書館

Hoshiai T (1961) Synecological study on intertidal communities. IV. An ecological investigation on the zonation in Matsusima Bay concerning the so-called covering phenomenon. Bull Mar Biol Sta Asamushi 10:203–211

Invasive Species Specialist Group (ISSG) (2005) Global invasive species database. http://www.issg.org/database/welcome/（2020/8/16 確認）

石井亮・関口秀夫（2002）有明海のアサリの幼生加入過程と魚場形成．日本ベントス学会誌 57:151–157

岩崎敬二ら（2004）日本における海産生物の人為的移入と分散 日本ベントス学会自然環境保全委員会によるアンケート調査の結果から．日本ベントス学会誌 59:22–44

岩崎敬二（2006）外来付着動物と特定外来生物被害防止法．Sessile Organisms 23(2):13–24

岩崎敬二（2009）海の外来生物 Q & A．日本プランクトン学会・日本ベントス学会（編）海の外来生物．東海大

学出版会 pp3–11

岩崎敬二ら（2020）東北地方太平洋岸で発見されたキタノムラサキイガイまたはムラサキイガイとの交雑個体．ちりぼたん 50:112–124

Kamimura Y, Kasai A, Shoji J (2011) Production and prey source of juvenile black rockfish *Sebastes cheni* in a seagrass and macroalgal bed in the Seto Inland Sea, Japan: estimation of the economic value of a nursery. Aquat Ecol 45:367–376

金森誠・馬場勝寿・近田靖子・五嶋聖治（2014）北海道における外来種ヨーロッパザラボヤ *Ascidiella aspersa* (Müller, 1776) の分布状況．日本ベントス学会誌 69:23–31

柏尾翔・濱谷巌（2018）大阪湾から採集されたシロタエミノウミウシ属の一種 *Tenellia adspersa* について．Venus 76:A-22

環境庁（1980）1978 年度（第 2 回）自然環境保全基礎調査．https://www.biodic.go.jp/reports/2-4/b000.html（2020/8/16 確認）

環境庁（1994）1989〜1990 年度（第 4 回）自然環境保全基礎調査．https://www.biodic.go.jp/reports/4-12/r00a.html（2020/8/16 確認）

環境省（2017）平成 29 年度環境・循環型社会・生物多様性白書（PDF 版）．https://www.env.go.jp/policy/hakusyo/h29/pdf/full.pdf（2020/8/16 確認）

環境省自然環境局（2014）湿地が有する生態系サービスの経済価値評価．https://www.env.go.jp/press/files/jp/24504.pdf（2020/8/16 確認）

環境省中部地方環境事務所（2013）平成 24 年度愛知県の干潟等沿岸部外来種侵入状況調査報告書

環境省中部地方環境事務所（2014）平成 25 年度愛知県の干潟等沿岸部外来種侵入状況調査報告書

粕谷智之・浜口昌己・古川恵太・日向博文（2003）秋季東京湾におけるアサリ（*Ruditapes philippinarum*）浮遊幼生の出現密度の時空間変動．国土技術政策総合研究報告 13:1–12

茅根創（2011）サンゴ礁と地球温暖化．日本サンゴ礁学会（編）サンゴ礁学．東海大学出版会 pp239–258

Kawasaki H et al (2000) Head-to-tail polymerization of coagulin, a clottable protein of the horseshoe crab. Jour Biol Chem 275:35297–35301

河田恵昭ら（1997）海浜過程に及ぼすダム堆砂の影響—天竜川水系を対象として—．海岸工学論文集 44:606–610

Keough M, Quinn G (1998) Effects of periodic disturbances from trampling on rocky intertidal algal beds. Ecol Apl 8:141–161

木村妙子・花井隆晃・木村昭一・藤岡エリ子（2016）特定外来生物ヒガタアシの国内侵入とヨシ（在来種）との識別点．日本ベントス学会誌 70:91–94

小荒井衛・中埜貴元（2013）面積調でみる東京湾の埋め立ての変遷と埋立地の問題点．国土地理院時報 124:105–115

Komai T, Furota T (2013) A new introduced crab in the western North Pacific: *Acantholobus pacificus* (Crustacea: Decapoda: Brachyura: Panopeidae), collected from Tokyo Bay, Japan. Mar Biodivers Rec 6:1–5

Kumagai N et al (2018) Ocean currents and herbivory drive macroalgae-to-coral community shift under climate warming. PNAS 115:8990–8995

丸邦義（1985）ホタテガイの種苗生産に関する生態学的研究．北海道水産試験場研究報告 27:1–53

Mato Y et al (2001) Plastic Resin Pellets as a Transport Medium for Toxic Chemicals in the Marine Environment. Environ Sci Technol 35:318–324

松田裕之・堀正和（2010）海洋・沿岸域の生物多様性．日本の科学者 45:546–551

Millennium Ecosystem Assessment (2005) Ecosystems and Human Well-being: General Synthesis. World Resources Institute

桃山和夫・室賀清邦（2005）日本の養殖クルマエビにおける病害問題．魚病研究 40:1–14

中島博司（2011）伊勢湾，熊野灘に生息するトラフグ未成魚の移動，成長および食性．水産増殖 59:51–58

Neira C, Levin LA, Grosholz ED (2005) Benthic macrofaunal communities of three sites in San Francisco Bay invaded by hybrid Spartina, with comparison to uninvaded habitats. Mar Ecol Prog Ser 292:111–126

Nellemann C et al (eds) (2009) Blue Carbon. Rapid Response Assessment. United Nations Environment Programme GRID-Arendal

日本ベントス学会（編）（2012）干潟絶滅危惧動物図鑑．東海大学出版会

西川潤・園田武（2005）底生魚類の餌生物としてのベントス．林勇夫・中尾繁（編）ベントスと漁業．恒星社厚生閣 pp32–48

西川輝昭（2017）ホヤ類．日本付着生物学会（編）新・付着生物研究法．恒星社厚生閣 pp211–226

西村肇・岡本達明（2006）水俣病の科学（増補版）．日本評論社

野方靖行ら（2015）新規外来フジツボ *Perforatus perforatus* の日本への侵入確認及びリアルタイム PCR 法を用いた検出方法について．Sessile Organisms 32:1–6

農林水産省（1956–2017）海面漁業生産統計調査．https://www.maff.go.jp/j/tokei/kouhyou/kaimen_gyosei/（2020/8/16 確認）

農林水産省（1956–2017）農林水産物輸出入概況．https://www.maff.go.jp/j/tokei/kouhyou/kokusai/houkoku_gaikyou.html（2020/8/16 確認）

大垣俊一（1983）高知県下のダムと河口海域の漁業被害．技術と人間 12(4):87–99

Ohgaki S et al (2019) Effects of temperature and red tides on sea urchin abundance and species richness over 45 years in Southern Japan. Ecol Indic 96(1):684–693

238

大越健嗣（2011）サキグロタマツメタとは？ 大越健嗣・大越和加（編）海のブラックバス サキグロタマツメタ. 恒星社厚生閣 pp1–29

Okubo N, Takahashi S, Nakano Y (2018) Microplastics disturb the anthozoan-algae symbiotic relationship. Marine Pollut Bull 135:83–89

大村卓朗ら（2014）日本におけるバラスト水および水生生物の移出入の実態. La mer 52:13–22

大谷道夫（2009）船体付着による導入の特徴. 日本プランクトン学会・日本ベントス学会（編）海の外来生物. 東海大学出版会 pp205–216

Primavera (2006) Overcoming the impacts of aquaculture on the coastal zone. Ocean Coast Manag 49:531–545

Ross JD, Johnson CR, Hewitt CL (2002) Impact of introduced seastars *Asterias amurensis* on survivorship of juvenile commercial bivalves *Fulvia tenuicostata*. Mar Ecol Prog Ser 241:99–112

重田利拓・薄浩則（2012）魚類によるアサリ食害―野外標本に基づく食害魚種リスト―. 水産技術 5:1–19

佐々木克之（1998）内湾及び干潟における物質循環と生物生産（27）干潟と漁業生産 1, 東京湾のアサリ. 海洋と生物 117:305–309

佐藤慎一（2016）干潟の貝類はどう変わったか―15 年間にわたる宮城県東名浜の定点観測の結果より. 日本生態学会東北地区会（編）生態学が語る東日本大震災. 文一総合出版 pp65–71

Scholz J et al (2003) First discovery of *Bugula stolonifera* Ryland, 1960 (Phylum Bryozoa) in Japanese waters, as an alien species to the Port of Nagoya. Bull Nagoya Univ Mus 19:9–19

Tanaka K et al (2012) Warming off southwestern Japan linked to distributional shifts of subtidal canopy-forming seaweeds. Ecol Evol 2:2854–2865

谷口和也・吾妻行雄・嵯峨直恒（編）（2008）磯焼けの科学と修復技術. 恒星社厚生閣

Toba M et al (2007) Observation on the maintenance mechanisms of metapopulation, with special reference to the early reproductive process of the Manila clam *Ruditapes philippinarum* (Adams & Reeve) in Tokyo Bay. J Shellfish Res 26:121–130

鳥羽光晴（2017）アサリ資源の減少に関する議論の再訪. Nippon Suisan Gakkai 1–28

津本欣吾（2013）伊勢湾西部砂浜海岸に出現したトラフグ稚魚の食性. 黒潮の資源海洋研究 14:105–108

堤裕昭（2005）有明海に面する熊本県の干潟で起きたアサリ漁業の著しい衰退とその原因となる環境変化. 応用生態工学 8:83–102

内田紘臣（2017）国外から侵入したと思われるセイタカイソギンチャク科（Aiptasiidae）の 1 種の記録. 南紀生物 59:1–7

運輸省港湾局（編）（1998）港湾における干潟との共生マニュアル

Vergés A et al (2014) The tropicalization of temperate marine ecosystems: climate-mediated changes in herbivory and community phase shifts. Proc R Soc B 281:20140846

Vergés A et al (2019) Tropicalisation of temperate reefs: Implications for ecosystem functions and management actions. Funct Ecol 33:1000–1013

Wan S, Qin P, Liu J, Zhou H (2009) The positive and negative effects of exotic *Spartina alterniflora* in China. Ecol Eng 35:444–452

Yamakawa A, Imai H (2012) Hybridization between *Meretrix lusoria* and the alien congeneric species *M. petechialis* in Japan as demonstrated using DNA markers. Aquat Invasions 7:327–336

山名裕介・古川佳道・柏尾翔・五嶋聖治（2014）北海道周辺におけるマナマコ幼稚仔の生息環境について―特に南北海道を中心にした推論―. 水産増殖 62:163–181

索 引

240

執筆者・協力者一覧

第 1 章　　　金谷弦（国立環境研究所）・伊谷行（高知大学教育学部）
第 2 章　　　狩野泰則（東京大学大気海洋研究所）
第 3 章　　　和田哲（北海道大学大学院水産科学研究院）
第 4 章　　　千葉晋（東京農業大学生物産業学部）
第 5 章　　　伊谷行（高知大学教育学部）
第 6 章　　　和田哲（北海道大学大学院水産科学研究院）
第 7 章　　　宮本康（福井県里山里海湖研究所）
第 8 章　　　金谷弦（国立環境研究所）
第 9 章　　　山本智子（鹿児島大学水産学部）
第 10 章　　　木村妙子（三重大学大学院生物資源学研究科）
マンガ　　　伊藤健二（農研機構農業環境変動研究センター）
コラム 1.1　阿部博和（岩手医科大学教養教育センター）
コラム 3.1　石原（安田）千晶（北海道大学大学院水産科学研究院）
コラム 3.2　竹下文雄（北九州市立自然史・歴史博物館）
コラム 4.1　安岡法子（大阪府立環境農林水産総合研究所）
コラム 5.1　三浦収（高知大学農林海洋科学部）
コラム 5.2　後藤龍太郎（京都大学瀬戸臨海実験所）
コラム 5.3　邉見由美（京都大学舞鶴水産実験所）
コラム 5.4　和田葉子（神戸大学大学院理学研究科）
コラム 7.1　近藤智彦（東北大学大学院農学研究科）
コラム 7.2　岩崎藍子（ベルリン自由大／ベルリン・ブランデンブルグ生物多様性先端研）
コラム 8.1　小森田智大（熊本県立大学環境共生学部）
コラム 8.2　清家弘治（産業技術総合研究所）
コラム 10.1　熊谷直喜（国立環境研究所）

　ベントス学会の会員を含めた以下のみなさまからは，専門的な内容に関してさまざまな助言をいただきました。青木優和，石原（安田）千晶，岩崎敬二，内野敬，神尾道也，栗原健夫，小泉逸郎，小島茂明，小森田智大，五嶋聖治，後藤龍太郎，齋藤肇，佐藤成祥，佐藤正典，下出信次，清家弘治，高田壮則，高田宜武，瀧本岳，竹下文雄，寺田竜太，仲岡雅裕，中田兼介，中山聖子，新田一仁，野田隆史，平林勲，藤原義弘，風呂田利夫，逸見泰久，邉見由美，堀正和，三浦収，柳研介，遊佐陽一，和田恵次。

　以下のみなさまからは，イラスト，写真，サンプルのご提供をいただきました。阿部博和，石田惣，伊藤萌，伊藤美菜子，今井絵美，遠藤雅大，太田瑞希，加戸隆介，川野昭太，岸田治，木下今日子，木下そら，木村昭一，久保園遥，熊谷直喜，木幡邦男，佐藤正典，椎野勇太，篠原沙和子，島袋寛盛，下出信次，鈴木雄太郎，多留聖典，寺田竜太，寺本沙也加，中野秀彦，長屋憲慶，成田正司，長谷川和範，福森啓晶，藤井琢磨，逸見泰久，邉見由美，柳研介。

　以下に所属する大学院生・学部生のみなさんには，学生の立場からさまざまなご意見をいただきました。鹿児島大学大学院農林水産学研究科，高知大学大学院黒潮圏総合科学専攻，東京大学大学院理学系研究科生物科学専攻，東京農業大学生物産業学部，北海道大学大学院水産科学研究院，三重大学生物資源学部，同大学大学院生物資源学研究科。

　心からお礼を申しあげます。（あいうえお順，敬称略）

■編者

日本ベントス学会

日本ベントス学会は，ベントスに関する新知見の公表，情報，知識の交換を通じて，研究者間の交流を深め，ベントス研究の総合的発展に寄与することを目的としています。また，研究者としての社会的責任を果たすための事業を行っております。
http://benthos-society.jp/

■編集委員長

山本智子（鹿児島大学水産学部）

■編集委員

伊谷　行（高知大学教育学部）

伊藤健二（農研機構農業環境変動研究センター）

金谷　弦（国立環境研究所）

狩野泰則（東京大学大気海洋研究所）

木村妙子（三重大学大学院生物資源学研究科）

千葉　晋（東京農業大学生物産業学部）

宮本　康（福井県里山里海湖研究所）

和田　哲（北海道大学大学院水産科学研究院）

ISBN978-4-303-80051-2

海岸動物の生態学入門 ～ベントスの多様性に学ぶ～
Coastal marine ecology: lessons from the diversity of benthic animals

2020 年 9 月 18 日　初版発行　　ⓒ Japanese Association of Benthology 2020
2021 年 2 月 1 日　2 版発行

編　者　日本ベントス学会　　　　　　　　　　　　検印省略
発行者　岡田雄希
発行所　海文堂出版株式会社
　　　　KAIBUNDO PUBLISHING CO., Ltd.

　　　　本社　東京都文京区水道 2-5-4（〒112-0005）
　　　　　　　電話 03（3815）3291（代）　FAX 03（3815）3953
　　　　　　　http://www.kaibundo.jp/
　　　　支社　神戸市中央区元町通 3-5-10（〒650-0022）
日本書籍出版協会会員・工学書協会会員・自然科学書協会会員